小浪底西霞院电站水轮发电机组机电设备检修维护技术

刘学鸽　张延智　王鹏飞　贾春雷　等著

黄河水利出版社

·郑州·

内 容 提 要

本书对小浪底西霞院电站机电设备进行了较为详细的介绍,并对两站机电设备的检修维护技术进行了分析和总结,包括发电机、水轮机、调速器系统、筒阀及油压装置系统、计算机监控系统、励磁系统、压缩空气系统及辅机自动化系统等。对各个系统的机电设备的构成、特点、技术参数、检修要求、检修周期、检修工艺及注意事项等进行了详细的分析和介绍,并对各个系统的设备典型故障编制了典型案例分析。

本书可为小浪底西霞院电站技术人员的日常工作提供技术支持,也可供从事水轮机、发电机、调速器、计算机监控、励磁及自动化设备检修维护人员阅读和参考。

图书在版编目(CIP)数据

小浪底西霞院电站水轮发电机组机电设备检修维护技术/刘学鸽等著. —郑州:黄河水利出版社,2021.12
ISBN 978-7-5509-3082-7

Ⅰ.①小… Ⅱ.①刘… Ⅲ.①黄河-水利枢纽-水轮发电机-发电机组-机电设备-检修 Ⅳ.①TM312.07

中国版本图书馆 CIP 数据核字(2021)第 174816 号

策划编辑:陶金志 电话:0371-66025273 E-mail:838739632@qq.com

出 版 社:黄河水利出版社 网址:www.yrcp.com
地址:河南省郑州市顺河路黄委会综合楼 14 层 邮政编码:450003
发行单位:黄河水利出版社
发行部电话:0371-66026940、66020550、66028024、66022620(传真)
E-mail:hhslcbs@126.com
承印单位:河南新华印刷集团有限公司
开本:787 mm×1 092 mm 1/16
印张:21.5
字数:496 千字
版次:2021 年 12 月第 1 版 印次:2021 年 12 月第 1 次印刷

定价:128.00 元

前 言

黄河小浪底水利枢纽位于河南省洛阳市孟津县与济源市之间,三门峡水利枢纽下游130 km、河南省洛阳市以北40 km的黄河干流上,控制流域面积69.4万km²,占黄河流域面积的92.3%,是黄河干流上的一座集减淤、防洪、防凌、供水灌溉、发电等为一体的大型综合性水利工程,是治理开发黄河的关键性工程。小浪底水利枢纽坝顶高程281 m,正常高水位275 m,库容126.5亿m³,淤沙库容75.5亿m³,调水调沙库容10.5亿m³,长期有效库容51亿m³,千年一遇设计洪水蓄洪量38.2亿m³,万年一遇校核洪水蓄洪量40.5亿m³。小浪底工程共安装6台300 MW的混流式水轮发电机组。1991年9月,小浪底水利枢纽工程前期工程开工,2009年4月,全部工程通过竣工验收,是国家"八五"重点建设项目。黄河小浪底反调节工程——西霞院工程师水利枢纽工程是黄河干流上的最后一座集减淤、防洪、防凌、供水灌溉、发电等为一体的大型综合性水利工程,是治理开发黄河的关键性工程。西霞院工程共安装有4台35 MW的轴流转浆式水轮发电机组。

小浪底及西霞院工程水轮发电机组机电设备多,涉及的专业面比较广,本书作者一直想对小浪底及西霞院水轮发电机组机电设备检修维护工作进行全面、细致的分析和总结,但是由于部分实际工作的细节和数据不够完整而一再推迟,通过近几年的不断积累和总结如今终于编著完成。

小浪底及西霞院水轮发电机组机电设备主要有水轮机、发电机、调速器系统、筒阀系统、油压装置系统、励磁系统、监控系统、技术供水系统、检修及渗漏排水系统、消防水系统、主轴密封及顶盖排水系统、高低压气系统、工业电视系统等。

本书主要结合小浪底及西霞院水利枢纽水轮发电机组机电设备的特点,借鉴小浪底及西霞院水利枢纽水轮发电机组投运以来检修维护的工作经验,形成了一套想对完整的检修维护技术,希望能为水电站同行提供有益的参考和借鉴。

本书由黄河水利水电开发集团有限公司刘学鸽、张延智、王鹏飞、贾春雷、赵伟、刘成东、张亚楠和黄河小浪底水资源投资有限公司潘淑改共同著作,各著作人员及分工如下:黄河水利水电开发集团有限公司刘学鸽著作第一章至第三章;黄河水利水电开发集团有限公司张延智著作第六章至第八章和第十五章第三节至第五节;黄河水利水电开发集团有限公司王鹏飞著作第九章;黄河水利水电开发集团有限公司贾春雷著作第十章、第十四章第三节至第五节;黄河水利水电开发集团有限公司赵伟著作第十一章至第十三章;黄河水利水电开发集团有限公司刘成东著作第十六章、第十七章;黄河水利水电开发集团有限公司张亚楠著作第十八章案例一至案例二十;黄河小浪底水资源投资有限公司潘淑改著作第四章、第五章、第十四章第一节至第二节、第十五章第一节至第二节和第十八章案例二十一至案例二十三。

本书在著作过程中,得到了黄河水利委员会、水利部小浪底水利枢纽管理中心、黄河水利水电开发开发集团有限公司、黄河小浪底水资源投资有限公司大力支持,同时也得到了众多水轮发电机组机电设备专家的悉心指导,在此谨向他们致以崇高的敬意并表示衷心的感谢!

本书出版得到了黄河水利出版社的大力支持,在此深表谢意。

限于作者的经验和理论水平,书中难免出现不妥之处,敬请读者批评指正。

作 者

2021 年 9 月

目 录

第一篇　小浪底电站水轮发电机组机电设备检修维护技术

第一章　水轮发电机运行和检修维护技术 ……………………………… （3）
　　第一节　水轮发电机的结构和主要技术参数 …………………… （3）
　　第二节　水轮发电机组的运行与日常维护 ……………………… （6）
　　第三节　水轮发电机的巡视和检修内容 ………………………… （8）
　　第四节　水轮发电机的检修工艺 ………………………………… （12）

第二章　水轮机运行和检修维护技术 …………………………………… （21）
　　第一节　水轮机的结构和主要技术参数 ………………………… （21）
　　第二节　水轮机的检查周期和检修内容 ………………………… （24）
　　第三节　水轮发电机的检修工艺 ………………………………… （27）

第三章　调速器及筒阀检修维护技术 …………………………………… （33）
　　第一节　调速及筒阀系统简介 …………………………………… （33）
　　第二节　调速及筒阀系统的检修维护 …………………………… （41）
　　第三节　调速及筒阀系统的检修工艺 …………………………… （44）
　　第四节　调速及筒阀系统的压油装置试验 ……………………… （47）
　　第五节　调速及筒阀系统的常见故障处理 ……………………… （49）

第四章　计算机监控系统不间断电源 UPS 检修维护技术 …………… （52）
　　第一节　小浪底水电厂计算机监控系统不间断电源 UPS 系统概述 … （52）
　　第二节　UPS 的维护及故障处理 ……………………………… （52）

第五章　小浪底工程水轮发电机组测量系统检修维护技术 ………… （57）
　　第一节　机组测量系统概况 ……………………………………… （57）
　　第二节　测量设备检修项目、要求和检修周期 ………………… （58）
　　第三节　设备检修工序及质量要求 ……………………………… （60）

第六章　压缩空气系统检修维护技术 …………………………………… （66）
　　第一节　高压气系统的检修维护 ………………………………… （66）
　　第二节　中压气系统的检修维护 ………………………………… （82）
　　第三节　低压气系统的检修维护 ………………………………… （88）

第七章　水机保护检修维护技术 ………………………………………… （94）

第八章　电气一次设备检修维护技术 …………………………………… （97）
　　第一节　220 kV 断路器的检修维护技术 ……………………… （97）
　　第二节　220 kV 隔离开关的检修维护技术 …………………… （108）

第九章　计算机监控系统检修维护技术 ·· （114）
　　第一节　计算机监控系统主站检修维护技术 ·· （114）
　　第二节　计算机监控系统现地控制单元(LCU)检修维护技术 ··············· （135）
　　第三节　西霞院工程监控系统现地控制单元(LCU)设备检修规程 ·········· （152）
第十章　励磁系统的检修维护技术 ··· （165）
　　第一节　小浪底工程励磁系统的检修维护技术 ······································ （165）
　　第二节　西霞院工程发电机励磁系统的检修维护技术 ··························· （176）
第十一章　调速器电气部分检修维护技术 ··· （205）
　　第一节　调速器电气部分简介 ··· （205）
　　第二节　调速器设备检修项目和要求、检修周期 ·································· （209）
　　第三节　调速器设备的检修维护技术要求 ·· （211）
　　第四节　调速器电气部分相关试验 ··· （215）
　　第五节　设备检修总结、评价阶段工作及要求 ····································· （221）
第十二章　筒阀和高压油系统电气部分检修维护技术 ································· （222）
　　第一节　筒阀系统简介 ·· （222）
　　第二节　高压油系统简介 ··· （225）
　　第三节　设备检修项目和要求、检修周期 ··· （225）
　　第四节　设备检修工序及技术要求 ··· （227）
　　第五节　检修总结、评价阶段工作及要求 ··· （233）

第二篇　西霞院电站水轮发电机组机电设备检修维护技术

第十三章　西霞院工程水轮机调速器及高压油控制系统设备检修维护技术 ··· （237）
　　第一节　调速器及高压油控制系统简介 ··· （237）
　　第二节　高压油控制系统设备概述 ··· （242）
　　第三节　调速器及高压油控制系统设备检修项目和要求、检修周期 ········· （242）
　　第四节　设备检修工序及技术要求 ··· （245）
　　第五节　调速器系统相关试验 ··· （251）
　　第六节　设备检修总结、评价阶段工作及要求 ····································· （255）
第十四章　西霞院工程机组技术供水系统控制设备检修维护技术 ················ （256）
　　第一节　系统概述 ··· （256）
　　第二节　设备检修项目和要求、检修周期 ··· （259）
　　第三节　设备检修工序及要求 ··· （260）
　　第四节　设备启动、试运行阶段工作及要求 ·· （268）
　　第五节　设备检修总结、评价阶段工作及要求 ····································· （269）
第十五章　西霞院工程厂房排水系统控制设备检修维护技术 ······················ （270）
　　第一节　设备主要技术规范 ·· （270）
　　第二节　检修标准项目、要求和检修周期 ··· （273）
　　第三节　设备检修工序及要求 ··· （274）

第四节　设备启动、试运行阶段工作及要求 ……………………………………（278）

第五节　设备检修总结、评价阶段工作及要求 …………………………………（279）

第十六章　西霞院工程水轮发电机组测量系统设备检修维护技术 …………（280）

第一节　设备技术规范 …………………………………………………………（280）

第二节　设备检修项目和要求、检修周期 ………………………………………（285）

第三节　设备检修工序及技术要求 ……………………………………………（286）

第四节　机组启动、试运行阶段要求 …………………………………………（288）

第五节　设备检修总结、评价阶段工作及要求 …………………………………（292）

第十七章　西霞院工程气系统控制设备检修维护技术 ………………………（293）

第一节　气系统控制设备配置 …………………………………………………（293）

第二节　气系统（电气部分）设备检修项目和要求、检修周期 ………………（299）

第三节　空压机系统投运前的测试试验 ………………………………………（300）

第四节　设备检修总结、评价阶段工作及要求 …………………………………（302）

第十八章　检修维护典型案例 …………………………………………………（303）

案例一　2#机组1段直流负荷接地导致3#机组事故停机 ……………………（303）

案例二　3#机组筒阀4#接力器与筒阀本体连接螺栓脱扣 ……………………（306）

案例三　4#机组调速器控制柜失电造成4#机组事故停机 ……………………（307）

案例四　"机组压油装置油温过高和启泵不成功"问题 ………………………（308）

案例五　1#～6#机组筒阀关闭不严及开停机过程中的发卡问题 ……………（310）

案例六　1#～6#机组尾水补气控制回路优化 …………………………………（311）

案例七　工业电视系统故障 ……………………………………………………（312）

案例八　3#机组筒阀4#接力器活塞与筒阀本体连接螺栓脱扣 ………………（314）

案例九　4#机组调速器控制柜失电造成事故停机 ……………………………（315）

案例十　机组压油装置控制系统优化 …………………………………………（317）

案例十一　筒阀关闭不严及发卡 ………………………………………………（317）

案例十二　1#机筒阀系统故障 …………………………………………………（319）

案例十三　对1#机组进口快速门没有全关信号的处理分析 …………………（320）

案例十四　4#机筒阀不能下落处理 ……………………………………………（321）

案例十五　3#低压空压机故障及其处理 ………………………………………（322）

案例十六　对灭磁开关不能正常闭合现象的分析处理 ………………………（323）

案例十七　检修排水系统水位计故障 …………………………………………（324）

案例十八　1#机假同期试验造成机组转速上升问题 …………………………（325）

案例十九　自动发电控制系统（AGC）负荷波动处理 …………………………（327）

案例二十　5#机发电机机端电压无法正常建立 ………………………………（328）

案例二十一　4#低压空压机不能正常启动处理 ………………………………（329）

案例二十二　6#机调速器面板不能手动操作故障处理 ………………………（330）

案例二十三　6#机组进口快速闸下滑导致机组事故停机 ……………………（331）

参考文献 ………………………………………………………………………（333）

第一篇　小浪底电站水轮发电机组机电设备检修维护技术

第一章　水轮发电机运行和检修维护技术

本章阐述了水轮发电机的结构和主要技术参数,并详细叙述了检修维护的主要工作和技术要求。

第一节　水轮发电机的结构和主要技术参数

小浪底水轮发电机共 6 台,型号为 SF300-56/13600。发电机为立轴半伞式密闭自循环空气冷却、三相凸极同步发电机。发电机包括定子、转子、上导轴承及上机架、推力轴承、下导轴承及下机架、空气冷却器、制动系统、水灭火系统及盖板、埋入部分基础、管路等辅助零件,并配有整套的安装和拆卸工具。

发电机设两部导轴承,上导轴承布置在上机架中心体内,下导轴承布置在下机架中心体内。上导轴承采用 12 块扁型互自调式结构,在不干扰转子、推力轴承的情况下可装拆、更换和检查导轴承。下导轴承与上导轴承结构相同,检查、更换在下机架中心体内进行。

定子起吊方式采用 12 点起吊方式,可满足其径向变形不大于 2 mm 的要求,定子内径为 12 790 mm,可满足整体吊出发电机下机架及水轮机顶盖的要求,可在不吊出转子、不拆除上机架的条件下,拆卸和挂装磁极并检查定子线圈端部或更换定子线圈。定子基础板埋入混凝土机坑内,并可用楔子板调整高度,以确保定子具有正确的垂直位置和水平位置。

发电机转子中心体采用法兰与主轴螺栓连接,并以十字键传递扭矩,发电机主轴用外法兰与水轮机主轴螺栓连接。在转子下方与下机架支臂之间设有平台,可供装配与检查推力轴承部件时使用,还便于检查制动系统、磁极绕组和定子绕组的下端部,平台可与下机架一起吊出,在盖板上设有进人门。

为防止轴电流通过主轴到底板形成环流,在上导轴承滑转子与顶轴之间设有轴电流保护层结构,其绝缘材料的电气性能和机械性能可非常有效地预防轴电流,在上导滑转子上方设置防尘罩,防止滑环碳刷粉尘污染轴电流保护层。在转子磁轭上下两段设置旋转挡风板,材质为 3 mm 厚扇型板(1 Cr18Ni9Ti 不锈钢)组成,形成全封闭双路径向旋转挡风板无风扇端部循环的空气冷却系统。

推力轴承设置在转子下方,推力轴承采用油浸式、内部循环冷却弹性油箱、自调式支撑双层分块瓦结构,轴瓦表面为弹性金属塑料瓦,共 20 块。可在不吊出转子的条件下,拆装推力轴承瓦和下导轴承瓦。

发电机油冷却方式:上导、下导轴承润滑冷却采用布置在油槽内的螺旋型冷却器来实现,推力油槽内布置 20 个抽匣式油冷却器,油冷却器便于拆装、清洗。可在不干扰转子及定子的情况下维修、检查推力瓦。油冷却器的工作压力为 0.2~0.6 MPa,试验压力为 1.2 MPa,60 min 无渗漏,工作可靠。

发电机制动和顶起装置,由制动器及其管路、电动油泵、阀门和机电元件等组成。制动器安装在下机架支墩上,共 24 个。采用气压复位结构,为使油气分开,采用双层活塞结构,活塞能自由起落。制动器制动时气压为 0.7 MPa,可在规定的水轮机导叶漏水量的情况下,以 20%额定转速投入机械制动,机组转动部分在 120 s 内停下来。

制动器还可兼作千斤顶用,顶转子的油压约为 11 MPa,足以顶起水轮发电机转动部分,以便检查、拆除和调整推力轴承。在顶起位置,将制动器的锁锭装置投入,此时可将油压撤除,转子被锁锭在既定位置。

制动块采用铜基粉末材料,基体含有金属丝粘结,不含石棉的复合材料压制而成,耐磨粉尘少,便于更换。制动器外设置 12 套 QZD-93SL-2 型全自动立式除尘器。

发电机采用水喷雾灭火方式,灭火水压为 0.3~0.6 MPa,喷头共 100 个,分别布置在定子绕组上下两端,灭火水管用不锈钢制成,可避免喷嘴因锈蚀而堵塞。

在机坑内设置感烟、感温探测器,以满足报警灭火要求。发电机机坑内设置 24 个加热器,以防发电机停机时绝缘受潮,并可维护机坑内温度不低于 10 ℃,以利于轴承随时启动。

发电机三部轴承采用一套防油雾措施,由于轴承发热使油温上升,因而产生油雾,在轴承密封盖上腔将空气(带油雾)由管路引到机坑外,从而可有效地避免油雾进入发电机内破坏绝缘。

发电机所有的部件均设置或配有装拆和检查用的吊耳或吊具,保证使用方便。

发电机主要技术参数如表 1-1 所示。

表 1-1　发电机主要技术参数

名称	参数
额定容量	333 333 kVA
额定功率	300 000 kW
额定功率因数	0.9
额定电压	18 000 V
额定电流	10 692 A
额定频率	50 Hz
相数	3
额定转速	107.1 r/min
飞逸转数	204 r/min
转动惯量	99 000 t·m^2
推力负荷	33.78 MN
冷却方式	密闭循环空气冷却无风扇端部回风
励磁方式	可控硅静止励磁
旋转方向	俯视顺时针

续表 1-1

名称	参数
上导相对摆度	0.03
下导相对摆度	0.03
定子基础高程	138.810 m
转子中心高程	141.110 m
推力瓦温度	小于 65 ℃
导轴瓦温度	小于 70 ℃
磁极个数	56 个
空冷器流量	15 000 L/min

发电机主要结构尺寸与质量如表 1-2 所示。

表 1-2　发电机主要结构尺寸与质量

名称	尺寸/质量
定子铁芯内径	12 790 mm
定子铁芯长度	2 300 mm
定子质量	405 t
转子质量	850 t
设计空气间隙	27 mm
顶轴轴领直径	1 700 mm
顶轴长度	3 150 mm

机组各部件数量如表 1-3 所示。

表 1-3　机组各部件数量

部件名称	数量
上导瓦	12 个
下导瓦	12 个
推力瓦	20 个
上导油冷却器	12 个
推力油冷却器	20 个
空冷却器	12 个
风闸	24 个
推力油槽容积	22 m³
上导油槽容积	3.5 m³
风闸吸尘器	12 个
下导油槽容积	4.5 m³

第二节　水轮发电机组的运行与日常维护

一、水轮发电机组的运行

(一)总体要求

发电机的运行必须按设计的技术指标执行。发电机的运行环境应保持清洁、干燥,盖板应保持良好的密封,以防灰尘、潮气和其他污染物进入机坑内部。若发电机长时间停机,应防发电机受潮。

发电机冷却用水应清洁,如有过量的泥沙、草屑和其他污物,应采取措施清除。轴承油槽内润滑油温度低于 10 ℃时,不允许开机运行。

轴承润滑油性能必须符合《涡轮机油》(GB 11120—2011) 中 L-TSA 汽轮机油的规定,并确保清洁无异物。

制动器的性能应定期检查,若出现故障应及时处理。

运行中应定期检查润滑油性能,若发现异常应停机;运行中应监视轴承油槽正常油面位置,若发现异常应停机;运行中应监视各种冷却器的正常水压和流量,若发现异常应及时处理;运行中应监视定子线圈、定子铁芯、推力瓦、导轴承瓦、冷却水、润滑油和冷风、热风等温度,若发现异常应及时处理或停机;运行中应监视各处摆度和振动,若发现异常应停机;运行中应经常检查集电环和碳刷情况,如摆度、振动、磨损等,若发现异常应及时处理或停机;运行中若突然出现异常现象和不正常声响,应及时处理或停机。

(二)滑环部分运行要求

(1)转速测量装置和励磁引线完好。

(2)滑环碳刷接触良好,应无跳动及卡涩,刷瓣无变色、氧化现象,碳刷最小长度应不小于新碳刷的1/3。

(3)机组运行时无闪烁现象。摆度、振动在正常范围内。

(三)发电机盖板及上下导轴承部分运行要求

(1)发电机盖板保持良好的密封。

(2)各部无松动、异常振动及异音、异味。

(3)上下导轴承油色、油位正常。

(4)上下导油槽无渗油、漏油现象。

(5)主轴侧摆度传感器各部件连接良好。

(6)各部件螺丝紧固。

(7)盖板等无裂纹及开焊现象。

(8)冷却水流量、压力正常。

(四)机组压油装置部分运行要求

(1)压油槽压力正常,油面合格,无渗油、漏油和漏气现象。

(2)压力表工作正常,其给油阀门在开启状态。

(3)集油槽油温、油位正常。

(4)各阀开、关位置正确,安全阀、电磁阀工作正常。

(5)油泵及电动机各部件无松动,各部件温度正常,无剧烈振动和其他异常,输油正常。

(6)电机引线及接地线完好。

(7)油泵电源指示灯亮。

(8)油泵一台在主用位置,另一台在备用位置。

(五)调速器部分运行要求

(1)调速器应运行稳定,无异常抽动、跳动现象。

(2)调速器油压正常,其给油阀门在开启状态。

(3)动圈阀动作正常,无卡涩现象,排油畅通。

(4)各连接部件及管路连接良好,无松动、脱落和渗油、漏油现象。

(5)电气柜各电源开关各保险均在投入位置,电源指示灯指示正常。

(6)各电气元件无过热、烧损、脱落、断线现象。

(7)操作面板上没有任何故障灯亮,装置工作正常。

(六)现地自动控制、保护运行要求

(1)各保护整定值正确,各保护压板工作位置正确。

(2)各继电器完好,工作位置正常。

(3)测温系统完好,各温度值在正常范围。

(4)制动装置各阀门开、关位置正确,各部件无漏气现象,气压正常。

(5)电气、机械制动设备工作正常。

(6)各指示灯指示正确。

(七)风洞、推力轴承部分运行要求

(1)风洞内无异味、异物和异响。

(2)各部件无松动、裂纹、开焊及异常振动。

(3)推力油位、油色正常,水冷装置完好,油压、水压、流量正常。

(4)各管路无漏油、水、风现象,管路及冷却器无出汗现象。

(5)空冷器无漏水、渗水现象,各空冷器间及单个空冷器温度均匀,无结露现象。

(6)各电气引线及装置完好,无过热、冒火花、变色、氧化现象。

(7)除尘器工作正常,无尘满信号。

(8)下机架千斤顶剪断销无剪断信号。

(9)空气过滤器无堵塞。

(八)水车室

(1)运行中接力器无抽动现象。

(2)各部件无松动、裂纹、开焊等现象,导水叶剪断销无剪断信号。

(3)运转声音、摆度、振动无异常情况。

(4)压力钢管、尾水管、进出口压力正常,无较大的摆动幅度。

(5)各管路及阀门无漏水、漏油、漏气现象,各阀门的位置正确。

(6)水导油色、油位正常。

(7)水轮机主轴密封,无大量刺水,顶盖上无严重积水,导叶轴套无刺水现象,顶盖排水泵、主轴密封加压泵、冲洗水泵工作正常。

(8)各电气引线及装置完好,无过热、冒火花、变色、氧化现象。

(9)筒阀接力器及控制电磁阀无漏油。

(10)蜗壳、尾水人孔门螺丝紧固、齐全,门无裂纹。

(11)蜗壳、尾水人孔门处无剧烈振动及严重的水击现象。

(12)噪声检测装置运行正常。

二、水轮发电机的维护主要技术要求

经常检查油、水、气系统是否有渗漏现象。经常保持油、水、气系统所有元件、器件的清洁,并检查是否有锈蚀或出现故障的隐患。经常维护集电环,可用清洁的丝绸物擦净集电环表面的污物,并清除积落的碳粉,必要时须及时更换碳粉。应及时维护制动器闸板和制动环,当磨损到一定程度时必须更换。经常检查各部轴承,如声响、温度、振动等有无异常现象。定期检查各部轴承瓦的磨损情况,如发现瓦面有明显擦伤,应及时修理并找出原因。定期清理各部冷却器的污垢和堵塞物。定期更换各部轴承润滑油,并将油槽清洗干净。定期测量轴绝缘的绝缘电阻,其电阻值应不小于有关技术文件的要求。定期检查定子线圈端部及结构是否发生变形和松动,判定线圈有无下沉迹象。定期检查定子铁芯是否松动。定期检查定子绕组、通风沟和空气冷却器的清洁度,必要时应用软毛刷和压缩空气清除灰尘,线圈表面如有污垢,可用酒精擦洗干净,清洁后的定子绕组须喷一层绝缘漆。定期检查转子中所有紧固件是否发生松动,并及时准确严格判定励磁引线和极间连接线有无串动或脱开的隐患和现象。定期检查励磁绕组的清洁度,必要时可采用清洁定子的类似方法进行处理。定期清扫机坑和风洞,必要时重新涂漆。定期检查上、下引风板及紧固件是否发生变形和松动,如有隐患应及时处理。定期检查发电机盖板是否有良好的密封性。应根据制造厂提供的各部位的整定值整定报警、停机等信号,并严格按此整定值运行。发电机要定期进行检修,在检修和拆装过程中,每一步骤均应符合图纸和安装技术文件要求。在检修中对重大问题的处理或对设备的重大改动应事先与制造厂商量。

第三节 水轮发电机的巡视和检修内容

一、水轮发电机检修周期与工期见表 1-4。

水轮发电机检修周期与工期见表 1-4。

表 1-4 水轮发电机检修周期与工期

检修类别	周期	工期(d)
巡回检查	1周	1
小修	6个月	12
A级大修	5~6年	65

二、水轮发电机巡回检查项目及主要技术要求

水轮发电机巡回检查项目及主要技术要求见表 1-5。

表 1-5　水轮发电机巡回检查项目及主要技术要求

项目	内容	技术要求
查看运行记录	在中控室查阅机组缺陷记录	查阅并签字
机组外观检查	发电机上下导补气装置,风闸,油、水、气管路	无异常振动响声、撞击声、无渗漏油
各部轴承检查	各部轴承油温、瓦温、油位、摆度,冷却器水压、流量	油温、瓦温低于设计值,摆度值小于设计值
部分紧固件检查	发电机及辅助设备在不停机的情况下,可以检查的部分紧固件	无松动
其他方面检查	地面油污表面脱漆、外观损坏、盖板破损	无油污、脱漆、破损

三、水轮发电机小修项目及主要技术要求

水轮发电机小修项目及主要技术要求见表 1-6。

表 1-6　水轮发电机小修项目及主要技术要求

检修项目	主要内容	主要技术要求
上下导推力轴承油化验	油位检查、取油样化验(配合一次室)	符合油脂标准,油位不足时加油(油位达正常油位 ± 5 mm)
发电机紧固件检查	转子、定子、上下导轴承各部的盖板、管件、接头等组合面,焊缝,键等	螺丝、键等件无松动,焊缝无裂纹
制动装置检查处理	风闸、管路、紧固件检查,活塞加油、清扫	无渗漏、起落灵活,闸板磨损厚度小于 15 mm
轴承外部检查	轴承盖板间隙,组合缝渗漏挡油圈检查	无渗漏
发电机全面检查清扫	转子、定子、风洞、补气室、发电机盖板,上下机架、地板	无油污、无粉尘、无脏物、无杂物
渗漏处理	各结合面、管件、盖板等油、水、气系统渗漏检查,阀门检修	阀门操作灵活,渗漏率小于 3%
空冷气检查	外观检查	无渗漏、无堵塞

四、水轮发电机大修项目及主要技术要求

水轮发电机大修项目及主要技术要求见表1-7。

表 1-7　水轮发电机大修项目及主要技术要求

	项目	内容	技术要求
上下导轴承检修	顶转子	操作、监护、测量、投入锁锭	顶转子高度 5~10 mm
	上下导充排油	油化验，油位线复核	油脂合格，不跑油，油位偏差±5 mm
	上下导盖板的拆装	拆时无碰撞、损伤，装前清扫干净，盘根入槽	密封盖与轴领单边间隙 2.5~3 mm，密封毛毡与轴领应无紧量，间隙不大于 1 mm
	冷却器检修	拆装检查试验	0.7 MPa，0.5 h 无渗漏
	瓦间隙调整测量	间隙测量根据摆度调整间隙	
	轴颈处理	打磨、抛光	无锈斑、无凸点、硬点
	上、下导瓦处理	瓦面检查	无划痕
	油槽清扫	清扫煤油渗漏试验	无水分、杂物、油污
推力轴承检修	油槽充排油	取样、排油、充油、确定油位	油脂合格、油位线±5 mm
	油冷却器试压	拆装、检查、试压	试压力 0.5 MPa 且 0.5 h 无渗漏
	推力瓦检查处理	检查瓦面损伤、磨损情况	无划痕、无杂物
	推力头检查处理	检查推力头有无松脱、镜面检查	无松脱、镜面无损伤
	油槽全面清扫检查	用白布、汽油清扫，用面粉团粘后封盖	无水分、油污、无颗粒、无杂物、无渗漏
发电机定子、转子检修	发电机空气间隙测量	测量上下部空气间隙	设计空气间隙值为 27 mm
	发电机转子全面检查	紧固件检查、合缝焊接检查、定位销检查	无松动、无裂纹
	发电机定子全面检查	紧固件检查、合缝焊接检查、定位销检查	无松动、无裂纹
	转子全面检查	转子上下平面、里外清扫	无油污、无粉尘、无杂物

续表 1-7

	项目	内容	技术要求
其他项目检修	上机架检查	紧固件、合缝等检查	无松动、无裂纹
	下机架检查	紧固件、合缝等检查	无松动、无裂纹
	空气冷却器检查	拆装、清扫、试压	0.5 MPa,30 min 试压,无堵塞、无渗漏
	风闸检查	拆装、检查密封、清扫试压、动作试验	试压 14 MPa 无渗漏、动作灵活
	发电机全面清扫	发电机盖板、上下机架、推力、上下导外表面、地面等	无积尘、无杂物、无油污

五、水轮发电机扩大性大修项目及主要技术要求

水轮发电机扩大性大修项目及主要技术要求见表 1-8。

表 1-8　水轮发电机扩大性大修项目及主要技术要求

项目	内容	技术要求
各盖板拆装	发电机上盖板拆装	对好记号、垫好毛毡、不漏风、不漏灰
各部管路拆装	上机架、下机架、油水气管路,影响吊机架、转子部分的拆装	安装正确、无渗漏
脱轴、联轴	拆装上部顶轴,装拆吊具,脱发电机、水轮机大轴	两法兰面应脱开 2~3 mm,对好记号,吊具安装牢固
上机架拆装	拆装机架支柱螺丝、径向固定块、吊出、回装	安装中心小于 0.05 mm,无碰撞,结合面无杂物
转子吊装	桥机并车、试车,监测转子空气间隙、转子中心找正	无碰撞,转子水平度 0.02 mm/m,吊装正确,桥机行走安放平稳
下机架拆装	拆装机架地脚螺丝,拆装机架,水平、中心调整	无碰撞,水平偏差小于 0.04 mm/m,中心偏差小于 0.05 mm
推力头镜板拆装	镜板拆装、研磨、推力头拆装	镜板向上水平放置,水平偏差为 0.02 mm/m,盖好白布毛毡,镜板研磨材料应符合有关要求
挡油圈拆装	拆装推力挡油圈	无渗漏
盘车	盘车、读数、分析计算、检查机组轴线(调整轴线)	上导相对摆度小于 0.03 mm/m
主轴中心调整	测量水轮机迷宫环间隙,调下导瓦间隙	迷宫环间隙误差小于 0.05 mm
轴瓦间隙调整	上导瓦间隙调整、下导瓦间隙调整	设计间隙:上导瓦:0.18 mm;下导瓦:0.20 mm

第四节　水轮发电机的检修工艺

一、一般检修的注意事项及基本方法

检修现场清扫干净,无杂物,检修设备、工具摆放整齐,每天工作结束后应打扫现场、清点工具、计算消耗材料。使用易燃、易爆物品,如汽油、煤油、各种油漆、酒精等时,应注意明火,清洗时要用盆、桶装好,不要散在地面上,地上偶尔有油污时,应用破布、棉纱擦净。

设备分解前,应检查各部位的销钉、螺丝的数量和损坏情况,并做好记录。

拆卸前,应做好各部件组合面连接处的标记,无记号的应重新打上,有记号的应核对清楚,便于回装。预先确定主要设备的放置位置,对称放好支墩、枕木、垫块。

设备分解时,应先拔除销钉,后拆螺丝,拆除后的螺丝、垫片清点好,分开放置保存,回装时先打销钉,后上螺丝,紧固螺丝时应对称拧紧,有力矩要求时,按力矩值拧紧,没有要求时拧紧即可,回装时的螺丝应上防锈油。重要结合表面,如推力头、镜板、轴瓦、轴颈等,要特殊保护,应在结合面涂防锈油,不得用湿手摸,还要用蜡纸贴上。镜板等重要部件,应朝上放置,盖上毛毡、白布等物,防止其他物体碰撞。检查并处理各组合面,首先除锈,除去毛刺,锉平凸起部分。重要的组合表面,以及光洁度较高的部件,不能用锉刀和粗砂布打磨,只能用细油石磨平毛刺。

拆卸管道时,应先关掉进、排阀门,排除余压。拆卸出的管道法兰、接头、各种孔洞、窗口均应用白布包扎好,或者用木塞堵住。结合面需要加垫时,先用薄垫调整,调好后用厚垫替换出薄垫,应尽量减少层数,最好不要超过三层。

经检查后的设备表面均应除锈刷漆,上下导油槽应涂耐酸、耐碱油漆。

检修现场应具有充足的照明和消防设施。

各紧固螺丝均应清洗、套丝,螺孔均应用气吹扫、攻丝。

进入发电机内部及风洞工作时,无关的物品不应带入,带入的工具材料须由专人严格登记。

二、大修前的各项准备工作

清理现场,安装场地应无杂物,地面干净卫生,搭设密封棚作为检修各部轴承时遮拦灰尘之用。准备好放大件设备的垫木,以及放瓦等部件的木箱,机组退出备用,办理工作票,做好必要的安全措施,同时准备好检修用的备品、备件、工具、仪表,以及消耗材料。技术数据的测量:机组各部摆度测量;发电机空气间隙的测量记录;风闸瓦与转子制动环的距离测量记录;闸瓦的磨损程度测量记录;记录发电机的运行参数,如电压、出力、功率因数等;记录水力参数,如上下游水位、蜗壳水压、尾水管真空、导叶开度、各冷却器进出口水压、流量等;温度的测量记录,空气冷却器的进出风温,轴承油温等;油位检查记录,上下导油位变化情况,油脂化验等;机组振动、噪声检查记录(上下机架处);水轮发电机组外观检查记录;其他有关的技术参数的测量记录。

做好检修人员的思想、安全教育工作和技术准备工作。

做好各种技术表格的准备工作。

三、水轮发电机的拆卸

发电机机械部分的拆卸程序如下:运行操作机组停机→落闸门→蜗壳排压→停水源气源→顶转子锁闭→上下导排油→脱轴→上导轴承拆卸→下导轴承拆卸→推力轴承拆卸→上机架拆卸吊出→吊转子→下机架拆卸吊出→风闸拆卸吊出→修复。

上下导排油:关闭上下导进油、进水阀,打开排油排水阀,拆除部分进排油管路,用白布包好管口。

油压顶转子:接通顶转子装置,升压至 11 MPa 左右,测量转子上升高度为 6~8 mm时,快速停止电机,各风闸打锁锭,锁锭水平度应小于 0.5 mm。

拆除发电机顶部盖板护罩;拆除补气装置;机电环拆卸,拆除引线,拆卸碳刷装置,拆除机电环,涂防锈油,装箱保存;拆卸上导瓦盖;拆除测量装置、引线、线棒。

松开 12 根上导轴瓦的调整螺丝。松开前,用千斤顶顶瓦背,测量每块瓦的间隙,并做记录。拆卸时,螺丝、瓦、瓦架应做好记号,不能混放,应分开放置。保管用专用木箱垫上或用软木、毛毡之类的物品,防止碰伤。

拆除冷却器。注意:防止冷却器管碰伤。

上机架拆卸吊出:拆除所有妨碍上机架吊出的油、水、气管路和消防系统连接管路,以及其他附件装置和各种引线装置。拆除、吊出上机架地面外圈盖板。拆除支腿的紧固螺栓、定位块和键。拆除八支上机架的支柱基础固定螺栓。吊出上机架,起吊时,先找水平,再均衡受力,以慢速起吊,大车送到安装场地,在预先确定的位置上八个支柱加木方垫牢,然后慢慢下落,当落到支柱上时,应检查其稳定性,确定无误时,可摘掉钢丝绳。

发电机上半轴拆卸吊出:松开法兰固定螺栓,用吊具吊起上半轴,放在安装场一侧,用木方垫好。轴径部位涂上防锈油,用蜡纸包好。

推力头、镜板拆卸:扳松紧固螺杆,第一次松掉 2~4 mm,用铜棒振动使推力头脱离转子。拔出销钉,并逐个对号,相对位置打上记号,单独存放。对称旋松螺杆,使推力头、镜板均匀地下落在推力瓦上。

吊转子:起重平衡梁安装、调整、双桥机并车,调整抱闸间隙、试重。安装吊具,利用上半轴法兰螺丝,将吊具对称把紧。起重平衡梁与吊具的连接,将销扳紧锁吊具。找正桥机中心、水平,检查梁的水平度、挠度。在每三个磁极中插入 80 mm×15 mm×2 000 mm 的松木条,不停地来回抽动,磁极中松木条如有卡住,应及时向指挥员报告,以便做适度调整。起吊时,慢速上升,当转子吊出机坑后,将桥机开往安装场地。放在预先准备好的支墩上,找好水平。

下机架、推力、下导的拆卸:拆除下机架,推力轴承、下导轴承各处的测量装置探棒、引线等。拆卸风闸油气管路及吸尘器装置。拆除冷却水管接头、进排油管接头,并用白布包好,做好管路接头标记。拆掉下机架基础螺丝,穿上吊下机架专用钢丝绳,桥机找正中心、水平、受力,检查后慢速吊起 20~50 mm 高,当脱出螺丝高度时,方可快速吊出。吊出时检查下机架与水轮机大轴法兰有无碰撞情况。将下机架吊往安装间场地,底部垫好木方。

拆除下导油槽盖板,松掉下导调整螺丝。拆除下导瓦连接板,依次吊出导瓦。用专用木箱,中间用木板条隔开放置。推力油冷却器拆卸吊出。推力油槽盖板拆卸吊出。推力头、镜板拆卸吊出。拆卸推力瓦架的销钉、螺丝,用螺丝顶起。吊出瓦架后,放在专用平台上,用白布或塑料布包好。

挡油圈拆卸:用钢丝绳将挡油圈吊住,轻轻受力,拆下底部固定螺丝,略松钢丝绳,慢慢放下,放在枕木上,拆下密封条。

在不吊转子的情况下,可拆卸检修推力、下导轴承:水轮发电机组在不脱轴、不吊转子、下机架的情况下,检修推力、下导轴承可在发电机风洞内进行。首先顶起转子,使推力瓦和镜板脱开,转子上升高度5~6 m;然后可将风闸锁闭。推力油槽排油。拆卸油冷却器进排水管路及阀门。拆卸油冷却器,清除余油。拆除推力瓦测量装置及有关温度计、引线等。拆除推力瓦限位块,抽出推力瓦,放在木板上,盖好毛毡。拆除下导油槽盖板,测量记录下导瓦间隙。拆卸下导瓦连接板,并逐个吊出下导瓦,用专用木箱放置。拆卸吊出下导油冷却器。

风闸拆除:需在顶转子完毕,转子落在推力瓦上后方可进行,先拆去管路和地脚螺丝,以及电气设备引线,然后由起重工操作起吊落下风闸。

四、水轮发电机检查处理

(一)发电机定子的检查和处理

发电机定子中心检查:机组轴线的测定,悬挂一重锤线,用油桶盛浓度较高的机油,重锤上焊有阻流板,放入油中,用内径千分尺测量中心位置,计算出偏差与设计值比较。

定子各部紧固件检查:组合螺栓的检查,分辨组合处的螺栓经长期运行后,如有松动应立即拧紧。没有松动的,检查受力的力矩情况,使之达到规定力矩值。基础螺丝的检查:检查螺丝受力情况,有松动的应做好记录,然后拧紧。铁芯齿压板螺丝的检查:所有螺丝应无松动。

各部焊缝、衬条、定位筋的检查处理:各部焊缝应无裂纹、开焊情况,旋紧螺栓点焊处,应无开焊裂纹,如有应做好记录,进行补焊处理。

外观检查:观察有无明显的损伤、碰伤等情况。

空气冷却器与管路进行1.2 MPa水压试验,历时60 min不得渗漏。

(二)发电机转子的检查和处理

发电机转子的空气间隙测量:在转子未吊出前,对称8点用专用测量工具塞入空气间隙测量,获得各处间隙值。转子圆度测量:安装固定转子测圆架,找正中心,在转子磁极上下150 mm处测112点,计算平均尺寸,确定偏差与设计值比较。磁极标高测量调整:上下尺寸如有较大变化,可移动磁极的上下位置,重新大键。各组合缝焊接、压紧螺栓、键等检查。旋转挡风板、转子磁极压线螺丝、阻尼环检查:凡有松动的地方,螺丝均应重新拧紧。制动环检查:检查磨损情况、变形量,螺栓等是否有裂纹,前后两块之间是否有对闸瓦形成锯齿,如有,应打磨、焊接或更换。螺丝松动应重新拧紧。记录制动环波浪度及变形情况。

(三)推力头、镜板检查和处理

推力头、镜板解体:将推力头镜板从油槽中吊出,送到指定的工作场地,离地面大约50 cm高,镜板下面用对称4个50 t压机,垫上木板,盖上毛毡白布,轻顶镜板面,用套筒扳手,卸下推力头与镜板连接螺栓,同时取出定位销钉,对上位置记号,用专用木箱保存。用专用吊具将镜板吊起,翻面放在原先的压机上找平,镜板面上涂透平油,用毛毡和白布盖好。检查镜板面和轴领面:用汽油将镜板面和轴领面清晰干净,用白布擦干,再用酒精清洗,然后用放大镜检查其局部是否存在裂纹、气孔、绣斑、毛刺等,并详细记录。有毛刺时,用天然油石打磨,严禁用粗砂布之类物品打磨。如镜板需要研磨,可用毛毡细呢料将推力瓦包扎好,涂酒精抛光膏,用人力或研磨机顺时针研磨,研磨后期涂透平油细磨。推力头与镜板组合时,应将镜板、推力头组合面清洗干净,镜板翻面,镜面朝下,垫木板、毛毡白布,调水平。吊起推力头找正中心,对正位置,慢慢下落,当推力头下落到结合间隙2~3 mm时停止下落。上定位销钉,穿螺杆,对称把紧,达到力矩要求。推力轴承回装后,吊入放在推力瓦上。注意:轴领和镜板面涂透平油,用塑料布盖好。

(四)上导轴承、上机架检查及处理

上导油槽盖板结合面密封检查处理,更换耐油橡皮条。各电气引线密封检查。上导瓦的检查处理:清洗上导瓦,用酒精白布清洗瓦面。检查瓦面是否有气孔、夹渣、划痕、碰撞等情况,做详细记录。上导油冷却器的检查试压:检查冷却器的外观,有无损伤等情况,试压0.5 h,压力0.5 MPa,无渗漏。油槽清扫:清除积油,用面粉团粘,将油漆皮、颗粒杂质清除。清扫完毕,根据情况刷耐油漆。上机架各组合面的接触情况:结合缝焊接部位,均应进行仔细检查,如有裂纹要进行施焊,并检查机架有无变形情况,做好记录。表面清扫,铲除脱漆层,重新刷漆。

其他检查包括有消防管路的检查处理,补气装置检查处理。

(五)推力轴承、下导轴承、下机架检查和处理

推力轴承油槽已排尽油,已进行人工清扫,推力头镜板已吊出,下导瓦已分解吊出,推力瓦、瓦架已吊放在专用平台上。拆下推力瓦与瓦架限位块,抽出推力瓦,用吊车吊到临时搭设的工作台上,核对瓦的编号、相对位置,作为记录,用白布或毛毡盖好。推力瓦的检查处理:检查瓦面是否存在硬点、划痕,测量瓦的磨损槽深度,看瓦面的磨损情况。下导瓦的检查处理:清扫下导瓦,用放大镜检查瓦面接触情况、磨损情况。用刮刀刮去毛刺,倒角、修边、刮去夹渣。下机架检查:全面检查下机架的组合焊接情况,螺栓组合面应无松动和毛刺,处理时倒尖角、除毛刺,焊接有裂纹和脱焊的地方,外表面除锈涂漆。

冷却器的检查:用强光灯照射铜管有无裂纹、损伤、开焊的地方。对存在的缺陷进行焊接,部分更换铜管。铜管表面可用白布条拉擦,除去油污油垢。耐压试验时先将冷却器灌满水,排气,然后打压泵升压,达到试验压力时,关闭进排水阀门,保持压力0.5 h不降低,管路不渗漏。

回装油槽挡油筒:回装时检查密封圈,如有损坏,更换新的密封圈。清扫推力油槽,除锈,涂刷耐酸磁漆。待油漆干后,检查瓦架结合面。瓦架销钉试装,将瓦架整体吊入油槽瓦架支座上,穿上销钉,螺丝上紧。

（六）制动风闸检查和处理

关闭进排油气阀，拆卸主支管路，拆卸吸尘器装置管路，并将各部位管路编号，挂标记，用布包好，妥善放置保管。拆卸电气引线接头，拆卸风闸地脚螺丝，整体吊出风闸，并记录底部加垫情况。

外观检查风闸闸瓦磨损情况，如磨损严重，需更换新闸瓦。风闸解体检查：拆除闸瓦，装上吊环，抽出活塞，检查测量活塞尺寸磨损情况、密封圈的密封情况。用汽油进行清扫，锈蚀的地方用细砂布打磨，也可用细油石处理。

回装时，用面粉团将活塞缸粘一遍，涂上透平油，活塞清扫后，装入或更换密封圈，抬起活塞对正进入。进入时不能强行敲打，进入活塞后，用力压下去，到位后提升，反复动作两三次，确认动作灵活后，回装活塞托板，回装制动风闸闸瓦。

耐压试验：将风闸整体吊入试验台上，接好管路，将试压泵压力升至额定压力，关闭阀门，试压 30 min 无渗漏。油管路安装完毕后进行 15 MPa 油压试验 30 min 无渗漏。

制动器分布半径顶面高程偏差不大于±1 mm。

（七）油水气管路及阀门的检查和处理

油水气管路及阀门分解时，应打上记号并编号，管口用布包好，分类保管。检查管路、法兰有无渗漏，清扫管子内孔，特别是活管应用铁丝加布拉擦，去掉脏物。阀门分解后应检查阀杆螺丝等，要求无严重磨损、弯曲和锈蚀，钢口密封应光滑，没有压伤痕迹，橡皮垫、盘根不完整的应更换，阀门开关应灵活。阀门和管路检修后均应试压，试验压力为额定工作压力的 1.25 倍，部分管路也可用煤油作渗漏试验。

检修时要进行除锈清扫，并按规定颜色涂漆，见表 1-9。

表 1-9　油水气管涂漆颜色规定

名称	颜色	名称	颜色
供油管	红	消防水管	橙黄
回油管	黄	气管	白
供水管	天蓝	污水管	黑
排水管	绿		

五、水轮发电机的总装

（一）总装的条件

水轮机的主要大件均已吊入回装，如转轮、导叶、筒阀、顶盖、接力器等。转轮中心已找正，法兰水平小于 0.10 mm/m，中心偏差小于 0.05 mm。下机架吊装前，下导、推力轴承主要部件均已回装，机坑清扫干净，无杂物。

水轮发电机总装程序：发电机机械部分修复——水轮机大件吊入回装——下机架回装吊入——转子吊入——上机架回装吊入、上导轴承回装——推力头镜板与转子连接——推力油槽充油——连轴——落转子——盘车——调中心——调上下导轴承瓦间隙——回装轴承盖板、充油——其他附件回装——全面检查——机组充水。

(二)下机架吊装调整

吊装下机架:吊装下机架总重 160 t,选用合适的吊具,穿入钢丝绳,调整长度、调水平。钢丝绳受力后,吊起高度 200 mm,刹车停止,再次检查,确认无误后,起吊约 2 m 左右,人车行至机坑中心,粗调中心下落,快进入法兰位置时停下,精调中心,慢速间断下落,准确进入法兰位置。专人对准下机架基础螺栓,到位后松钢丝绳,带螺帽。推力头镜板吊入就位。在镜板和推力瓦上涂透平油,吊入就位,进入时也需找中心,避免碰撞法兰,然后用大块塑料布盖好。下机架底脚板与基础板连接,合缝间隙用 0.05 mm 塞尺检查,在螺栓及销钉处不得通过,局部间隙 0.10 mm 塞尺检查,插入深度不超过 100 mm,总长度不应超过周长的 20%。

下机架调水平:首先确定安装高程 135.514 m。在下机架的推力头结合基准面上,对称 X—Y 方向设八点,做上标记。用水准仪测其八点读数并记录。计算水平误差,确定调整方向和数值。先调一个方向的水平,再调另一个方向的水平,两者结合起来调整,并且调整过程互有影响,调整时在基础结合面间加垫,要有足够的接触面积。

机架中心调整:调整前,水轮机大轴法兰中心水平已调整完毕,符合质量标准,主轴法兰中心以水轮机迷宫环间隙值为调整依据。下机架中心调整的依据是大轴法兰与推力油槽、挡油圈的间隙值,大轴法兰不动,调整下机架。测量调整数值,确定调整方向、大小。将 4 台 50 t 液压千斤顶,放在下机架支腿基础部位,水平放置,垫上枕木,调整液压千斤顶长度,X、Y 方向应相互配合调整,反复多次,满足要求。下机架调整中心,须与下机架调水平综合进行调整。调整结束,上紧基础组合螺栓,上紧前在水平面、径向方向,设 X—Y 方向 4 块百分表监视。安装径向千斤顶,保证千斤顶与剪断销同心。

(三)推力头调中心

为了转子回装后,能顺利连接法兰、推力头,须调推力头中心。

调中心前,下机架中心已调好,测量依据为推力头与挡油圈间隙值。调整测量数据计算方法,同下机架调整中心方法。

(四)发电机转子回装

吊装前,下机架、推力下导、推力头、镜板吊入回装完毕,转子中心体法兰、大轴法兰面清扫,法兰螺丝孔已处理,推力头已调中心,风闸管路已回装,桥机经检查、试重,各部正常。

顶起风闸,其高度能保证转子比运行位置高 10 mm,主轴法兰面间隙 5 mm,风闸水平高差小于±0.5 mm。

转子试吊,先升起 100 mm,再升 100 mm 刹车,下降 100 mm 刹车,落回支墩,动作两次,检查桥机主梁水平情况。

转子起吊,将转子吊起约 2 m 高(以能通过栏杆、障碍物为宜),大车行走至机坑,粗调转子中心下落,当距定子线圈 100 mm 时停止,精调中心且检查转子水平情况,必要时调转子水平。定子四周磁极位置用 28 根木条,来回抽动。转子落入定子后,继续平稳下落。下落时如发现木条卡住,应立即停止下落,做适当调整后,继续下落。将转子下落至离风闸 200 mm 高时,应停止下落,派专人监视主轴法兰面的切向键和转子法兰面的切向键槽。下落过程中,对准两法兰的组合记号,调整中心错位,转子落于风闸上。

（五）联轴

联轴前，转子未吊入时，法兰结合面应进行清扫、除锈、打磨（用细纱布或细油石），检查螺孔，清除毛刺，同样用细油石打磨、打光。转子吊入后，准备联轴时，还要用气吹扫，用白布绕在钢板尺上涂酒精清洗擦拭。螺孔略注少许透平油。清扫完后，不能将脏物带进法兰面。对联轴螺栓、丝扣进行检查（包括测杆孔）。有损坏者，应在车床加工、除锈、打磨、车丝，不严重时也可手工处理，切向键也应同样处理检查，键槽用锉刀倒角、试插入。处理完后抛光，涂透平油防锈。

（六）上机架、上导轴承回装

上机架吊入机坑缓慢落在 8 根支柱上，检查调整上机架中心。以机架推力挡油圈搪口处与顶轴间距离作为中心调整基准。用内径千分尺对称四点测量数值，计算并确定调整方向。调整方法与下机架调中心方法相同。回装上机架支腿基础楔形块、压板、键，把紧螺丝，用两只百分表监视测量回装时的偏移。

上导瓦吊入就位，油冷却器吊入回装，并做耐压试验，安装上盖板。

挡油圈回装：安装油槽底部环形固定环，更换圆形耐油橡皮条，提升。提升时用专用拆卸工具，四只长导杆专用螺旋往上顶拖，均匀上升。结合面接触时，穿入螺杆，带上螺帽，拆下提升工具。均匀对称打紧螺丝，之后应做煤油渗漏试验。挡油圈中心测量调整：测量时以顶轴外圆和挡油圈内侧间隙为测量调整依据。用塞尺在对称方向测量，计算中心偏差，确定调整方向，用油槽底盘连接固定环上的调整螺丝调整。

回装油水气管路。

（七）水轮发电机组轴线检查调整

机组盘车应具备的条件：推力油槽充油，对称 X、Y 四个方向抱紧上下导轴瓦，顶起风闸，让推力瓦与镜板之间进油，落下风闸后，转子落在推力瓦上，松掉上下导轴瓦。

机组调中心是利用下导瓦调整的，根据水轮机转轮上下迷宫环间隙数值作为调整依据。

测量、计算、确定调整方向：根据上下迷宫环的数值综合考虑调整值，调整时先松对侧的支撑螺丝后进行调整，调整中心误差不做要求，因为是为了找轴线，只要转轮不碰撞即可。

水导轴承不回装，主轴密封不回装，在中心调好后，对称 X、Y 方向抱紧四块下导瓦（上导瓦全松开），使其瓦间隙为 0.02~0.04 mm。用百分表监视盘车时中心的位移情况。

盘车方法：安装电动盘车工具，上导包瓦间隙 0.03~0.05 mm，推力瓦面滴些透平油。在上下导轴承轴领位置，X、Y 方向各装设 1 块百分表，每块表指针对零，每块表处应有两人，一人读表，一人记录，并准备好记录表格。准备就绪后，在水导处用两人同时推动主轴，在 X、Y 方向，百分表指针应在正负方向摆动灵活，表明大轴无其他异物卡住，处于中心位置。由电气人员操作，进行电动盘车，使转子顺时针转动。盘车每次转动 2~3 圈，记录时，经过的第一点不读数，从第二点开始读数，记录最后一个数据时，应重复第二点、第三点数值，每次盘车连续进行。

盘车数据比较处理：各处摆度值汇总后，观察重复点回零情况如何，有无突变点。分析判断主轴有无碰撞，装表是否稳固，表针松动和测点选择如何等。

摆度测量计算：全摆度为测点对称方向读数差值。净摆度为该全摆度与推力头处的摆度值之差。摆度值均含+、-符号，表示方向。

经盘车测量检查轴线情况，如超标，可处理法兰面、推力头与镜板结合面，加垫或刮削均可，处理完后，再经盘车检查，使其达到镜板轴向摆渡不大于 0.2 mm。

中心调整完毕后开始轴瓦间隙的调整。

下导间隙调整：下导每块瓦间隙值的计算，如果下导摆度不超过 0.01 mm，可按设计间隙平均分配。如果超过 0.01 mm，须按摆度值大小方向计算分配。用四块瓦对称抱紧主轴，用表监测，然后用小千斤顶在瓦背将瓦推向轴领，中心不得位移。将斜形键放入瓦背与轴承坐支撑块之间，画上记号，按斜度计算斜形键提升高度，之后用螺丝锁好，依次进行。抱轴的四块瓦也同样调好，调整完后，回装电气测温引线、盖板，以及油、水、气管路。

上导间隙调整：通过盘车确定上导处的摆度值，须按摆度值来分配调整，瓦间隙调整时计算间隙值等于下导各点设计单边间隙值，减去主轴该点净摆度的一半，根据计算数值调整完对称四块瓦后，再换算其他每块瓦的间隙值，顺次调整，最后调抱轴的四块瓦。调整方法，同下导瓦调整方法一样。间隙调整完后，回装上导瓦盖板、油槽盖板、油水气管路、电气引线、补气装置等。

（八）集电环回装

集电环安装的水平偏差一般不超过 2 mm。电刷在刷握内滑动应灵活，无卡阻现象；同一组电刷应与相应整流子片对正，刷握距整流子表面应有 2~3 mm 间隙，各组刷握间距差，应小于 1.5 mm。电刷与整流子的接触面，不应小于电刷截面的 75%；弹簧压力应均匀。整流子各片间的绝缘，应低于整流子表面 1~1.5 mm。励磁系统线路用螺栓连接的母线接头，应用 0.05 mm 塞尺检查，塞入深度不应超过 5 mm。

（九）全面检查

经机组拆卸检修回装调整过程结束后，有必要对机组各部位进行复查。检查顺序按回装的顺序进行，检查后经有关部门验收，达到试运转、整机调试的条件。最后清理现场，回收工具、材料。

（十）充水试验及试运行

发电机机械部分通油、通气、通水，试压后检查无渗漏，风闸动作正常，对发电机内部严格清查滞留物，经上级验收合格后方可进行冲水试验及试运行。

开机后空转，检查机组振动、摆度、噪声、油位、油温等运行参数，仔细听机组是否存在撞击声。特别是过速、甩负荷等试验中，设专人监视，经有关部门验收后交付运行。

（十一）吊装工作的基本要求

水轮发电机组的设备大部分是巨大而沉重的，因此起重工作和安装工作应紧密配合而不可分割，根据检修具体情况，制订先进、安全可靠的吊装措施与合理的吊装方法，对检修质量有着极其重要的意义。因此，吊装工作应注意起重运输工作须由专人负责统一指挥；工作前应认真细致地检查所使用的工具，如钢丝绳、滑车等是否超过使用标准，吊运重物所用的吊具，应经验算和试验，合格后方可使用；吊装设备时，设备重量（包括吊重和吊具）不得超过机具的公称起重量，吊装用的工具（如扣、钢丝绳等）在不同的工作情况下均应采用相应的、足够的安全系数；吊绳绑扎牢靠，各吊绳应均衡拉紧，其合力应通过吊物的中心;正式吊装前,应先将起吊物提起少许,使其产生动载荷,全面检查各个吊具。

(十二) 安装工作对吊装工作的要求

吊运设备的最终目的是确保设备安装的顺利进行,因此必须了解安装工作的要求并制订可行的吊装措施。保护设备的加工面,应尽量避免吊装机具绑扎在主要的加工面上,迫不得已绑扎时,也应在加工面上垫以较软的物体,以避免损伤加工面;吊装中应注意保护电气设备的绝缘,勿使其受碰、挤压而受到损坏。吊装前的绑扎应注意,各吊具均不得妨碍设备吊入安装位置,并在吊装位置后吊具能够方便地卸出;绑扎位置应防止吊装时设备变形,如不能保证,应制作特殊吊具;任何部件安装时都要求部件吊得水平或垂直。

吊车移动时,所吊的设备移动要平稳,过大的摆动会引起吊具不应有的受力,并容易发生设备碰撞现象。

设备吊装的先后是根据安装工序来确定的,因此吊装工作必须根据安装工序做好准备,使得安装工作连续不间断地进行。

水轮发电机各部件的质量如表 1-10 所示。

表 1-10　水轮发电机各部件的质量

名称	净重(kg)	毛重(kg)
定子 1/6 机座	15 780	17 580
转子中心体	62 890	63 353
转子支臂组件	8 740	9 345
主轴	66 210	72 217
上机架中心体	13 572	14 700
下机架中心体	65 000	68 000
镜板	13 920	15 720
推力头	25 340	27 416
推力油槽	13 500	17 300
推力轴承座(包括弹性油箱底盘)	19 540	21 556

第二章　水轮机运行和检修维护技术

本章阐述了水轮发电机的结构和主要技术参数。并详细叙述了检修维护的主要工作和技术要求。

第一节　水轮机的结构和主要技术参数

一、水轮机设备的主要技术参数

水轮机设备的主要技术参数见表 2-1。

表 2-1　水轮机设备的主要技术参数

名称	单位	基本参数与规范
水轮机型号		混流式
设计水头	m	112
最高水头	m	141.67
最低水头	m	67.91
设计流量	m^3	296
设计出力	mW	306
最大出力	mW	331
最优效率	%	96.02
额定转速	r/min	107.14
飞逸转速	r/min	204
比逸转速	r/min	187.76
轴向水推力	T	2 303.658
水轮机安装高程	m	129
最高尾水位	m	140.60
最低尾水位	m	133.64
吸出高度	m	-6.49

二、水轮机零部件主要尺寸与结构特征

水轮机零部件主要尺寸与结构特征见表2-2。

表2-2 水轮机零部件主要尺寸与结构特征

名称		单位	尺寸
转轮	特征		组焊整体结构
	转轮直径	mm	6 356
	上迷宫环直径	mm	5 878
	下迷宫环直径	mm	6 569
	最大外径	mm	6 569
	高度	mm	3 450
	出口直径	mm	5 600
	下环锥角	度	0
	叶片个数	个	13
	质量	t	127
水轮机主轴	特征		五段组焊结构
	高度	mm	4 050
	轴径	mm	2 100
	轴颈直径	mm	2 485
	最大内径	mm	2 240
	上下法兰外径	mm	2 930
	法兰厚度	mm	356
	质量	t	43.428
顶盖	特征		二瓣组合结构
	最大外径	mm	9 016
	高度	mm	1 851
	最小外径	mm	7 919
	质量	t	116
底环	特征		二瓣组合结构
	最大外径	mm	8 015
	迷宫环直径	mm	6 570
	高度	mm	1 769
	质量	t	47.47

续表 2-2

名称		单位	尺寸
导水机构	特征		
	导叶分布圆直径	mm	7 239
	控制环耳柄分布圆直径	mm	2 860.75
	导叶上下端面总间隙	mm	0.57~1.25
	导叶最大开度	mm	401.12
	接力器操作油压	MPa	6.4
	接力器活塞直径	mm	600
	接力器活塞行程	mm	482
	导叶压紧行程	mm	2.5
活动导叶	特征		对称叶型
	数量	个	20
	导叶总长	mm	3 994
	工作高度	mm	1 500
	导叶总宽	mm	1 182.59
	上端轴颈直径	mm	298
	中端轴颈直径	mm	320
	下端轴颈直径	mm	320
	质量	t	3.650
筒阀	特征		二瓣焊合结构
	内径	mm	8 100
	高度	mm	1 710
	质量	t	50.78
	厚度	mm	150
水导轴承	特征		
	内径	mm	2 485
	轴领直径	mm	2 475
	轴瓦单侧间隙	mm	0.25

续表 2-2

名称		单位	尺寸
主轴密封	特征		轴向自补偿结构
	底座外径	mm	3 635
	运行水压力差	MPa	0.02~0.06
	润滑水流量	L/min	350
	水质过滤精度	μm	30
	冲水压力	MPa	0.2~0.6
	空气围带压力	MPa	0.7
	最大试验压力	MPa	0.7
	漏水量	L/min	200
蜗壳	进口直径	mm	7 000
	包角		345
	固定导叶数		20
	蜗壳进人孔直径	mm	800
尾水管	特征		弯肘型
	基础环内径	mm	5 612.9
	肘管进口直径	mm	6 854
	尾水管深度	m	21.25
	水平长度	m	88.5
	尾水管进人门直径	mm×mm	700×900(宽×高)

第二节　水轮机的检查周期和检修内容

一、水轮机检修周期、项目及主要技术要求

水轮机检修周期与工期见表 2-3。

表 2-3　水轮机检修周期与工期

检修类别	周期	工期(d)
日常维护检查	一周一次	1
设备定期检查	视具体设备而定	1
小修	一年二次	5~10

二、水轮机检修项目与技术要求

水轮机检修项目与技术要求见表 2-4。

表 2-4　水轮机检修项目与技术要求

序号	项目	工作内容与要求	有关运行参数	
			名称	数值
1	水导轴承检查	润滑油状况良好,瓦温、油颜色无异常,油位正常无突变;油槽无异音,无渗漏,密封盖板无油污;冷却水畅通,水压正常	正常瓦温 报警温度 油温 冷却水压	55 ℃ 60 ℃ 45 ℃ 0.4 MPa
2	水导摆度	摆度无异常增大;同时记录负荷、导叶开度、当日上下游水位。非正常运行摆度不大于瓦双面间隙	运行摆度	小于 0.50 mm
3	主轴密封	密封水压正常;轴封无严重漏水;顶盖内无过多积水,且排水畅通;检修密封压力指示为 0;工作密封无异常磨损	密封水压力 密封水压差	0.6~1.3 MPa 0.02~0.06 MPa
4	导水机构	中轴套无漏水;拐臂销、剪断销、联杆销无松动、破损		
5	水车室感观检查	无异常声响、无异常振动、无异常气味、无油污		
6	其他项目检查	各基础螺丝完整无松动;各阀门位置正常,无渗漏;压力表、温度计、流量计完好,指示正常;冷却水畅通,水压正常;伸缩节无异常漏水		
7	可以进行的维护工作	擦拭水导轴承及外围盖板上的渗漏油; 擦拭渗漏于地面、阀门、管道上的油污水污; 小心地进行阀门紧盘根工作		

三、水轮机小修项目与技术要求

水轮机小修项目与技术要求见表 2-5。

表 2-5　水轮机小修项目与技术要求

序号	项目	技术要求
1	水导轴承外观检查清扫油位测量整定,油质取样化验,油箱、上盖及各部紧固螺丝检查,管路阀门渗漏处理	外观无油污,管路、阀门无油污,油质化验符合要求,油位正常,各部螺栓紧固,销钉无松动
2	主轴密封检查	各部件紧固螺栓紧固,销钉无松动,各部件无变形,密封件无异常磨损
3	空气围带检查(通主轴密封水检查)	充气 7 kg,30 min 无明显压力下降,管路无渗漏,密封无渗漏
4	导水机构检查	各销钉无松动,剪断销完好,各部螺丝紧固,导叶中轴套无漏点
5	蜗壳人孔门开、关检查	门孔及螺丝无渗漏痕迹,螺丝齐全、无缺陷,密封面光洁,密封条完好,接口圆滑,蜗壳充水后无渗点
6	过流部件检查	准确记录过流部件的汽蚀、裂纹及其他缺陷,蜗壳、固定导叶及活动导叶不得有裂纹
7	过流部件内的紧固螺栓检查	无断裂、无脱落、无松动,下迷宫环间隙无变动
8	导叶上、下端面密封检查	螺丝无缺损,压环、密封条完好无缺,上、下密封条应高出导叶上、下端面 0.2~0.6 mm
9	导叶立面间隙检查	在 1/4 导叶高度内不得有大于 0.15 mm 的间隙
10	蜗壳、尾水放空阀检查	操作灵活,无卡涩现象,止口严密无缺陷,阀体盘根无漏油
11	尾水进人门检查	螺栓紧固、齐全,焊缝无裂纹,无渗漏痕迹,无严重锈蚀
12	筒阀检查	密封无脱落、破损,紧固螺丝无脱落、松动。筒阀导轨无异常磨损,紧固螺丝无脱落、无松动
13	水车室清扫	整齐、清洁,无油污

四、水轮机定期检查工作内容

在机组投入运行初期(装机后或大修后)的定期工作有:两周后复查大轴轴线;两周

内每天记录轴承温度;两周后复查各转动部件的高程;两周后复查导叶立面间隙;每月用百分表检查一次大轴全摆度(在停机后进行);每两个月进行一次水导油取样,油质标准参考液压油清洁度标准 ISO CODE 16/13。每三个月检查一次水导瓦间隙。半年检查一次转轮、导叶、底环的磨损及汽蚀情况。每年进行一次停机全面检查。

第三节　水轮发电机的检修工艺

一、导叶端面间隙调整

导叶端面间隙要求调整到上、下间隙一致,即导叶与顶盖抗磨板之间的间隙等于导叶与底环抗磨板之间的间隙。如果运行一段时间后,发现上述两间隙不一致,必须进行调整。

安全事项:此工作可能会动导叶,在动导叶之前,必须确认没有人员在导叶及导叶操作机构的运动范围之内,如果需要观察导叶运动情况,所有人员必须通过口头或对讲机联络,以确保在导叶动作之前,所有人员离开上述危险区域。

调整步骤:卸掉止推板销钉螺丝上的螺帽;卸掉止推调整螺丝,注意该螺丝为左旋方向;卸掉调整螺丝下的垫片;松开主拐臂螺栓;重装上止推板调整螺丝,转动该螺丝,使之向下运动,从而增大导叶上端面间隙;记录此时的导叶上、下端面间隙;当端面间隙达到要求后,测试此时止推板与止推调整螺丝之间间隙,按照该尺寸加工垫片厚度;卸掉止推调整螺丝,装上垫片,再装上调整螺丝,回装锁紧螺母,并拧紧,力矩要求 560 N·m;复查一次导叶上、下端面间隙。打紧导叶主拐臂把合螺栓,要求伸长量为 1.07~1.11 mm。

二、导叶立面间隙调整

间隙调整时要求导叶在关闭位置时,立面紧密接触。局部间隙不得超过 0.15 mm,长度不超过导叶高度的 1/4。

调整步骤:松开偏心销压板紧固螺丝;用扳手转动偏心销使导叶相互压紧;检查此时导叶间隙;间隙合格后,保持偏心销不动,上紧压板及紧固螺丝,力矩要求为 740 N·m。

三、导叶端面密封检修

导叶端面密封必须光滑、平整,高度应大于实测的导叶端面间隙 0.2~0.6 mm。取出密封条上螺栓孔的塞子;下掉压紧螺丝,取出下面的钢环及钢垫片;取出密封条;换上新的密封条,压紧,并重新钻孔,装上钢垫片及钢环,装上压紧螺丝,拧紧,力矩要求 46 N·m,然后将孔塞涂上胶塞好。

四、筒阀密封的检修

(一)上密封的检修

上密封的检修要求机组处于停机状态;落工作门;排空流道内的积水;筒阀接力器液

压操作系统完好,筒阀处于全开状态,并投入锁锭;活动导叶处于全开位置,并投入锁锭。

检查密封条有无破损、外漏等现象;将筒阀落到适当的高度,并用支墩支承;松开上密封条的托板固定螺栓,并装上至少 12 个专用调节螺杆;利用顶丝将托板与顶盖分离,利用调节螺杆将托板落至适当高度;拆掉固定压板的内六角螺栓,分块取下密封条压板;更换密封条,既可局部更换,也可整根更换,视具体磨损情况而定。

上密封的安装过程:密封条托板由调节螺杆悬空挂起;检查托板放置密封条的位置是否平整光滑;检查所更换的密封条是否规则,有无破损;检查密封条的连接处是否牢固,有无缝隙;将密封条处于自由状态安装;安装密封条压板;顶起托块,拆下工具螺栓,安装设备螺栓,依次进行完毕;拆下筒阀支撑。

注意事项:拆装托块时,一定要注意托块与顶盖之间的“O”形密封条有无破损,并及时更换;装密封条时一定要注意宽面向下,窄面向上;压板拆下后一定要按顺序编号,并顺序安装,力矩要达到 200 N·m;托板的固定螺栓力矩要达到 400 N·m。

(二)下密封的检修

下密封的检修要求机组处于停机状态;落工作门,落尾水门;筒阀处于全开位置,并投入锁锭;检查密封条有无破损;拆下密封条压板;取出密封条。

下密封条的更换过程:检查密封条所放部位是否平整光滑、有无杂物;检查密封条是否光滑、规则;检查密封条的连接处是否牢固、有无缝隙;将密封条处于自由状态安装;装压板;退出锁锭。

注意事项:拆下压板时一定要编号,安装时一定要顺序安装;密封条安装时要宽面向下,窄面向上;固定螺栓力矩要达到 80 N·m。

五、剪断销的更换

导叶全关、全开一到两次,以便靠自身的磨擦力,尽量调整导叶拐臂和剪断臂的相对位置,使二者的销钉孔中心对准,以利于更换剪断销的专用设备(液压千斤顶);将导叶开至 44% 开度,不要偏差太大;投入导叶接力器机械锁锭;仔细观察导叶拐臂和剪断臂的相对位置,以便确定导叶拐臂需要移动的方向(“开”向或”关”向移动);确定了导叶拐臂要移动的方向后,在其相应的位置装设液压千斤顶;缓慢加压,取出已损坏的剪断销;检查销钉孔内是否有毛刺,是否平整光滑,有无磨损;检查引销有无毛刺,是否光洁;用引销试装,看是否顺畅;用加压或释放压力的方法来微调导叶拐臂与剪断臂的相对位置,直至将销钉孔中心对准;检查剪断销是否完好、有无磨损,表面是否光滑;安装新的剪断销;拆除液压千斤顶设备;退出导叶接力器锁锭;试着全开、全关导叶,看是否正常。

注意事项:开关导叶时,控制环及拐臂上不得站人;千斤顶要放置牢固;千斤顶头垫块与导叶限位块之间、垫块与顶盖之间要放置木块,以便增加稳固性;安装垫块时要注意其角度及方向;释放压力或加压时,要缓慢进行;要注意监视压力表的读数。

六、导水机构

检查水轮机顶盖漏水情况,对导叶中轴套“人”字型密封及轴瓦的磨损情况进行检查,在运行中发现轴套大量漏水或导叶转动不灵活时,应拆下拐臂,拨出套筒,检查“人”

字型盘根是否损坏以及尼龙瓦磨损情况,必要时应进行更换和处理。

该项工作应在流道排水、接力器排除油压条件下进行。将剪断销拔出或连板拔出。连板长度保持原长度不变。采用安装专用拨键工具,取出分半键,并做好记号。用专用工具拔出拐臂。

拔出套筒前先拔出两个对称销钉,然后将法兰螺栓拆卸,用顶丝将套筒顶起一定高度,其接触面垫上木方,然后将顶丝拆掉,安装对称两个吊环螺丝,用手动葫芦或手动导链,设在下机架上,钢丝绳用卡扣固定在吊环上,然后将套筒吊起。

轴套含油轴承检查有无破损及严重磨损,测定中轴套和上轴套内径是否在公差范围之内。轴与轴套配合间隙是否合格,否则应更换新品。检查 $\phi 5.7$ mm 密封圈是否损坏,必要时应予更换。检查"人"字密封是否损坏,各密封是否完好,必要时应更换备品。如大量地进行拐臂分解工作,发现个别导叶关闭不严密,应进行导叶间隙调整。

如发现剪断销断裂变形,应更换备品,将原剪断销拔出。适当调整导水机构,更换新剪断销。转臂轴套应检查有无破损、磨损,严重的应予以更换。

调速环检查:将导水机构连板、接力器与调速环分解开,利用下机架对称吊起调速环,检查抗磨板的磨损情况,如有严重磨损应进行更换,调速环抗磨板应涂抹黄甘油,安装时应检查抗磨板与其上盖固定环间隙。

七、导叶的汽蚀磨损处理

长期汽蚀及泥沙磨损,将会造成导叶破坏严重,导叶表面布满鱼鳞坑,上下端面及立面间隙过大。机组停机时,即使导叶完全关闭,过大的漏水量也会使机组无法停下。检修后机组充水平压时,由于导叶漏水量大,会造成钢管的水压充不到提门压力,使快速闸门前后的水压差大,起闭机不足以将快速门提起,使机组无法开启,直接影响到机组的正常投运,因此必须对导叶进行全面修复,这一工作只有在 A 级大修中进行。其处理程序如下:

(1)导叶叶体表面鱼鳞坑的处理:将导叶表面的鱼鳞坑及沟槽用不锈钢焊条焊平,焊后表面用砂轮机打磨平整,使之恢复原来设计的断面形状。为防止导叶焊接时有过大的变形,应将导水叶直立,采用分块退步焊法,施焊电流根据焊条直径加以控制,不得用大电流。

(2)导叶上下端面的处理:将导叶放在车床上找正,将上下端面分别车平,然后补焊 8~10 mm 厚的不锈钢板(必须钻孔塞焊),最后将导叶上下端面在车床上加工,使导叶长度达到设计尺寸。加工时,必须保证上下端面与导叶轴垂直。

(3)导叶立面的处理:将导叶小头在刨床上刨去 25 mm×7 mm 的一条矩形槽,大头刨 40 mm×12 mm 的矩形槽,分别镶焊厚 10~12 mm 的不锈钢板,不锈钢板孔中间应钻孔塞焊,然后将导叶立面镶焊的不锈钢板按设计尺寸刨平。导叶各部分在焊接过程中,应尽量采取措施,减少焊接变形。导叶所有焊接工作结束后,为消除内应力及残余变形应予退火处理,导叶金属切削加工应在退火后进行(车上中下轴领、上下端面,刨大小头立面等)。

八、导叶枢轴的处理

导叶枢轴由于补焊变形,可能偏离导叶设计轴线,与导叶下轴颈发生偏磨,引起下轴颈椭圆,必须处理。下轴偏磨,将下轴磨损处补焊不锈钢,最后将导叶在车床上利用四瓜卡盘找正,车削导叶下轴,使枢轴实际轴线和设计轴线重合。该项工作和精车导叶上下端面一起进行,以保证导叶枢轴和上下端面垂直。

九、安装时导叶间隙调整

安装时,导叶立面间隙调整按下述方法进行:导水机构连接完毕后,首先测定导叶标高,与修前测定值无变化,然后调整端面间隙,上端面间隙要求是间隙和的60%~70%,下端面间隙应为间隙和的30%~40%。

导叶立面间隙调整:在导叶连板连接之前,将全部导水叶关至全关闭位置,用吊装带将导叶按圆周进行捆绑,捆绑高度应设在导叶高度的1/3处,绕导叶绑2~3圈,吊带一端固定在固定导叶上,另一端与5 t手动导链连接,使导水叶捆绑拉紧。在拉紧过程中,可用铜锤逐个导叶进行敲击,使导叶紧密无间隙,然后用塞尺检查导叶立面间隙,其导叶立面间隙应为零,用5道塞尺检查应不通过。将导叶接力器关至全关闭位置,通过偏心销来调整连板长度,安装剪断销。

由于在捆绑过程中可能发生角位移,连板位置也须改变,可通过偏心套来进一步调整导叶立面间隙。

十、转轮的检修

(一)转轮迷宫环处理

转轮迷宫环由于长期运行,汽蚀泥沙磨损严重,间隙普遍增大,增加漏水损失,甚至引起水力共振,此时对迷宫环必须进行处理。

将转轮拆出机坑后运至转轮加工车间,在施转平台上找正。

上迷宫环处理方法:将上迷宫环车圆,再镶焊一圈不锈钢板并车圆,测量其直径,使其与顶盖上固定迷宫环的配合间隙符合设计要求。

下迷宫环处理方法:将下迷宫环处上较深的鱼鳞坑及沟槽用不锈钢焊条填平,将下迷宫车园,之后,再装上备用迷宫环,最后在5 m立车上将下迷宫环车圆。

(二)转轮的静平衡试验

由于长期运行,汽蚀磨损严重,经过多次大量补焊处理,转轮可能存在静不平衡,为了把转轮不平衡重量降低到一个允许范围以内,以免由于转轮存在不平衡力,造成主轴在运行中产生偏磨、水导轴承偏磨摆度增大或引起水轮机在运行中的振动,必须做静平衡试验。

试验条件:静平衡试验必须在转轮的全部检修工作(如补焊、打磨等)结束后进行,否则静平衡试验不准确,失去其意义。

静平衡试验时必须准备下列工器具:转轮承重平台、静平衡试验支架、千斤顶、卡钳、水平仪(0.02 mm/m)、千分表、台秤、调整扳手等。

承重平台找平,其不平度小于 0.02 mm/m,并将平台固定牢固。安装试验支架,将转轮吊放到千斤顶上。千斤顶同时下落,使半圆球面与承重平台接触。球面与平台支撑面必须清扫干净并涂一层透平油,下落时不得碰撞。若千斤顶下落时,水涡轮向一个方向倾斜,必须重新将转轮顶起,调整螺杆,每次使半圆球块上升 30~60 mm 即可,直至转轮平稳。逐次顶起转轮,调整螺杆,使转轮能灵活晃动。转轮平稳后,找出倾斜最高点并测量记录。称质量 1 kg 重物,加于转轮下环的最高点上,测量该点的下降高度 H 值。根据因加重物而下降的高度 H 值,计算平衡物重心与球心的距离 h:

$$h = (PR - \mu G) \cdot R/GH \quad (\text{cm})$$

式中　R——所加重物重心至转轮中心距,cm;

　　　G——平衡物质量,包括平衡工具,kg;

　　　μ——动摩擦系数,取 $\mu = 0.001 \sim 0.002$ cm;

　　　P——下环上所加重物的质量,kg;

　　　H——因加重物转轮下降的高度,cm。

转轮平衡时,允许残留不平衡所产生的不平衡离心力不得超过转轮净重的 2%。即允许有静不平衡力 Q 的存在,Q 按下式计算:

$$Q = 17.9 \, G/D \cdot n^2 \quad (\text{kg})$$

式中　G——转轮装配净重,kg;

　　　D——转轮直径,m;

　　　n——飞逸转速,取 n = 204 r/min。

在转轮下环上部放平衡重物,找平下环低面,四等分做记号,检查各等分处高低并做记录。

测量所加重物至转轮中心的距离,称出找平转轮所加配重量,配重物应安放在转轮允许位置上,并找平转轮。

复查试验工具的灵敏度应符合规定,其 H 值按下列计算:

$$H = (QR - \mu G) \cdot R/G \cdot h \quad (\text{cm})$$

式中　Q——静不平衡力,kg;

　　　h——根据计算所得的值,cm,其余符号同前。

配重物必须焊接牢固、平整。拆卸平衡工具,并妥善保管。

十一、顶盖的检修

为保证转轮上迷宫环的间隙,顶盖除清扫及其他的改进加工外,尚需根据磨蚀情况对迷宫环进行修补和车削加工,抗磨板如磨蚀严重,需进行更换处理。

十二、底环

如抗磨板与迷宫环破坏严重,需更换新的抗磨板及迷宫环。对于底环和抗磨板上的局部磨蚀可进行焊接修补。如导叶下轴套破坏严重,可采用专用工具进行更换。

十三、水轮机常见故障处理

(一)轴承温度升高故障处理

检查瓦温表计温度显示值是否正常;检查该轴承油位、油色是否正常,是否有油混水信号;检查冷却水系统水压、流量是否正常,在允许范围内,可适当提高水压或反冲运行;测定机组各部摆度,听轴承内部是否有异音,并测轴电流;如经处理温度仍不下降,降低发电机出力。此时,应设专人监视温度,并做好停机准备;如轴瓦温度继续(或急剧)升高接近事故值,应立即联系停机,并汇报相关领导。

(二)轴承油面不正常故障处理

检查油面是否确实降低,信号装置是否误动作;如油位异常,在无较大变化情况下,当油位升高时,应取样初步判断并联系相关人员取样化验;当油位降低时,及时查明原因,设法消除并联系相关人员加油。此情况下应加强监视;如轴承有大量跑油现象,应及时申请停机,启动漏油预案。

(三)导水叶剪断销剪断故障处理

检查剪断销是否剪断,信号是否误动;确认剪断时,调整机组负荷,使机组振动最小;若机组振动较大,联系调度开启备用机组,停机。若机组运行基本正常,维持运行,待机组正常停机后处理。机组停机时注意关闭筒阀。

(四)水轮机顶盖水位升高故障处理

检查各处漏水量是否增大,如主轴密封部分漏水较大,及时调整密封水压,调整机组负荷使顶盖水压最低;检查排水泵是否排水正常。如未启动抽水,检查原因设法启动排水;必要时启动两台泵进行抽水;若漏水过大,处理无效并水位仍上升,应装设临时潜水泵,并启动抽水,并启动应急预案。

(五)停机稳态时水车室下面有异常振动

检查筒阀是否有全关信号;如无全关信号,则全开全落一次筒阀,检查筒阀时在全关位置,若筒阀全关后故障还无法消除,停机排水后,检查导叶里面间隙和端面间隙。

(六)运行机组误投风闸事故处理

风闸误投入之后,不应立即进入风洞,确认机组未着火,如着火,启动发电机着火处理预案;保证机组风闸上下腔进气阀全关,全开机组风闸上下腔排气阀;必要时可关闭制动气源总阀;机组停稳后,将灭磁开关断开,并做好机组隔离措施;进入风洞前应打开排烟系统,将风洞内的烟尘尽量排空;进入风洞时必须带防毒面具,且需有专人监护。不应长时间滞留在风洞内,确保呼吸顺畅,如有不适,应立即撤出风洞;检查风洞内制动风闸情况,联系相关人员进行处理;清扫风洞内烟尘时,做好防止高空坠落措施。

第三章　调速器及筒阀检修维护技术

本章阐述调速及筒阀系统检修维护内容、技术要求、调试方法和检修工艺等方面的内容。

第一节　调速及筒阀系统简介

一、压油装置

每台机一套压油装置,主要由压力油罐、回油箱、油泵、控制阀组及其他辅属设备组成。每套压油装置设有 1 台 9.64 m^3 的圆柱形压力油罐,罐体上设有配套的压力表、油位计和浮子式油位开关。回油箱 1 台,外形尺寸为 2 300 mm×1 800 mm×2 000 mm。

每套压油装置配置 3 台油泵、2 台主油泵、1 台循环油泵,均布置在回油箱上部。主供油泵为美国 IMO 公司生产的#A6DBCR-275 型螺杆泵,输油量为 370 L/min,两台泵互为备用,由筒阀电气控制盘柜内的 PLC 控制,断续运行,维持压力油罐内的正常油压及油位。每台主供油泵出口均设有一套控制阀组,主要包括一套卸荷阀组和一个流量控制阀。卸荷阀组由一个插装式锥阀、一个二位四通电磁阀和一个溢流阀组成。在起泵和停泵时,由电磁阀根据接收到的信号控制锥阀的启闭,实现卸荷功能。溢流阀的设定压力为 6.4 MPa,维持油泵出口压力不超过设定值。流量控制阀为一锥阀,通过其控制端盖上的调节螺杆调节阀口开度,从而控制主油泵出口流量。同时,该阀还起到单向阀的作用,当油泵出口压力大于系统压力时,阀门开启,向系统和压力油罐供油;反之,阀口关闭,防止系统内压力油倒流至回油箱。

循环油泵为美国 SUMMA 公司生产的#SVP-35I25F1AR 型叶片泵,用于实现回油箱内透平油的循环和冷却。在泵的出口设有冷却组件和过滤组件。冷却组件为一个热交换器,冷却水流经一个滤水器后进入热交换器对油进行冷却,冷却水流量的大小由一个温控二位二通滑阀调节。过滤组件为美国 HYDAC 公司生产的双联油过滤器,精度为 10 μm,用于滤除油中的杂质。油过滤器的两端并联有起保护作用的压力开关和单向阀,当滤芯发堵,产生一定压差时,压力开关报警,同时单向阀开启。

此外,回油箱上还设有压力开关、温度计、温度开关和浮子信号器。压力开关和油位开关输出的信号送入 PLC,控制主供油泵的工作。当系统油压低于 4.5 MPa 时,压力开关动作,低油压关机。当温度超过 45 ℃时,温度开关报警。浮子信号器带有电接点,当油位过高或过低时,报警停机。

二、导叶液压控制系统

导叶液压控制系统与其他电厂相比较简洁明了。主要由双联油过滤器85、动圈阀

SV26、紧急关机阀 SV25、主配压阀 75、分段关闭阀 SV24、锁锭控制阀 SV23、导叶接力器和控制环锁锭接力器组成,如图 3-1、图 3-2 所示。

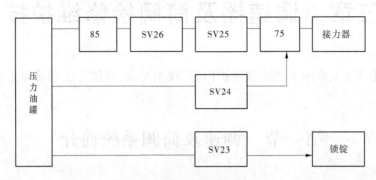

图 3-1　导叶液压控制回路框图

双联油过滤器 85 安装在动圈阀的供油管路上,为其提供精度为 10 μm 的清洁压力油,保证其正常工作,实现精确调节。

动圈阀 SV26 为美国 VOITH 公司生产的 TSH1-16 型动圈伺服阀,安装在回油箱顶部。其控制线圈电阻为 130 Ω,缠绕在一个铝制圆筒形支架上。引导阀阀杆内置在动圈阀活塞内部,与控制线圈紧固在一起,随线圈一起上下运动,通过阀杆位置的改变,启闭内置在活塞上的控制油孔,从而改变活塞上、下腔的压差,使其产生相应的运动,改变动圈阀的输出油压,进而控制主配压阀的运动,调节导叶开度。活塞为差压式,其上腔作用面积大于下腔作用面积。控制线圈支架的上下方各作用着一个圆柱形预压弹簧,通过调节上方弹簧的预紧力,使控制线圈和引导阀阀杆始终受到一个向下作用的弹簧合力,保持一个关闭趋势。当控制线圈的电信号突然消失时,在弹簧力的作用下,引导阀下移,动圈阀活塞上腔进入压力油,下腔排油,活塞下移,从而使主配压阀下腔排油,主配压阀活塞下移,紧急关闭导叶。在正常运行时,弹簧的预紧力由电气回路补偿,达到电气平衡,不影响动圈阀的正常调节作用。

紧急关机阀 SV25、分段关闭阀 SV24 及锁锭控制阀 SV23 均为二位二通电磁阀。

主配压阀 75 与动圈阀 SV26 之间完全取消杠杆传动,仅靠油路连接。主配压阀活塞没有复位弹簧,完全靠其上下腔油压实现阀芯的平衡、复位及完成调节功能。主配压阀活塞直径为 80 mm,行程为 ±4 mm,垂直布置在回油箱上方。主配压阀设有 3 组限位螺栓,分别沿其直径方向对称布置,分别用于调整开机时间 T_0、正常关机时间 T_{S1}、紧急关机时间 T_{S2}。其调整原理如下:

开机时间 T_0:其限位螺栓固定在主配压阀座板上,通过改变螺栓上的套筒长度,调整和限制主配活塞开侧行程,从而调整开机时间。

正常关机时间 T_{S1}:其限位螺栓固定在主配压阀活塞上端,随活塞一起运动,通过改变其套筒长度,调整和限制主配压阀关侧行程,从而调整正常关机时间。

紧急关机时间 T_{S2}:其调整原理与正常关机时间 T_{S1} 大体相同,所不同的是,在主配压阀座板上还对称布置有两个小活塞。当事故停机时,紧急关机阀 SV25 失磁,主配压阀活塞下腔失压,快速下移,以限定的最快速度关闭导叶。在分段关闭点,分段关闭阀 SV24

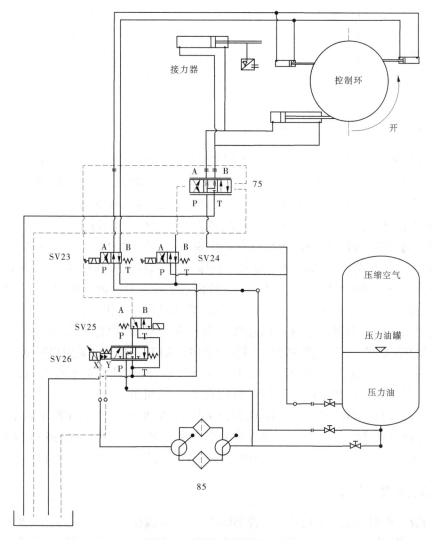

图 3-2　导叶液压控制系统图

励磁,其输出油压作用在主配压阀座板上的两个小活塞下腔,小活塞上移,将主配压阀活塞上抬,减小其开度,从而减缓导叶的关闭速度,实现分段关闭。

主配压阀支架上端固定一电容式传感器,将主配压阀的位置信号反馈至电气回路。主配压阀活塞上腔作用面积为下腔的 1/2,其上腔始终作用着来自压力供油管路的稳定油压 P_0,动圈阀的输出油压直接作用在主配压阀活塞下腔。压力 P_0 使主配压阀活塞始终保持关闭趋势,当主配压阀下腔失压时,可保证主配压阀快速向关侧移动,关闭导叶。在稳定状态下,下腔压力与上腔压力及主配压阀活塞重量相平衡,主配压阀保持在中位,系统处于稳定状态。当动圈阀接收到开启信号时,其活塞上移,输出压力油,作用于主配压阀活塞下腔,主配压阀活塞上移,导叶接力器开侧进入压力油,导叶开启。当动圈阀接收到关闭导叶信号时,动作过程与此相反。

导叶接力器为两台直缸接力器,活塞直径为 600 mm,行程为 482 mm。其中,2# 接力器上设有一个角电容传感器,用于测量和反馈导叶开度,取代了传统的钢丝绳和杠杆反馈机构,提高了精度,减小了工作死区和误差。锁锭接力器也为两个直缸接力器,其活塞杆带动转臂作用于控制环内侧,通过限制控制环的移动,达到锁锭导叶的目的。锁锭接力器的动作由锁锭电磁阀 SV23 控制,在停机状态下,SV23 失磁,锁锭投入;当电气回路发出开机准备信号后,SV23 励磁,锁锭退出。

三、导叶控制回路具体操作过程

(1)正常开机。调速器电气回路接收到开机命令,检验开机准备条件完成后,紧急关机阀 SV25 励磁,接通动圈阀 SV26 和主配压阀 75 之间的油路。之后,调速器电气回路按照设定的开启规律(起动开度 1 和起动开度 2)向动圈阀输入控制信号,经动圈阀和主配压阀的调节和放大后,快速开启导叶至空载,机组并网后投入正常运行。

(2)负荷调整。机组的并网运行有三种控制方式:转速控制、功率控制和开度控制。无论在哪种控制方式下,当需增加负荷时,调速器电气回路按控制程序向动圈阀 SV26 发出控制信号,经动圈阀 SV26 和主配压阀 75 的调节和放大,将导叶开至新负荷对应的开度,使机组在新的负荷下稳定运行。减负荷时的调节过程与此相反。

(3)正常关机。调速器电气回路接收到关机命令后,按设定的关闭规律向动圈阀 SV26 发出控制信号,经动圈阀 SV26 和主配压阀 75 的调节和放大,关闭导叶至空载,之后紧急关机阀 SV25 失磁,主配压阀下腔失压,导叶全关。当转速降至 60% 额定转速时,电制动投入;当转速降至 10% 额定转速时,机械制动投入,机组停稳。

(4)事故停机。当机组发生事故时,紧急关机阀 SV25 立即失磁,主配压阀 75 下腔失压,活塞迅速下移,快速关闭导叶。当导叶关至分段关闭点时,分段关闭阀 SV24 励磁,将主配压阀活塞上抬,减小其关侧行程,导叶关闭速度变缓,直至全关,实现分段关闭。

四、筒阀液压控制系统

筒阀液压控制系统主要包括一套控制阀组、一个分流模块、五个配油模块及五台接力器。控制阀组布置在水车室内两台导叶接力器之间,主要由速控阀 605、稳压阀组 606、减压阀组 610、球阀 815、五个液压马达 805、电磁阀 SV16 和 SV25 组成(见图 3-3)。分流模块和配油模块布置在水车室内机坑里衬的环形凹槽内,分流模块中不含阀门,其作用是实现控制管路的集成布置。配油模块主要包括(以 1# 接力器为例)电气同步电磁阀 705.1(微调)和 705.2(粗调)、电磁阀 755.1 和液控单向阀 725.1 等。每个配油模块服务于一台接力器,在顶盖上方垂直均布 5 台直缸式接力器,活塞直径为 320 mm,行程为 1 500 mm。下面以 1# 接力器为例,介绍一下系统控制原理。

(一)同步方式

由于筒阀阀体上的活动导轨和固定导叶出水边上的固定导轨之间的间隙很小,仅为 1.0~1.5 mm,为了防止筒阀在运动中发卡,本系统采用了较为先进的机械同步和电气同步方式,同步效果很好,设备布置较为精巧美观。

1# 筒阀接力器液压操作系统原理图如图 3-4 所示。

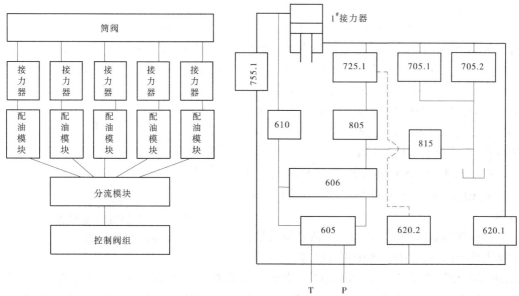

图 3-3　筒阀液压控制系统图

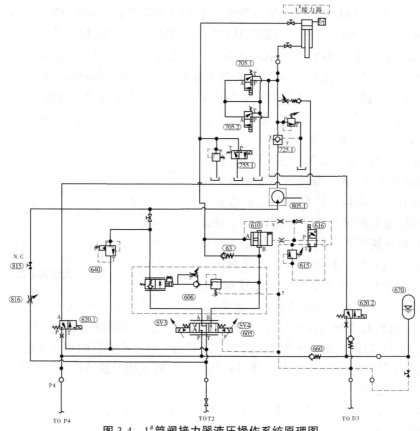

图 3-4　1#筒阀接力器液压操作系统原理图

(二) 机械同步

机械同步由 5 个 MR300F4 型径向活塞式静平衡液压马达 805 实现。每个液压马达有两个输油管,其中一个输油管单独连至与其相应的一个接力器的下腔,另一个输油管引向稳压阀组 606。每个液压马达的输出轴端齿轮相互啮合在一起,使 5 个液压马达的转速相同,输油量保持一致,5 台接力器下腔进出油量相同,从而保证接力器运动的同步。由于该型号液压马达是可逆式的,所以在筒阀开启和关闭过程中,均可实现机械同步。

电气同步:在 PLC 内部设定了与筒阀接力器行程相关的允许位置偏差曲线,如图 3-5 所示。

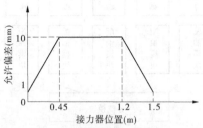

图 3-5　与筒阀接力器位置
与允许偏差曲线

图中的横坐标为 5 个接力器中活塞位置最低的接力器的位置。由图 3-5 中可看出,在接力器行程的两端,允许位置偏差远小于行程中间段的允许偏差。在筒阀的运动过程中,如果接力器的位置偏差小于允许偏差,则认为接力器是同步的。电气同步通过 PLC 和同步电磁阀 705.1、705.2 实现。在筒阀上升过程中,每个接力器顶端的磁滞传感器实时地将接力器的位置信号返馈至 PLC,由 PLC 比较 5 个接力器的位置,将活塞位置最低的接力器的位置作为基准位置(下降过程中也如此)。然后分别将其他接力器的位置与之相比较,若某个接力器的位置偏差超过允许偏差的 30%,微调电磁阀 705.1 励磁,将该接力器下腔的油适量排入回油箱;当位置偏差超过允许偏差的 70% 时,粗调电磁阀 705.2 励磁,将该接力器下腔更多的油排入回油箱。通过排油,该接力器上升速度减缓,与其他接力器运动速度渐趋一致,从而保证 5 个接力器上升过程中的同步。筒阀下降过程中的电气同步原理与此相同。

(三) 筒阀运动速度控制

筒阀的运动速度曲线如图 3-6 所示,其形状与位置偏差曲线一致。筒阀的运动速度为接力器位置的函数,在接力器行程的起始段和终止段,筒阀的运动速度远小于中间段的运动速度,目的是防止筒阀在其行程的起始段和终止段运动速度过快,撞击相邻部件。在筒阀运动过程中,PLC 按照这个速度曲线向速控阀 605 发出调节信号,控制筒阀的运动速度。速控阀 605 为一带有两个比例电磁铁的比例伺服

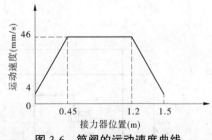

图 3-6　筒阀的运动速度曲线

阀。当接收到 PLC 发出的开启筒阀信号时,相应地开启线圈励磁,根据信号的大小成比例地控制滑阀开启侧的油口开度,接力器上移,开启筒阀。接力器的移动速度与速控阀油口开度成正比,从而实现了开启速度曲线的要求。筒阀关闭时的情形刚好与此相反。

(四) 发卡处理

若筒阀在运动过程中,接力器的位置偏差超过了允许偏差,控制系统将停止其原方向运动,使筒阀向相反的方向运动 6 s,以消除发卡现象。若发卡现象消失,筒阀将继续按原始方向运动,若发卡现象未消失,筒阀将向相反方向再运动 6 s。若发卡现象消除,筒阀将

继续按原始方向运动,若发卡现象仍未消除,筒阀将停止运动,同时发出发卡报警信号。

(五)稳压措施

在筒阀的运动过程中,为了保证接力器运动平稳、减少冲击,在接力器上、下腔油路之间设置了稳压阀组 606。阀组 606 由一个二位二通液控滑阀、一个单向阀和一个溢流阀组成,在筒阀下降过程中,若由于某种原因(如发卡)阻力变大,下降速度变慢,接力器上腔压力升高,溢流阀开启,压力油经单向阀作用于液控滑阀,使其开度变大,增大接力器下腔排油速度,上、下腔压差变大,克服阻力,使接力器恢复正常运动速度,上腔压力恢复正常,溢流阀关闭,液控滑阀开度恢复正常。若由于某种原因下降速度过快,动作过程与此相反。

(六)其他功能

小浪底筒阀控制系统的另一大优点是可以实现在不需将顶盖吊出机坑的情况下检修导叶,这个功能由减压阀组 610 实现。阀组 610 由一个减压阀、一个电磁阀和一个溢流阀组成。筒阀正常工作时,该阀组起减压作用。当需检修导叶时,先将筒阀开启至所需高度,底部垫上木方,拆除顶盖固定螺栓。然后将电磁阀励磁,溢流阀油路被切断,减压阀控制腔压力升高后全开,其出口压力升高,利用 5 个接力器将顶盖顶起,便于检修导叶。

(七)操作程序

筒阀的控制方式包括远动控制、现地自动控制和现地手动控制三种。无论采用哪种控制方式,其液压控制回路动作过程基本相同。

(1)筒阀的开启。筒阀在全关位置时,需要较大的提升力才能使其开始运动,所以其开启程序如下:PLC 发出开筒阀命令后,电磁阀 755.1 和 SV16 励磁,压力油不经速控阀直接进入接力器下腔,以较大的压力提升筒阀,使其阀体与密封脱离。10 s 后,电磁阀 SV16 失磁关闭,同时速控阀 605 开始工作,其开启线圈励磁,根据 PLC 输入信号大小控制提升速度。筒阀全开后,速控阀 605 失磁,回复中位。筒阀开启时间为 90 s。

(2)筒阀的关闭。PLC 发出关闭筒阀命令后,速控阀 605 关闭线圈励磁,阀芯向关侧移动。同时电磁阀 SV25 励磁,液控单向阀 725.1 全开。速控阀 605 根据 PLC 的输入信号控制下落速度。筒阀全关后,速控阀 605 失磁,回复中位。关闭时间为 60 s。

(3)筒阀在运动中的定位。若筒阀在运动过程中需停留在某一位置,在电气盘柜上输入"HOLD"命令,速控阀 605 失磁,回复中位,切断接力器上下腔油路,接力器保持不动,停留在所需位置。

(4)紧急关闭。筒阀紧急关闭分两种情况:一是当机组发生事故,油压装置工作正常时,速控阀 605 动作,向关闭侧移动,同时电磁阀 SV25 励磁,其输出油压作用于液控单向阀 725.1 使其全开,接力器下腔快速回油,使筒阀在动水中快速关闭;二是当机组发生事故且油压装置失压时,手动打开常闭球阀 815,电动操作(当 PLC 失电时,可手动操作)电磁阀 SV25,电磁阀 SV25 的供油管与一储压罐相连,所以此时仍可输出压力油,打开液控单向阀 725.1,将接力器下腔油直接排入回油箱,回油箱中的油将沿着一根装有单向阀的油管进入接力器上腔,消除接力器上腔的真空,使筒阀在动水中靠自重快速关闭。

五、主要技术参数

调速器技术参数如表 3-1 所示。

表 3-1 调速器技术参数

调速器	型号	VGCR211 型双微机电液调速器
	制造商	美国 VOITH 公司
电液转换器	型号	TSH1-16 动圈型伺服阀
	控制线圈电阻	130 Ω
主配压阀	活塞直径	80 mm
	行程	±4 mm
导叶接力器	型式	直缸接力器
	活塞直径	600 mm
	行程	482 mm
	压紧行程	5 mm
筒阀接力器	型式	直缸式接力器
	活塞直径	320 mm
	行程	1 500 mm
液压马达	型号	MR300F4 型径向活塞式静平衡液压马达

油压装置技术参数如表 3-2 所示。

表 3-2 油压装置技术参数

压油罐	外形尺寸	2 100 mm(内径)×3 700 mm
	总容积	9.64 m³
	型式	钢板焊接
	净重	16 029 kg
	正常油位	1.739 m
回油箱	外形尺寸	2 300 mm×1 800 mm×2 000 mm
	净重	5 500 kg
主供油泵	型式	立式螺杆泵
	型号	#A6DBCR-275 型
	输油量	370 L/min
	生产厂家	美国 IMO 公司
循环油泵	型式	叶片泵
	型号	#SVP-35I25F1AR 型
	生产厂家	美国 SUMMA 公司

第二节　调速及筒阀系统的检修维护

一、检修周期

检修周期与工期如表 3-3 所示。

表 3-3　检修周期与工期

序号	检修类别	检修周期	工期（d）
1	巡回检查	1 周 2 次	1
2	小修	6 个月	12
3	大修	4~6 年	40
4	扩大性检修	12~15 年	60

二、巡回检查项目与质量标准

巡回检查项目与质量标准如表 3-4 所示。

表 3-4　巡回检查项目与质量标准

序号	项目	质量标准
1	了解和观察调速器的运行情况	调节稳定、灵敏、无异常摆动及振动
2	调速柜各紧固部件检查	无松动、脱落
3	调速柜各结合面及管接头检查	无渗油、漏油现象
4	回油箱油位检查	液位计油位指示正确，油位正常
5	压油泵运转情况检查	运转平稳、无噪声，启动和停止的压力值正确，不倒转
6	双联滤油器前后压差检查	压差不大于 0.2 MPa，无报警信号
7	压力油罐检查	油位计、油压表指示正确，油位、油压正常
8	管路检查	组合面、管接头、阀门盘根无漏油
9	导叶接力器检查	密封漏油量正常，活塞杆无锈蚀
10	导叶锁锭检查	动作正确，位置正常
11	补气管路检查	组合面管接头、阀门无漏气
12	筒阀接力器检查	密封及组合面无漏油现象

三、调速及筒阀系统检修项目及质量标准

（一）C 级检修（小修）

C 级检修（在《发电企业设备检修导则》中将检修级别分为 A、B、C、D 四个级别）是通

常意义上的小修,小修项目分设备缺陷处理、小型改进项目和常规小修项目。设备缺陷处理项目和小型改进项目的质量标准参照扩大性大修项目的质量标准。常规小修项目的质量标准见表3-5。

表 3-5　常规小修项目的质量标准

序号	项目	质量标准
1	调速系统外观检查	各部位置正确、无异常; 各组合面、接头无渗漏现象
2	电液转换器清扫检查	清洁,控制杆不发卡,阀芯动作正常,管路无堵塞
3	主配压阀检查	主配动作正常,无发卡现象
4	双联滤过器的检查与清扫	当滤油器进出口压差超过 0.2 MPa 时,更换滤芯,同时对壳体进行彻底清扫
5	油泵安全阀动作值校验	压油泵安全阀动作值 6.4 MPa
6	事故配压阀	动作可靠灵活
7	压力表拆装校验	校验合格,表面无明显损伤
8	回油箱内检查	油箱内壁油漆无脱落,油箱内无杂物
9	压油装置各油面检查	在正常压力下,各油面正常。若油面低则需充油
10	缺陷处理	符合各自标准

(二) A 级检修项目和质量标准

A 级检修项目和质量标准见表3-6。

表 3-6　A 级检修项目和质量标准

序号	项目	质量标准
1	电液转换器	清洁,无毛刺、锈斑、杂质。活塞在无外力作用下靠自重能灵活落下,活塞、控制杆无偏磨现象
2	事故停机电磁阀	活塞无锈斑,动作灵活、正确
3	主配压阀	无毛刺、锈蚀、椭圆,活塞靠自重能灵活落下
4	筒阀速控阀	清洁,无毛刺、锈斑、杂质,动作灵活,准确可靠,不发卡
5	其他电磁阀	活塞无锈斑、毛刺,动作准确灵活,不发卡
6	逆止阀、安全阀、卸荷阀	各密封线严密完整,活塞均能在其腔内灵活运动,弹簧应平直且弹性系数符合要求
7	其他阀门	阀盘与阀座密封线完好,换新盘根,压盖松紧适度,阀门启闭良好
8	液压马达	工作正常,无异常噪声,组合面无漏油现象。偏心轴表面平滑无刮痕,活塞与偏心轴无偏磨

续表 3-6

序号	项目	质量标准
9	双联滤过器	壳体内部清洁,滤芯无堵塞,切换灵活
10	油路管网	螺栓紧固,组合面不渗油,涂漆完整,颜色符合规定
11	螺旋油泵	螺旋杆及轴套上应无锈蚀、毛刺、烧伤、脱壳缺陷。啮合线接触均匀,螺杆体内油孔畅通,串动量、配合间隙合乎要求,手动盘转主螺杆无忽轻忽重现象
12	油泵找正	中心与倾斜偏差不大于 0.08 mm,两靠背轮间应有 1~3 mm 的轴向间隙
13	油槽清扫	槽内应无杂质、布毛等,涂漆完整;集油槽滤过网无杂质、无破损,进人门封闭良好
14	导叶接力器	接力器活塞表面无损伤、锈蚀,推拉杆应无沟痕、锈蚀;"V"形密封圈光滑完好,活塞环张力良好,磨损量不超过要求,否则更换。接力器组装后其组合面用 0.05 mm 塞尺检查,不能通;允许局部间隙用 0.10 mm 塞尺检查其深度,不能超过组合面的 1/3;做 1.5 倍额定油压的耐压试验
15	筒阀接力器	接力器活塞表面无损伤、锈蚀,活塞杆无刮伤、锈蚀。密封圈与刮油器光滑完好。各组合面不渗油,做 1.5 倍额定油压的耐压试验
16	控制环锁锭	无锈蚀、无毛刺,活塞不漏油,动作灵活、准确
17	透平油	符合国家标准 GB 11120—2011 中 N46 透平油质量标准,有化验合格报告

(三) 大修及扩修前后试验项目和质量标准

大修及扩修前试验项目和质量标准见表 3-7。

表 3-7　大修及扩修前试验项目和质量标准

序号	项目	质量标准
1	压紧行程测定	5 mm
2	压油泵输油量测定	压油罐油面每上升 10 cm 所需时间 66.5 s

大修及扩修后试验项目及质量标准见表 3-8。

表 3-8　　大修及扩修后试验项目及质量标准

序号	项目	质量标准
1	油泵运转试验	试运转过程中,油泵外壳振动不大于 0.5 mm,无异响,轴承处外壳温度不高于 60 ℃,油温不应超过 50 ℃
2	油泵输油量测定	压油罐油面每上升 10 cm 所需的时间
3	压油罐泄漏试验	油槽在工作油压下,油位处于正常油位,关闭各连通阀门,保持 8 h,油压下降值不应大于 0.15 MPa
4	导叶接力器压紧行程测定	5 mm
5	动圈阀耗油量测定	20 ℃时,不大于 L/min
6	甩负荷试验时最大转速上升率和最大水压上升率测定	最大转速上升率小于 55%;最大水压上升率小于 31.2%

第三节　调速及筒阀系统的检修工艺

一、通用工艺

凡参加检修的工作人员必须熟悉所检修设备的图纸,了解设备的功能和在系统中的作用。在检修前必须确认所检修设备已与系统脱开,"三源"(电源、风源、水源)断开。在拆卸检修设备前,应做好或找到回装标记。对具有调节功能的螺杆、顶杆、限位块等做好相应位置记录。在拆卸较重的零部件时,应考虑到个人能力,做好防止人员坠落和设备脱落的措施,注意防止人员割伤砸伤及设备撞伤的事故。在拆卸复杂的设备时,应记录拆卸顺序,回装时应按先拆后装,后拆先装的原则进行。在拆卸配合比较紧的零件时,不能用手锤大锤直接冲击,应用木棒或紫铜棒撞击,或者相隔后再用手锤大锤打击。对拆卸下来的比较重要的零件,如活塞、端盖、螺杆等,应放在毛毡上;对特殊面,如棱角、止口、接触面等应用白布或毛毡包好。在部件的拆卸、分解过程中,应随时进行检查,若发现异常和缺陷应做好记录。

在拆卸过程中,因时间不够或其他事情干扰而中断工作,以及拆卸完毕后,应对有可能掉进异物的管口、活塞进出口等用白布或石棉板封堵。处理活塞、衬套、阀盖的锈斑、毛刺时,应用 320# 金相砂布、天然油石等,只能沿圆周方向修磨,严禁轴向修磨,以免损伤棱角、止口。在刮法兰密封垫和处理结合面时,刮刀应沿周向刮削,严禁径向刮削,法兰止封面上不得留有径向沟痕。对重要零件的清扫顺序是,先用白布进行粗抹,后用汽油进行清扫,再用面团粘净。在有条件情况下,用低压风进行吹扫,严禁使用破布和棉纱。严禁在法兰的止口边和定位边轧石棉垫。"O"形圈的粘接:根据图纸或槽宽槽深选择合适的"O"形条,量好尺寸后,沿"O"形条的垂直截面截开,点滴"501"胶水,迅速对正粘接,在粘接过程中防止刀口和截面粘油,严禁使用过期和变形的"O"形条。组装活塞、针塞及滑套时应涂上合格的透平油。活塞、针塞及滑套在相应地衬套内靠自重灵活落入或推拉轻松，并在任意方向相同。回装法兰、端盖、管接头时，应检查封堵物是否拆除、密封垫是否装好、止口是否到位，螺丝应对称紧，然后均匀紧，最后用适当力臂加固。

二、调速柜检修

（一）注意事项

调速柜的检修是一项复杂的检修工作，工作负责人必须由参加过几次此项检修的、对此有一定经验的人员担任。检修工期长，对拆卸下来的零部件要保管好，不得乱放和遗失。每个检修的零部件应是拆卸、检查、处理、组装，一次完成。

（二）油管分解与清扫

用白布条做好拆装标记，管口和油孔用白布包好或封堵，放置的油管不能受压和弯曲。检查管接头是否有裂纹与磨损。组装前用低压风吹扫，通压前由一个人全面检查一次管接头。

（三）滤过器检修

整体到工作台上分解处理。检查滤芯有无堵塞与破损，若有，进行更换。旋塞、壳体彻底清扫，组装后旋塞切换灵活。

（四）电液转换器分解检查及处理

请自动班工作人员拆除引线，整体到工作台上分解。检查圆柱弹簧受力时距离均匀、不畸变、垂直度好。检查控制杆应平直，不得有偏磨、卷边、缺口等缺陷，否则应更换。检查油孔畅通、无杂质。活塞处理和回装：回装时须小心谨慎，待控制杆对准活塞后，再轻轻落下，不得碰坏或碰伤控制杆和活塞。

（五）主配压阀分解检查与处理

拆除主配压阀上的反馈接线。配备专用拆吊工具，在抬吊主配活塞时，注意调整好中心，不得碰撞活塞体，特别是遮程处和棱角表面。测量遮程与配合间隙。在测量间隙时，量具与手之间用白布带扎好，衣服口袋不得装有可能掉进衬套内的异物。装复活塞时，在阀体上涂一层合格的透平油，靠自重缓缓落入衬套内，在没有外力的作用下应能灵活运动。

（六）电磁阀检查

检查衬套阀塞有无锈蚀、毛刺，油孔应畅通，止口无损坏。组装时密封垫的孔径和厚度要合适，止口对正，组装后动作灵活，位置准确。

（七）调速柜内清扫

调速柜大修完毕后，将所有基础螺栓、连接螺栓、管接头、定位销检查一遍。将调速柜内清扫干净，并用面团将杂物、布质毛粘净。调速柜外面干净整洁。

三、压油装置检修

（一）立式螺杆泵检修

检查螺旋啮合线应均匀，无卡痕、毛刺。如有个别接触亮点、伤痕，应用三角油石、320#金相砂纸进行处理。检查衬套上应无裂纹。检查推力套应无锈蚀、裂痕和严重磨损。

检查轴封磨损情况,如已破损,应加以更换。装复时检查螺杆中心孔应畅通,在螺旋杆和止推套内涂上一层合格的透平油,螺旋杆在其腔内应转动灵活,在对称上紧端盖后,还需检查其转动的灵活性,不应有偏重感觉。装复后,油泵腔内应注满合格的透平油。装靠背轮时须检查键与键槽两侧的间隙,其值应为零,键顶距靠背轮槽顶应有 0.5~1 mm 的距离。

(二) 油泵找正

在油泵向电动机侧的轴向窜动量为零的情况下,两靠背轮间应有 1~3 mm 的轴向间隙。全部柱销装入后,两靠背轮应能稍许相对转动。固定测架,不得有松动、自振现象,测时先用钢板尺大致地找一下两靠背轮的径向偏差,用大锤轻击电机座进行粗调。然后将两块百分表行程对到基值之后进一步检查其中心与倾斜的偏差值,要求均不大于 0.08 mm。

四、导叶接力器检修

(一) 导叶接力器一般性检修

小修时视平时巡检记录,适当压紧端盖。大修时全部更换"V"形密封。"V"形密封圈应垂直截面粘接,刀口平直,防止粘油,粘接时注意"V"形密封圈的方向。

(二) 导叶接力器扩大性大修

排除接和器油管及活塞中的油,由小油泵从活塞排油孔排至集油槽。拆除油管、缸体上的压力表,用 3 个 2 t 导链、2 个 10 t 千斤顶、支架、托板等专用工具固定支撑接力器,拆除接力器与控制环之间的连板及圆柱销。用打击扳手卸除接力器基础螺栓及定位销。整体吊出接力器,放到指定检修场地分解检修,起吊前将接力器油管用干净白布包好,起吊中防止碰撞。检查活塞、活塞环、活塞缸、推拉杆、铜套、轴套等的磨损情况。活塞应无锈蚀,活塞环弹性良好,装入缸内 0.02 mm 塞尺不能通过,活塞杆无沟痕。测量各部尺寸:推拉杆直径 200 mm;轴销直径 275.00~275.081 mm。回装活塞时应平稳,防止碰撞活塞和密封。回装时各组合面间隙用 0.05 mm 塞尺检查不能通过,回装后耐压 6.4 MPa,30 min 无渗漏。回装连板时应注意调平,以便轴销的安装。轴销回装前应除掉锈蚀、高点,表面喷涂润滑剂后装入。

(三) 筒阀接力器的检修

排清接力器活塞及管路中的油。拆除接力器上的管路,管口用布包好。拆开顶盖上的人孔。拆除接力器支座与顶盖的连接螺栓。用专用油泵向接力器打压,拉伸双头螺栓,取出分瓣垫块。将筒阀接力器用桥机电动葫芦吊起,然后旋转接力器缸体,必要时采用绳子将接力器缸体与活塞杆捆绑在一起。通过旋转将双头螺栓从筒阀体内旋出。将接力器整体吊出机坑分解,防止碰撞。拆装接力器,检查活塞、活塞缸等的磨损情况,活塞应无锈蚀,装入缸内,0.02 mm 塞尺不能通过,活塞杆无沟痕。检查密封和刮油器损伤情况。如有损伤,更换。回装活塞时应平稳,防止碰撞活塞和密封。回装时各组合面间隙用 0.05 mm 塞尺检查不能通过,回装后耐压 6.4 MPa,30 min 无渗漏。回装时应调好中心,便于与筒阀连接。

(四)液压马达的检修

用清洁的白布将液压马达表面擦干净。拆除液压马达的管路,管口用布包好。将液压马达整体吊出机坑分解,防止碰撞。拆装液压马达,检查活塞、活塞缸等的磨损情况,活塞应无锈蚀,装入缸内,0.02 mm 塞尺不能通过,活塞杆无沟痕。检查活塞头和曲轴的球形表面的磨损情况,表面应无锈蚀和沟痕。检查柱形弹簧,弹簧垂直度较好,间隙均匀,无损伤,弹性正常,否则更换。检查密封损伤情况。如有损伤,更换。回装活塞时应平稳,防止碰撞活塞和密封。回装时各组合面间隙用 0.05 mm 塞尺检查不能通过,回装后耐压 6.4 MPa,30 min 无渗漏。

第四节　调速及筒阀系统的压油装置试验

一、螺旋油泵试验

(一)螺旋油泵检修试验步骤

(1)将油泵腔内注满合格的透平油。

(2)检查油泵旋转方向是否正确。

(3)在罐内无压的情况下向压油罐送油至可见位置。

(4)向压油罐充气,升压至 0.2~0.5 MPa,检查油管路所有边接处是否漏油,然后按油泵试验的输出压力向压油罐充气。

(二)油泵试验油压及时间

空载运行 1 h,分别在 25%、50%、75%额定油压下各运行 10 min,再在额定油压下运行 1 h。

(三)输油量测定

油泵在 6.0~6.4 MPa 油压下及 30~35 ℃油温下,测量 3 次以上输油量,取其平均值。

(四)试验中测试项目

监视油泵前端盖漏油情况,测量油泵轴承及集油槽温度。测量油泵、电动机外壳振动数值(不大于 0.05 mm),记录输出油压、吸油管真空值及电动机电流值。

二、安全阀、逆止阀、流量控制阀试验

(一)安全阀整定

启动油泵向压油罐中送油,根据罐上压力表来测定安全阀开启、关闭和全关压力。

调整安全阀弹簧,使其始排压力为 6.08~6.16 MPa,全排压力不大于 7.0 MPa。安全阀复归压力,在不小于 6.0 MPa 时全关。

(二)逆止阀检查

油泵停止运行时观察泵轴是否有倒转现象,如有,应检查逆止阀密封情况,弹簧刚度以及活塞是否有卡阻现象。

(三)流量控制阀试验

启动油泵向压油罐中送油,测量压油罐中油位上升速度,调整流量控制阀的调整手

柄,以调整其开度。

三、油压装置密封试验

(一)试验目的

检查设备的检修质量,检查罐体及各阀门的严密性。

(二)试验内容

将压油罐压力、油面均保持在正常工作范围内,切除油泵电源,关闭所有阀门,并挂好作业牌。8 h 后观察油面、油压下降情况,油压下降不得超过 0.12 MPa。

四、调速系统试验与调整

(一)调速系统充油试验

充低压油:检查转轮室与蜗壳内应无人工作,尤其是导叶拐臂处严禁站人;蜗壳无水压;调速系统各部分均处于正常工作位置,压油装置处于正常自动位置,接力器检修排油阀关闭,接力器锁锭拔出,全开主回油阀,打开主供油阀向系统充油,并逐渐将压力升至 1.0 MPa。充油时,从上到下各部位都应有人检查,各处应无漏油,否则应停止充油。

在升压过程中,开关接力器几次,以排出管路内的空气;测出接力器锁锭投入与拔出的最低动作压力值。检查锁锭动作的灵活性、可靠性。如无异常,可逐渐将系统油压升至 6.4 MPa。

(二)电液转换器试验

1. 试验条件

电液转换器带实际负载,在额定工作油压和正常振动电流下,活塞任一位置应无卡阻。油温保持在室温,线圈绝缘电阻合格。

2. 静特性试验

逐次增大或减小输入信号,每次稳定平衡后,测量电液转换器相应空载输出流量,测点不得少于 10 点,绘制其静态特性曲线。由曲线求出其工作范围、放大系数(流量增益)和死区。

3. 漏油量测定

将电液转换器排油管用软管引到回油箱外容器内,在额定油压下,测量平衡状态下的耗油量,测量时间不少于 3 min。在额定油压下,20 ℃时要求漏油量不大于 4 L/min。

(三)接力器关闭与开启时间调整试验

机组在停机状态下,调整主配压阀活塞限制行程,开度限制设为全开,采用下述方法,使接力器全开和全关。在自动方式平衡状态下,向调速器突加绝对值不小于 30% 的全开、全关转速偏差信号。当接力器移动时,记录接力器在 25% ~ 75% 行程之间移动所需时间,取其 2 倍作为接力器开启和关闭时间。按照调节保证计算要求,整定接力器关闭和开启时间,并记录主配压阀活塞行程。

(四)空载扰动试验

机组以手动方式稳定运行;将调速器切至自动方式运行,频度给定在 50 Hz;人工加入 ±8% 转速扰动量,观察调节器最大超调量、超调次数、调节时间,检验是否合乎要求。

否则调整参数,直至合格。

五、自动开停机和带负荷试验

手动开停机试验后,在机旁或中控进行机组的自动开停机试验,开停机过程应正确,并用示波器录制转速、行程的变化过程。机组具备带负荷条件,自动开机并网后,分别利用机旁、中控、手动等方式增减负荷应正常。

六、甩负荷试验

(一)试验目的

通过甩负荷试验进一步考验机组在已选定的参数下调节过程的速动性和稳定性。最终通过考察调节系统的动态调节质量,验证调节保证计算的正确性,确定导叶关闭规律和接力器不动时间。

(二)试验准备工作

准备好秒表、钢板尺等工具;示波器等试验仪表调试准确,工作正常。人员分工明确,目测所有量并与电气测量值进行对比。

(三)试验内容与要求

试验测量的量:频率、接力器行程、蜗壳水压、尾水管真空、时间信号、负荷等。

将参数置于所选定的最优参数,依次甩掉 25%、50%、75%、100% 的额定负荷,用示波器录制转速、行程、水压、负荷等参数的过渡过程。

试验结果应满足:甩 100% 额定负荷后,超过额定转速 3% 以上的峰值转速出现次数不超过 2 次;从接力器第一次向开启方向移动起,到机组转速波动值不超过 ±0.5 为止,所经历的时间不应大于 40 s。甩 25% 额定负荷时,接力器不动时间小于 0.2 s。甩最大负荷时,计算水压上升率小于 31.2%,转速上升率小于 55%。

试验注意事项:甩负荷前,应正确选定并认真复核输入示波器各信号的率定值,保证试验准确性。置空载和负荷调节参数于选定值,调速器处于自动方式平衡状态。甩负荷时依次从小到大,并估算下一次甩负荷所可能产生的最大值。若不能甩 100% 负荷,则按小负荷规律估算甩 100% 负荷时所能达到的水压上升、转速上升的最大值,此值应满足要求。随时校核目测数值,确保试验安全进行。若需调整关机时间,则需关闭主阀,在静态进行调整,然后开机进行上一次同负荷的甩负荷试验。

第五节　调速及筒阀系统的常见故障处理

一、油过滤器压差报警

现象:有×#机×侧高压油过滤器阻塞报警。

处理:先手动切换过滤器,并注意切换后过滤器前后压差是否正常;通知相关人员清洗过滤器。

二、机组输出功率摆动过大报警

现象:负荷摆动,调速器抽动。

处理:申请将机组退出"成组控制",保持原有负荷,检查 LCU 设定值是否变化,如果 LCU 设定值频繁变化,可将调速器切"现地自动"调整负荷;机组排油检修后首次投入运行,接力器可能进气;检查机组转速传感器是否故障报警,复归信号,若不行,可将调速器在现地切为"开度控制";切换双比例阀,检查是否正常;如处理不好,则申请转移负荷停机处理。

三、压油罐低油位报警

现象:LCU 有低油位信号;筒阀控制柜上有筒阀故障信号;油位指示偏低。

处理:检查压油罐压力是否正常,如压力过高,可手动适当排气;检查是否有其他故障信号(如油温高等),闭锁油泵启动;检查压油泵是否启动,若没启动则手动启动,打油至正常油位,通知维护检查压力开关是否正常;若油泵均不能启动,则应检查动力电源和 220 V 直流操作电源,尽快恢复。

四、压油罐油位过高报警

现象:LCU 有压油罐油位过高信号;筒阀控制柜上有筒阀故障信号;压油泵停运,压油罐油位确实过高。

处理:打开手动补气阀进行补气,通过集油箱上的排油阀、小幅度动导叶或者筒阀用油降低油位,调整好压力与油位。

五、集油槽油位异常报警

现象:LCU 有筒阀故障报警信号;筒阀控制柜上有集油槽油位异常信号;实际油位偏高或过低。

处理:检查压油罐油位是否正常,若是正常耗油,则需联系加油;检查是否为冷却器爆裂,若是,应停机处理;若是突发性降低,则应检查油系统有无漏油,并设法制止。

六、筒阀发卡故障报警

现象:上位机报"筒阀发卡故障报警";筒阀控制柜"发卡"报警灯亮。

处理:将筒阀控制柜控制方式切至"现地""手动"位,通过检修模式将筒阀达到全开或全关位,这是唯一消除筒阀发卡的方法。

七、集油箱油温过高报警

现象:集油箱温度比正常时高;如果温度已到设定值,油泵停运。

处理:如果机组投入 AGC,申请退出 AGC,检查压油泵是否加载频繁;如果机组在开机状态,压油泵又已停运,则申请转移负荷,停机处理。停机过程中手动加载油泵,避免出现事故低油压,注意避免快速门下落;停机后重点检查压力油与回油之间是否串油。

八、机组事故低油压停机报警

现象:中控室蜂鸣器响,计算机显示低油压事故报警信号;油压已降到停机整定值;机组已处于停机中;调速系统可能出现明显的跑油点。

处理:监视停机过程必要时手动帮助;若为 2 台油泵不启动,人为帮助建立油压(手动启动油泵打油);若调速系统跑油,应将 2 台油泵停泵,关闭主供油阀和相关阀并迅速落下筒阀;投入机械制动,停机后,检查导叶锁锭是否投入,如未投入则设法投入;检查事故门是否下落,如果事故门下落,避免压力钢管水排空,充水平压后提进口门;正确分析判断,找出原因报告上级主管并联系处理。

第四章　计算机监控系统不间断电源 UPS 检修维护技术

本章主要阐述了小浪底水电厂计算机监控系统不间断电源 UPS 的巡检、检验、维护等方面的内容。

第一节　小浪底水电厂计算机监控系统不间断电源 UPS 系统概述

小浪底水电厂的 6 台 30 MW 水轮发电机组完全实现了计算机监测监控,计算机监控系统的设备是否能正常运行,将直接关系到机组是否能安全运行,而作为计算机监控系统提供稳定电源的 UPS,其运行状况则直接影响全厂设备的正常、安全运行。小浪底水电厂计算机监控系统不间断电源 UPS 系统由两台 UPS 组成,两台互为备用,以保证向计算机监控系统提供稳定、不间断的电源。两台 UPS 定时进行切换。UPS 系统组成如图 4-1 所示。

两台 UPS 的切换过程如下:

转换过程由三个波段开关 QC1、QC2 和 QC3 构成。当 QC1、QC2 和 QC3 都位于(1,2)位置时,UPS1 为主 UPS,UPS2 为备用 UPS,负载通过波段开关 QC2 由 UPS1 供电,UPS2 通过波段开关 QC3 给 UPS1 的旁路供电。UPS2 的旁路通过波段开关 QC1 由电源 2(MAINS2)供电。当 QC1、QC2、QC3 都位于(2,3)位置时,UPS2 为主 UPS,UPS1 为备用 UPS。负载通过波段开关 QC2 由 UPS2 供电,UPS1 通过波段开关 QC1 给 UPS2 的旁路供电。UPS1 的旁路通过波段开关 QC3 由电源 2(MAINS2)供电。在转换过程中,两台 UPS 首先必须切换到"手动维修旁路",再扳动三个波段开关,使三个波段开关全部转换到新的位置。

小浪底水电厂计算机监控系统不间断电源 UPS 采用的是法国梅兰日兰电子有限公司生产的彗星系列产品 COMET S31 10 kVA,三相输入,单相输出,容量为 10 kVA。UPS 基本组成部分:整流器模块、自动旁路模块、蓄电池、充电器模块、逆变器模块等。

第二节　UPS 的维护及故障处理

一、一般性巡视周期

一般性巡视每周进行一次。

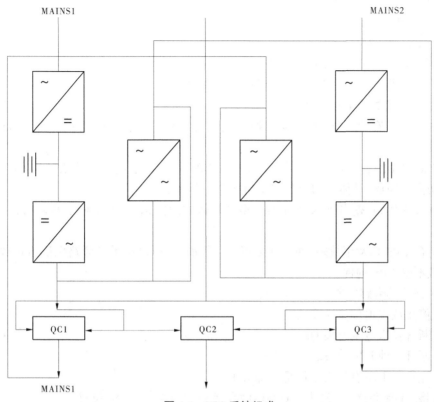

图 4-1 UPS 系统组成

二、一般性巡视项目

UPS 的一般性巡视,是在设备不停电、不影响设备正常运行的情况下进行的。一般性巡视项目包括:各指示灯是否正确;工作电源是否正确投入;通风口是否通畅;工作温度,特别是电池的温度;盘面的灰尘清扫。

UPS 系统装有 LC-2 型 UPS 监视仪,且监视信号通过 LCU8 接入计算机监控系统,维护人员可通过检查信号检查 UPS 的工作状况。

UPS 室设有散热用空调,定期检查该空调的运行状况,以避免 UPS 因过热而损坏。

蓄电池的维护:电池的状况是由 COMET 本身检测的。当橙色的"电池供电"指示灯闪亮,以及在诊断面板上显示错误信息代码"12"时,应该检查电池。电池中含有危害环境的物质,更换后的电池应由厂家的售后服务人员带到专门的机构进行处理。

三、UPS 的故障现象及处理

(一)UPS 的故障现象

除正常运行(绿色的"负载受保护"指示灯亮)外的任何状态都将被诊断系统认为是故障。发生故障后,蜂鸣器将鸣响,指示灯的指示与正常状况不一致,部分指示灯可能闪烁。

(二)UPS 的故障类型

M:存储类故障。

NM:非存储类故障。

R:可清除故障(用"故障复位"键可清除)。

NR:不可清除故障(用"故障复位"键不可清除)。

(三)UPS 的故障处理

UPS 发生故障后,蜂鸣器鸣响。按蜂鸣器复位键,故障代码显示屏上显示出故障代码。

退出故障 UPS,投入备用的另一台 UPS。UPS 的切换通过三个波段开关 QC1、QC2、QC3 的切换来完成,具体的切换过程见前文第一节所述。

根据故障代码,查出故障 UPS 的类型及具体的故障信息,对不同的故障做出相应的处理。

若两台 UPS 均发生故障,在其恢复正常运行前,可暂时用手动旁路保证给负载供电。此时负载不受 UPS 的保护。

转换到手动旁路的操作步骤如下:

(1)停止或强迫停止逆变器。

(2)断开输入电源开关 QM1。

(3)断开电池开关 QF1。

(4)检查一下所有的指示灯是否都灭了。

(5)将"手动旁路"开关从"NORMAL"位置转到"BY—PASS"位置。

注意:操作"手动旁路"开关时,切勿将其置于 TEST1 和 TEST2 位置,因为开关在此两个位置时,都有可能损坏 COMET。

四、监控系统 UPS 蓄电池放电试验

(一)试验内容

测试监控系统 UPS 蓄电池实际后备时间。

(二)试验目的

了解监控系统 UPS 在交流电源掉电期间,正常负载条件下,UPS 蓄电池可保证负载正常工作的持续供电时间。

(三)试验条件

(1)监控系统 UPS 投运,工作正常。两组蓄电池在试验前 24 小时内未曾放电。

(2)监控系统 UPS 负载投运,工作正常。

(3)准备好万用表、计时器及必要的工具。

(4)现场有运行人员配合。

(四)试验步骤

(1)检查 UPS1:蜂鸣器未鸣叫,面板上的 21(负载受保护)指示灯亮,18(负载不受保护)、19(故障)、20(电池状态)指示灯灭。确认 UPS1 工作正常。

(2)检查 UPS2:蜂鸣器未鸣叫,面板上的 21(负载受保护)指示灯亮,18(负载不受保

护)、19(故障)、20(电池状态)指示灯灭。确认 UPS2 工作正常。

(3)检查波段开关 QC1、QC2、QC3 都位于 I 位置。确认 UPS1 为主用 UPS。

(4)测量并记录下 UPS 输出至负载的电压。

(5)断开 UPS1 输入电源开关。

(6)检查 UPS1:蜂鸣器鸣叫,20(电池状态)、21(负载受保护)指示灯亮。确认 UPS1 蓄电池开始放电。(＊)

(7)记录下当时的时间及负载电压。

(8)在 UPS1 蓄电池放电过程中:监视 UPS1 的 20(电池状态)指示灯及蜂鸣器鸣叫声的变化;每 2 min 记录一次电压。

(9)当 UPS1 的 20(电池状态)指示灯开始闪烁或负载电压降至 185 V 时,记录下当时的时间与电压。

(10)监视并检查 UPS1:蜂鸣器停止鸣叫,面板上的 18(负载不受保护)、19(故障)、20(电池状态)、21(负载受保护)指示灯全灭。负载电压恢复正常。确认 UPS1 自动切至自动旁路回路供电。(＊＊)

(11)记录下 UPS1 切至自动旁路时的时间及电压。

(12)断开 UPS2 的电源开关。

(13)检查负载电压正常。

(14)检查 UPS2:蜂鸣器鸣叫,20(电池状态)、21(负载受保护)指示灯亮。确认 UPS2 蓄电池开始放电。

(15)记录下当时的时间及负载电压。

(16)在 UPS2 蓄电池放电过程中:监视 UPS2 的 20(电池状态)指示灯及蜂鸣器鸣叫声的变化;每 2 min 记录一次电压。

(17)当 UPS2 20(电池状态)指示灯开始闪烁或负载电压降至 185 V 时,记录下当时的时间与电压。

(18)合上 UPS2 电源开关。

(19)检查 UPS2:蜂鸣器未鸣叫,面板上的 21(负载受保护)指示灯亮,18(负载不受保护)、19(故障)、20(电池状态)指示灯灭。确认 UPS2 恢复至正常工作方式。

(20)合上 UPS1 电源开关。

(21)检查 UPS1:蜂鸣器停止鸣叫,面板上的 21(负载受保护)指示灯亮,18(负载不受保护)、19(故障)、20(电池状态)指示灯灭。确认 UPS1 恢复至正常工作方式。

(22)检查负载电压正常。

(23)试验结束,恢复现场。

试验补充说明:

(＊)从 UPS 用户手册的说明推断,断开 UPS1 的电源开关后,应现由蓄电池向负载供电而不会立即切换至自动旁路。但若现场与此设想不符,则在断开 UPS1 电源开关后还需断开波段开关 QC3,方可实现蓄电池放电。相应地,对 UPS2 蓄电池放电,还需断开其旁路电源 QC1 开关。

(＊＊)若 UPS1 蓄电池放电结束后未能切至自动旁路,可迅速合上 UPS1 电源开关,待恢复至正常工作方式满足切换条件后,按下 UPS1 的 23(逆变器停止)键持续 3 s,使 UPS1 逆变器停止工作,并切换至自动旁路供电。相应地,当 UPS2 蓄电池放电结束,恢复 UPS1、UPS2 的电源开关后,需按下 UPS1 的 22(逆变器启动)键,使负载切换到 UPS1 逆变器。

(五)试验注意事项

本试验可能会因 UPS 系统自身存在的隐患或故障导致监控系统失电。机箱内部开关关系如图 4-2 所示。

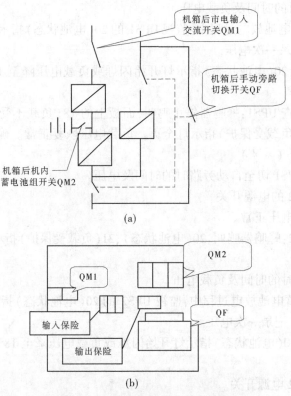

图 4-2　机箱内部开关关系示意图

无论何种原因导致的监控系统失电,都应先将各 LCU 切换至现地控制模式。随后方可恢复 UPS 供电,重启上位机。

计算机监控系统 UPS 电源系统由两套 UPS 装置和波段切换开关,以及输出隔离变组成。每套 UPS 均由逆变器、机箱内蓄电池组、机箱外蓄电池组、自动旁路和手动旁路组成。当其中一套故障须退出或检修维护时,可以将负载切换到另一套 UPS 运行。但是,目前切换系统还无法做到不停电的情况下在两套 UPS 间切换负载。

正常运行时,机箱后部的手动旁路切换开关应放 NORMAL 位,UPS 正常运行时严禁切换到此开关。当 UPS 逆变电源故障时,装置将自动切换到自动旁路运行;若自动旁路再故障,应手动切换到 BY-PASS 位。TEST 位为厂家专业工程师测试调试用。

定期维护需要每隔半年清扫除尘一次,不停电时电池每隔 3~4 个月充放电一次;停电后自停电时重新计算。电池额定容量为 10 kVA,最大放电负荷为额定负荷的 80%,正常运行时负载为最大负荷的 17%。放电只需断开机箱后的交流输入开关即可,时间为 10~30 min。

第五章　小浪底工程水轮发电机组测量系统检修维护技术

本章阐述了水轮发电机组测量系统的设备技术、检修标准项目、检修前的准备、检修工艺及要求、试运行和验收、总结和评价等要求。

第一节　机组测量系统概况

一、测量设备概述

水轮发电机组测量系统包括发电机温度仪表柜、水轮机测量效率柜、水力系统压力盘、水轮机流量性能盘及有关自动化元件。

发电机温度仪表柜包括上导、下导,推力轴承瓦温、油温,上导、下导、推力轴承冷却水流量,空冷器冷却水总流量,轴电流数显表等。

水轮机测量效率柜包括每千瓦时耗水量、暂态效率、有效水头等。

水力系统压力盘包括蜗壳进口压力、尾水管压力、尾水管进人门真空度/压力、顶盖真空度/压力、基础环压力、水导冷却水压力、主轴密封水压力、检修气密封压力等。

水轮机流量性能盘包括水导油温、水导瓦温、过机流量、主轴密封润滑水流量、主轴密封冲洗水流量、水导冷却水流量、机坑噪声等。

二、测量设备参数

流量数显表定值见表 5-1。

表 5-1　流量数显表定值

名称	量程	流量满足值	流量低报警值
上导流量(m^3/s)	0~60	9	6
下导流量(m^3/s)	0~60	9	6
推力流量(m^3/s)	0~1 080	360	195
空冷器流量(m^3/s)	0~4 250	810	450
水导流量(m^3/s)	0~400	75	40
主轴密封水流量(L/min)	0~800	260	250
主轴密封冲洗水流量(L/min)	0~290	80	75

温度数显表定值见表 5-2。

表 5-2　温度数显表定值

名称	高报警值(℃)	过高报警值(℃)
上导瓦温	60	65(跳机值)
上导油温	50	55
下导瓦温	60	65(跳机值)
下导油温	50	55
推力瓦温	55	60(跳机值)
推力油温	50	55
空冷器冷风	40	50
空冷器热风	70	80
发电机机坑温度	35	50
水导瓦温	60	65(跳机值)
水导油温	60	65

第二节　测量设备检修项目、要求和检修周期

一、定期维护项目

定期维护项目见表 5-3。

表 5-3　定期维护项目

序号	维护项目	要求及安全措施
1	发电机温度仪表柜内部清扫	停机停电时进行;柜门打开
2	水轮机测量效率柜内部清扫	停机停电时进行;柜门打开
3	水力系统压力盘内部清扫	停机停电时进行;柜门打开
4	水轮机流量性能盘内部清扫	停机停电时进行;柜门打开

二、C 级检修标准项目

设备 C 级检修项目见表 5-4。

表 5-4　设备 C 级检修项目

序号	检修项目	检修要求	周期
发电机温度仪表柜			
1	盘柜卫生清扫、盘柜孔洞封堵	盘柜内元器件干净、整洁;盘柜孔洞封堵完好	6 个月
2	柜内电气元器件检查、端子紧固	盘柜内电气元器件、按钮、指示灯、表计等正常	6 个月
3	柜内各表计定值检查及核对	定值准确;继电器和表计动作正常	6 个月
4	柜内工作电源检查	电源正常	6 个月
水轮机测量效率柜			
1	盘柜卫生清扫、盘柜孔洞封堵	盘柜内元器件干净、整洁;盘柜孔洞封堵完好	6 个月
2	柜内电气元器件检查、端子紧固	盘柜内电气元器件、按钮、指示灯、表计等正常	6 个月
3	柜内各表计定值检查及核对	定值准确;继电器和表计动作正常	6 个月
4	柜内工作电源检查	电源正常	6 个月
5	柜内 PLC 检查	PLC 工作正常	6 个月
水力系统压力盘			
1	盘柜卫生清扫、盘柜孔洞封堵	盘柜内元器件干净、整洁;盘柜孔洞封堵完好	6 个月
2	柜内电气元器件检查、端子紧固	盘柜内电气元器件、按钮、指示灯、表计等正常	6 个月
3	柜内各表计定值检查及核对	定值准确;继电器和表计动作正常	6 个月
4	柜内工作电源检查	电源正常	6 个月
水轮机流量性能盘			
1	盘柜卫生清扫、盘柜孔洞封堵	盘柜内元器件干净、整洁;盘柜孔洞封堵完好	6 个月
2	柜内电气元器件检查、端子紧固	盘柜内电气元器件、按钮、指示灯、表计等正常	6 个月
3	柜内各表计定值检查及核对	定值准确;继电器和表计动作正常	6 个月
4	柜内工作电源检查	电源正常	6 个月

三、A 级检修标准项目

设备 A 级检修项目见表 5-5。

表 5-5　设备 A 级检修项目

序号	检修项目	检修要求
1	所有 C 级检修项目	见 C 级检修质量标准
2	表计和继电器校验	表计能正常工作,继电器线圈阻值正常,动作值和返回值正常,接点接触良好,接触电阻符合要求
3	变送器校验	变送器能正常工作,输入量和输出量对应,满足线性关系

四、检修周期

定期检查项目为 6 个月 1 次,C 级检修为 1 年 1 次,A 级检修为 4~6 年 1 次。

第三节　设备检修工序及质量要求

一、检修前准备(开工条件)

检修计划和工期已确定,检修计划已考虑非标准项目和技术监督项目,电网调度已批准检修计划。上述检修项目所需的材料、备品备件已到位。检修所用工器具(包括安全工器具)已检测和试验合格。检修外包单位已到位,已进行检修工作技术交底、安全交底。检修单位在机组停机检修前对调速器部分做全面检查和试验。根据其存在的缺陷,需改造的项目等准备好必要的专用工具、备品备件、技术措施、安全措施及检修场地。

特种设备检测符合要求。涉及重要设备吊装的起重设备、吊具完成检查和试验。特种作业人员(包括外包单位特种作业人员)符合作业资质的要求。检修所用的作业指导书已编写、审批完成,有关图纸、记录和验收表单齐全,已组织检修人员对作业指导书、施工方案进行学习、培训。检修环境符合设备的要求(如温度、湿度、清洁度等)。已组织检修人员识别检修中可能发生的风险和环境污染因素,并采取相应的预防措施。已制定检修定置图,规定了有关部件检修期间存放位置、防护措施。已准备好检修中产生的各类废弃物的收集、存放设施。已制定安全文明生产的要求。必要时组织检修负责人对设备、设施检修前的运行状态进行确认。

二、设备解体阶段的工作和要求

(一)盘柜做好防护工作

检修期间应使用干净的塑料布将盘柜整体防护,检修期间因检修工作可以临时打开防护,在工作结束后应立即恢复防护。

(二)拆除的设备

拆除测温电阻引线、风闸电缆线、油位计接线、油混水信号器接线,并做好安装标记、接线标记。

三、设备检修阶段工作及要求

(一)测温电阻的检验

测温电阻的一般性检验在停机时或开机状态下做好安全措施后才能进行,检查项目有绝缘、开路、短路等。绝缘检查用 500 V 摇表进行,其绝缘应在 0.5 MΩ 以上。

开路、短路检验用万用表进行,打开测温电阻侧的端子,用万用表测其电阻值应在 100 Ω 以上、140 Ω 以下,并且其阻值稳定。其阻值大于 140 Ω 时,应考虑是否为接触不良或开路;其阻值小于 100 Ω 时,应考虑是否为短路或端子受潮。如进行上述检查发现问题,应进一步查清具体故障部位,并及时排除故障。

注意:测电阻之前,相应端子应保证已拧紧、接触良好,没有松动或虚接的端子。

测温电阻的精确度检验是对要安装的新测温电阻进行的。对要安装的新测温电阻一定要进行精确度检验,其精确度应不低于出厂时精度;精确度检验用测温电阻校验仪进行。

(二)流量传感器的检验

检验流量传感器可以在现场进行,但要满足下列要求:

(1)被测流量传感器安装位置与被测管径的 5 倍范围内无弯曲。

(2)被测流量传感器安装位置与被测管径的 5 倍范围内无叉管。

(3)被测流量传感器安装位置与被测管径的 5 倍范围内无阀门。

因技术供水管路的限制,很多流量传感器不能在现场检验,所以为了不影响生产,应准备一套以上的备品在需要检验时更换合格的流量传感器后检验,或在大修时拆下来检验。如本厂没有检验条件,应送往有条件的单位检验。能在现场检验的流量传感器,应按规定检验周期现场检验。

(三)压力传感器检验

压力传感器的检验应在大修或小修时拆下来检验。压力传感器回路的有关端子应无松动、虚接、接触不良等现象。检查传感器的 4~20 mA 模拟量是否与压力表的显示值相符。

(四)轴电流互感器检验

轴电流互感器回路的有关端子应无松动、虚接、接触不良等现象。轴电流互感器的检验通过试验才能进行。试验仪器:T19-A 型电流表、TDGC2-1 型接触调压器、HL35-4 型精密电流互感器、VC890C 型数字式万用表、DG1/0.5 型行灯。

试验步骤:

(1)试验仪器准备。

(2)接好仪器的连接线。

(3)用调压器在轴电流互感器一次侧加 0.2 A 电流。

(4)记录各部数据填入表 5-6 中。

（5）用调压器在轴电流互感器一次侧依次增加 0.2 A 电流。

（6）依次记录各部数据，填入表 5-6 中。

（7）切断电源，把所有工具及仪器拿好，离开现场。

表 5-6　试验记录表格

	轴电流互感器 一次侧电流（A）	精密电流互感器 二次侧电流（A）	轴电流继电器 显示电流值（A）
试验数据	0.2		
	0.4		
	0.6		
	0.8		
	1.0		
	1.2		
	1.4		
	1.6		

（五）温度数显表检验

温度数显表的一般性检验可在停机或小修时在现场进行，具体做法是在盘柜里解开测温电阻侧的端子，接上新的检验过的测温电阻，检查接线无误后通电，用热水加热或用其他方法加热，并用温度计测量测温电阻的温度，比较测出来的温度和温度数显表显示的温度，其相差不能超过 1 ℃。做上述试验时，可同时观察开关量输出量是否与设定值相符。温度显示仪的精确度检验周期为 2 年，精确度检验在大修或小修时进行，具体做法可参考仪表检修规程。

（六）流量数显表检验

流量数显表的一般性检验周期为 1 年。流量数显表的一般性检验可在停机或小修时在现场进行，具体做法是，在盘柜里解开表计侧的端子，接上毫安量信号发生器，检查接线无误后通电。做上述试验时，可同时观察模拟量输出和开关量输出是否与设定值相符。流量数显表的精确度检验在大修时进行，具体做法可参考仪表检修规程。

（七）轴电流数显表检验

轴电流数显表的检验周期为 1 年。轴电流数显表回路的有关端子应无松动、虚接、接触不良等现象。轴电流数显表的动作值是否与设定值相符。

（八）效率柜 SLC500 型 PLC 装置检验

SLC500 型 PLC 包括基架、电源模块、SLC-5/03 型 CPU、1747-L532 型处理器、模拟量、输入/输出模块等。

（九）PLC 装置通电前检查

（1）为了防止严重问题发生，进行外观检查。

（2）确定各模块在其基架上可靠固定。

（3）接线检查,包括从主开关到 PLC 装置的连线、输入回路、输出回路等,确定所有接线正确,端子紧固。

（4）测量输入电压,确定符合 PLC 装置的要求。

（十）PLC 装置通电试验

（1）合上电源开关,给 PLC 装置送电。

（2）各模块显示是否正常。

（十一）输入信号检查

（1）接上笔记本电脑,进行在线操作。

（2）观察输入数据,监视模块输入显示。

（3）检查各输入通道,使之与输入地址一一对应。

（十二）输出信号检查

（1）接上笔记本电脑,进行在线操作。

（2）建立一个输出信号试验回路,显示每个输出模块的结构。

（3）保存输出试验程序和当前控制器结构。

（4）设置处理器在运行模式。

（5）键入设备的 IP 地址,选择输出信号试验。

（6）在相应输出点键入 1,监视模块输出显示。

（7）检查各输出通道,使之与输出地址一一对应。

（十三）程序试验

在所有输入、输出信号试验完,且正常后,进行程序试验:

（1）检查程序,进入程序编辑模式下,检查各个元件和回路是否正确（包括元件的地址是否错误、元件是否有遗漏、多个输出元件是否使用同一个地址）。

（2）下载程序。

（3）进行单个程序扫描试验。

（4）进行连续程序扫描试验。

（十四）SLC500 型 PLC 装置故障检验和处理

（1）检查进线电源线和电源端子。

（2）检查电源变压器。

（3）检查电源过载,断开电源开关,拆除输出模块。

（4）检查输入回路和输出回路信号。

（5）检查所选处理器模式,用钥匙开关切到 RUN 模式。

（6）检查 FLT 指示灯在亮,属于处理器内部故障,用钥匙开关从 RUN 切到 PROG 位置,然后切回 RUN 位置,反复几次,故障清除。

（7）断开电源,检查保险。

（8）断开电源,检查处理器内部跳线。

（9）断开电源,检查各模块与基架连接部分。

（10）更换输入和输出模块,检查是否为输入和输出模块故障。

（11）更换处理器模块,检查是否为处理器模块故障,CPU 故障。

(十五) 测温电阻的更换

运行中的测温电阻经检查发现开路、短路、接地等问题时,应先记录好其编号、位置,在小修或大修时更换,技术供水、机坑温度等明处的测温电阻可在停机时更换。要更换的测温电阻应满足上述检验要求。推力、上导、下导的轴承、油槽测温电阻一定在大修或小修时更换,更换前应做好安全措施和其他准备,之后一次性地更换相关的全部测温电阻。推力测温电阻在安装时要特别注意测温电阻根部到电缆夹的电缆尽量留短,以免电缆随着油的流动摆动,导致测温电阻根部的电缆折断。

(十六) 电磁流量计检修

在已确定流量显示仪的各项指标满足上述检验要求,流量显示值显示不正确时,可判断为流量传感器回路或流量传感器本身有故障。流量传感器回路检查,如果流量传感器回路正常,判断为流量传感器本身有故障。在机组停机时,切断流量传感器电源,进行流量传感器更换或返厂处理。

(十七) 压力传感器检修

在已确定压力显示仪的各项指标满足上述检验要求,压力显示值显示不正确时,可判断为压力传感器回路或压力传感器本身有故障。检查压力传感器回路,如果压力传感器回路正常,在排除压力显示仪的故障后,可判断为压力传感器本身有故障。判断压力传感器故障后,在机组停机时,切断压力传感器电源,进行压力传感器更换处理。

(十八) 轴电流互感器检修

在已确定轴电流互感器的各项指标满足上述检验要求,轴电流显示值显示不正确时,可判断为轴电流互感器回路或轴电流互感器本身有故障。轴电流互感器回路检查,如果轴电流互感器回路正常,判断为轴电流互感器本身有故障。在机组大修时,切断轴电流互感器电源,进行摆度传感器更换或返厂处理。

(十九) 流量显示仪检修

在已确定流量传感器的各项指标满足上述检验要求,流量显示回路无虚接、接触不良、接地、断路、短路等现象,流量显示值显示不正确时,可判断为流量显示仪回路或流量显示仪本身有故障。在机组停机时,切断流量传感器电源,进行流量传感器更换或返厂处理。

四、复装、调整、验收阶段工作及要求

盘柜内整洁,各盘柜清扫干净无尘土、孔洞封堵严密。元器件安装位置正确,传感器接线连接正确,端子接线无松动。

五、机组启动、试运行阶段要求

(一) 电源回路检查

待检修结束后,对设备电源进行检查,共包括以下电压等级:220 V AC、220 V DC、24 V DC。检查相应的电压应符合以下标准:24 V DC 电压范围为±10%,纹波系数<5%;220 V DC 电压范围为+10%~-15%,纹波系数<5%;220 V AC 电压范围为+10%~-15%,频率范围为 50 Hz±2.5 Hz。检查柜内电源回路无短路、接地等情况。确认电源模块工作正

常,输出 24 V DC 电压正常。

(二)表计检查

表计参数设置正确,显示正常。

六、设备检修总结、评价阶段工作及要求

(一)检修总结

在设备检修结束后,应在规定期限内完成检修总结;设备有异动的,因及时按设备异动程序完成对异动设备图纸资料的修改并归档;与检修有关的检修文件和检修记录,应按规定及时归档;由外包单位、检修公司负责的检修文件和记录,由各单位负责整理,并移交公司;根据实际的检修费用信息,统计分析各级别检修中设备检修人工、材料、备品备件、机械/特殊工器具使用、外包试验等费用情况,逐渐形成电站内部检修实物消耗量标准,为下一年度检修计划和材料、备品备件采购的申报做准备。

(二)检修评价

对照检修评价标准和办法,评价本次检修管理过程是否得到识别和规定、职责是否明确、程序是否得到执行、实施过程是否有效、目标是否实现;对本次检修涉及的质量、安全、环境保护等是否达到预定要求进行评价,肯定检修工作中的成绩和亮点,找出问题和不足,提出以后改进的要求;通过检查、对比、验证等方式,对检修目标、进度、安全、质量、费用、现场管理、技术监督管理等检修管理过程进行评分,对不合格(不符合)的,应制订纠正和预防措施,并跟踪实施和改进。

第六章　压缩空气系统检修维护技术

本章阐述了高压、中压和低压气系统检修维护的项目、技术要求、检修工艺、启动试验、注意事项等方面的内容。

第一节　高压气系统的检修维护

一、HP-8000-NA 型空气压缩机检修维护

HP-8000-NA 型空压机为四级往复式运动、单向工作,可间歇、连续性工作。尺寸如下:91.5 cm(宽)×96.3 cm(长)×144.3 cm(高)。空压机大约重 455 kg,工作压力为 48 MPa,流量为 420 L/min。采用空冷式冷却方式,在二级压缩和三级压缩之间设置一油水分离器分离压缩气中的油水,压缩机的净化系统由一个碳分子滤网构成,厂家推荐使用润滑油为 Anderol 500 synthetic lubricant 或者 MOBIL 齿轮油 629。高压空压机储气罐参数一览表见表 6-1。

表 6-1　高压空压机储气罐参数一览表

序号	技术规格	单位	相关内容
1	型式		立式
2	工作压力	MPa	8.1
3	试验压力	MPa	12.1
4	直径	mm	91.44
5	高度	mm	312.42
6	工作温度	℃	min:-4;max:93.3
7	质量	kg	4 200
8	容量	m³	1.45
9	供货厂家		美国伏伊特公司

(一)检修维护项目、周期和技术要求

检修项目、周期与工期见表 6-2。

表6-2 检修项目、周期与工期

序号	项目	周期	工期(d)
1	巡回检查	一周	1
2	小修	一年	7
3	大修	三年	15

(二)日常维护项目

每日检查空压机油位。

第一次运行100 h,以后每运行1 000 h或每年排油、换油一次。

每运行250 h或一年以后更换一次滤网。

每运行1 000 h以后检查一次紧固连接的松脱情况。

每运行1 000 h以后检查一次皮带的紧度和磨损情况。

每运行250 h以后清洗一次进口过滤器,每运行1 000 h以后更换。

每运行1 000 h以后检查一次连接部分的松脱和泄漏情况。

(三)巡回检查项目、质量标准

巡回检查项目、质量标准见表6-3。

表6-3 巡回检查项目、质量标准

序号	巡回检查项目	质量标准
1	空压机运行工况了解	空压机运行正常、无异响、无撞击声,运行平稳,各级压力正常,油面、油压正常,电流正常
2	空压机各部检查	空压机各元件结合面检查应完好无损,各连接管路牢固,管接头及法兰无渗漏
3	排污检查	启动空压机,检查排污阀运行正常,排污时畅通无阻,封闭时密封良好、无渗漏
4	安全阀检查	检查各级安全阀运行正常、动作灵活、无卡阻、密封性好、无渗漏、动作值准确,符合图纸设计要求
5	曲柄箱检查	检查油箱油面正常,传动机构无卡阻
6	冷却器检查	检查风扇运转工况及传动皮带的张紧度
7	皮带及传动轮检查	检查皮带无裂纹、断层,其张紧度应一致,启动后应传动平稳,无跳动、无打滑,传动机构转动灵活无卡阻、无摩擦
8	基础螺栓检查	检查空压机启动运行时应平稳、无跳动,各基础地脚螺栓及各连接螺栓牢固,其振动值符合规定要求
9	压力容器及阀门检查	压力容器运行正常,压力表指示正确,基础连接牢固,压力容器温度在规定值之内,表面油漆完好无损,管接头焊缝阀门无渗漏,各阀门开启关闭应灵活,密封性好,排污畅通

二、空压机检修维护工艺

(一)油的检查

在检查油之前,必须先令空压机关停 5 min 以上,清理油标管的外部,逆时针旋转油标手柄,将其松脱,取出油标,用干净的棉布擦去其上的油液,再将油标放入管中,切记不要旋紧,以免其与管壁接触,再次取出油标读数,加油至油标上部标记处即可,切勿过满。

(二)油和油过滤器的更换

换油之前,空压机应当在中等出口压力下运行 30 min 以提升油温,操作步骤如下:清理油标管的外部,取出油标,用棉布擦拭。如果周围环境过脏或多尘,用一块棉布将开口覆盖;取下排油管上的旋塞彻底排油;取下磁性排油旋塞,清理磁体上的所有沉淀物;如果要求更换油过滤器,过滤器部分应当被清理,旋开过滤器,清理其托架表面。新过滤器应当注入新油,用油润滑橡胶垫片后,安装新过滤器。在过滤器与垫片接触后,旋紧 3/4 ~ 1圈即可,不要扭的过紧;当油被彻底排完后,再安装所有的排油堵头,磁性排油旋塞带上塑料垫圈旋至 6.75 N·m,不要上的过紧;再次注满曲柄箱需用 3.3 L 的新油,然后启动空压机,检查泄漏情况,油压应在启动后数秒内升至大约 60 PSI;运行 5 min 后,用干净棉布检查油位,加注新油至油标上部标记处,不要过满,而后顺时针旋紧油标。

(三)油泵进口隔栅的更换

在 NA18 型空压机的后盖处有一个进口隔栅以阻止杂质进入油泵。这个隔栅需要定期清理以保证润滑油流量正常,当隔栅被堵,油泵会发出异常噪声,并伴有油压缓慢下降,更换油泵进口隔栅的操作步骤如下:

将空压机的电源切断,并在工作前阅读警告提示;放一些破布在油泵下方,松开四个固定油泵的 6.35 mm 的 ALLEN 螺栓;如果油泵未轻易脱开,用一橡皮锤轻轻敲使油泵垫圈松脱,不要转动油泵主轴以保证在安装时可以准确定位;如果垫圈仍在后盖上,轻轻取下,然后取出后盖左侧的油泵进口隔栅,清洗或吹扫隔板上的颗粒,如果隔栅周围的橡胶已变硬或变形,更换新的隔栅;安装油泵进口隔栅时,用一圆锥体的顶部将其顶入后盖;再以拆卸时的相反顺序安装油泵、垫圈、螺栓,如果垫圈已破坏或变脆,更换新垫圈,将"十"字形螺栓上紧,扭矩为 180 英寸磅(1 英寸磅 = 0.113 N·m,后同);操作空压机,听油泵内噪声,如果异常噪声仍未停止,应检查各部泄漏点。

(四)皮带检查

皮带应定期通过观察以检查其老化情况,如果皮带已经变脆或已开始破坏,应当更换。皮带张力测试应定期进行,如果有张力测试仪,测试结果应当在 15 ~ 20IBS,如果没有张力测试仪,可以用手做一快速测试,皮带应当偏斜大约 1/2 英寸,同时被扭转程度不应超过 1/4 r。

(五)进出口阀的更换

换阀前,必须仔细阅读警告提示。首先切断空压机电源,使空压机自然冷却,并释放系统压力;检查阀门。每部分应认真检查其摩损、破坏情况,注意阀板和阀座上有无刮伤、麻点和磨损痕迹,检查垫圈与"O"形密封圈的撕裂情况及脆性,铜垫和其他密封表面上有无划痕,密封面应当有一个发亮的接触面积,如果此接触面积不存在,说明加在阀上的力矩不合适,活塞环的密封表面应当检查其划伤、摩损情况;阀门工作超过 2 000 h 后,应当被更换,以免疲劳破坏导致活塞、活塞环及缸体受损。

(六)第一级进出口阀的更换

拆除管路,取下阀盖螺栓和阀盖;从气缸上把阀轻轻取下,严禁磕碰垫片;清洗、检查或更换阀门(根据需要);当回装时,注意垫片是否完好;交叉对称将活塞缸螺栓拧紧,力矩约为 195 英寸磅。

(七)第二级、第三级进出口阀的更换

拆除管路,用 1/4 英寸 ALLEN 扳手卸下活塞缸螺栓,取出活塞头。

注意:如果仅有第二级、第三级的出口阀被要求更换,不必取出活塞头。

用专用工具取出阀体检查,如果已发生磨损或破坏,应予以更换,检查气缸垫片,根据其完好程度决定是否更换,回装时,扭矩应达到 80 英尺磅。

注意:拆卸时应先在螺纹附近冲压一个回装标记,以便回装时定位。

取下螺母、铜垫,拆除出口阀,慢慢取出调整螺钉和阀体。在此过程中,不要让其他零件掉落,注意零件被取出时的顺序,最后检查更换出口阀。

具体回装扭矩如下:

阀体:150 英寸磅;调整螺钉:125 英寸磅;螺母:150 英寸磅;

交叉对称将活塞缸上螺栓拧紧,力矩约为 195 英寸磅。

(八)第四级进出口阀的更换

四级进口阀的更换:拆除管路,取下活塞缸螺栓和活塞缸,用专用工具取出进口阀,清洗、检查或更换;使用专用工具回装进口阀时,用工具压紧阀体,力矩拧紧至 12 英尺磅。

注意:不要让工具从阀体上滑下,损伤其他部件。

四级出口阀的更换:从活塞缸上取下出口阀,不要损坏"O"形密封圈和活塞头表面,清洗、检查或更换阀体和密封圈。回装时,先将"O"形密封圈放入密封槽内,用阀体将密封圈压紧,如果调整螺钉仍在第四级气缸盖上,回装前必须先将其取下,用交叉对称的方式将气缸盖螺栓拧紧至 195 英寸磅,然后安装调整螺钉,拧紧至 125 英寸磅,再回装铜垫和螺母,拧紧至 150 英寸磅。第四级进出口阀应同时更换。

(九)进出口阀更换后的操作

连接回装完成后,应运行空压机,检查各级压力是否接近设定值,如果阀体本身存在缺陷或安装不正确,前一级有压力会过高,并从安全阀卸荷,此时应立即关闭空压机,检查后一级的进、出口阀的工作情况;阀被更换后,应检查空压机的油、气泄漏情况,工作容量应达到初始值,在中等出口压力下,令空压机工作 60 min,使新阀充分磨合,此后,将空压机冷却至室温,再将阀的螺钉、螺母重新上紧一遍;将更换阀的步骤一一记录至维修日志;检查阀的松紧情况,所需工具:5/32 英寸和 1/4 英寸六角凿子、1/2 英寸套筒、力矩扳手(量程范围应包括 125~195 英寸磅或 10~16 英尺磅),进出口阀各部螺栓、螺母的力矩如表 6-4 所示。

表 6-4　进出口阀各部螺栓、螺母的力矩

位置	力矩(英寸磅)
1 级活塞头螺栓	225
2 级、3 级进出口调整螺钉	125
2 级、3 级和 4 级螺母	150

(十)空气进口滤清器

该滤清器应当被定期检查,如果必要,可参照厂家推荐的维护时间表定期更换;如果滤芯已完全被灰尘、油污覆盖,立即取出更换,如果污染程度不是很严重,用低压气从背面吹扫即可。

(十一)安全阀的检查

安全阀必须每年被检查一次以确保其正常工作,如维护不当,锈蚀将导致其发卡,从而损伤空压机。厂家设定值如下,如果安全阀的动作值不在其设定范围之内,应当更换:

1 级　　80~90　　PSI
2 级　　370~410　　PSI
3 级　　1 353~1 497　PSI
4 级　　参考系统压力推荐值

(十二)空压机的清洗

空压机外部应定期清洗,以保证各部分散热良好;当清洗时,确保所有开口均被堵塞,取下进口空气滤清器,用带密封带的管堵堵塞,用肥皂水清洗滤清器外壳;用一种非易燃、防锈、能有效去除油污的清洗剂清洗空压机,在非显著位置进行一下试验,以证明它是否与油漆发生反应,不能使用肥皂和水,因为这样,将导致空压机表面的划伤处生锈,不要用高压液流喷洗,这样会使清洗液通过密封进入润滑油中,化学制品会导致润滑油变质甚至损伤空压机;如果用压缩气吹扫,不要距离过近,保持在 2 英尺以外,防止灰尘通过密封被吹入润滑油中。

(十三)空压机的保存

如果空压机停止使用超过 6 个月,必须按照以下步骤封存:

确定过滤器位置正确以保护系统;打开排污阀,在出口不带压的状态下运行空压机大约 15 min,这样可以清除杂质,并使第四级活塞环充分注油;切断电源使空压机自然冷却至室温;从第一级活塞缸上取下空气滤清器;运行空压机,从第一级活塞的空气滤清器进口处注入大约 0.5 立方英寸(用注油器注射 4~5 次)的润滑油;关闭空压机的排污阀,运行空压机大约 40 s 使油充分分配至其他各级,接着打开排污阀,再运行 20 s(或者运行至无污物排出);用标准的管堵和密封带封堵第一级活塞缸的空气滤清器的进口;关闭空压机的排污阀和出口阀,防止空压机受潮;加油至油标"top"处,扭紧油标;如果有气管或油管被从空压机上拆掉,封堵好该管路开口;在空压机上放一显示封存日期的标签;每封存 6 个月后重复以上程序,在储存过程中应当两年更换一次润滑油,同时更换储存标签。

(十四)封存过后的首次投运

当空压机封存后再次投运时,操作步骤如下:认真清扫空压机外部的灰尘和污垢;取

下堵头,重新连接管路;回装空气滤清器;如果距最后一次换油时间超过一年,更换润滑油,如果距最后一次换油时间未超过一年,检查油位并加油至正常油位;打开排污阀,在无压状态下运行空压机大约 60 s,然后使空压机逐步建压,同时检查内部各级气压、油压正常。

(十五) 空压机的启动试验

启动前联系有关班组,对电动机的绝缘、接地的情况进行检查,对空压机的自动回路及保护回路进行全面检查,确认一切正常;检查曲柄箱内油位正常;手动盘车,检查各传动件运动正常,无卡阻现象或忽重忽轻现象;打开出口阀,准备启动。

启动试运行:点试电动机,检查运转方向;启动空压机,监测启动电源,排污阀开启时间;检查各传动件运转正常,无其他异音和摩擦撞击现象;检查润滑油压力正常,大约在60 PSI;检查冷却器风扇运转正常,无撞击和摩擦声,检查皮带张紧度适中;检查各级排气阀工作正常,各级排气压力在设定范围内,1 级出口压力约为 60 PSI,2 级出口压力约为310 PSI,3 级出口压力约为 1 200 PSI。空压机的排污阀应在运行中每 30 min 打开排污一次,在潮湿的环境中,每 15 min 排污一次,空压机停止后,排污阀应能自动关闭。

(十六) 空压机的故障分析及处理

在正确的安装、运行、维护情况下,该空压机可长年正常工作,但是如果出现以下故障,请运用以下处理措施。

1. 无油压

空压机启动后无油压显示。可能原因是:转轮转动异常;油管路、连接、进口隔栅发生堵塞;压力表或开关故障;油泵未注油,新式油泵可以自动注油,但是旧式油泵需要在重新安装后人工注油;曲柄箱内的油泵主轴或销钉破坏。

处理措施:检查转轮转动情况,确保其转动方向为逆时针方向;拆开压力表连接,目测流量,用拇指轻按出口,旋即释放,正常时应当建压,当释放时有油液喷出,如未正常建压,逐步找寻堵塞点。如果油泵声响异常,由进口隔栅至油泵进油口、各连接部分逐项检查;用其他压力源检查油压表、开关或者更换之;取下出口油管,从后部手动转动转轮由连接处向油泵内注油(操作时务必切断电源);从后盖处取出油泵,检查主轴和销钉的破坏情况。

2. 低油压或压力持续下降

压力持续下降是指油压在空压机启动时正常,而后在数分钟内持续下降。可能原因是:低油位;进油系统发生堵塞(症状为油泵噪声异常);油泄漏;出油系统发生堵塞;油压表失效;油过滤器失效;油泵失效。

处理措施:加油至正常油位;如果油泵伴有异常噪声,检查油泵进口隔栅;检查油泄漏情况;拆开油压表的连接检查流量,如果无流量,逐级检查油管路和连接,如果流量正常,检查并更换油压表;更换过滤器;更换油泵。

3. 油压波动

如果油压在 15 PSI 的范围内持续波动,或者输出较低,同时在空压机停止工作后超过 8 s 仍有压力显示。可能原因是:油液污染;油管路、连接或油过滤器发生堵塞;油泵失效;第四级活塞的穿心螺栓发生松动;第四级活塞发生磨损。

处理措施:换油;检查各级油路、连接、进口隔栅,更换过滤器;更换油泵;取出第四级活塞,紧固穿心螺栓。

4. 油泵噪声异常

在空压机运行过程中,如果油泵发出持续的咔嗒声噪声,特别是同时伴有低油压。可能原因是:低油位;进口隔栅发生堵塞;泡沫油;进口管路或联接发生堵塞。

处理措施:加油至正常油位;清洗隔栅,在油泵停止工作时,检查泡沫油情况;检查进口管路的堵塞情况和所有的润滑系统中的连接安装正确,同时检查曲柄箱的油路连接情况。

5. 泡沫油

如果发现油液呈泡沫状或其中存在大量气泡。可能原因是:油液中进水;油液品种使用不正确;第四级活塞失效。

处理措施:更换油并找出油混水的原因;检查是否是使用的厂家推荐用油,如果必要立即更换;如果第四级活塞工作不正常,同时将伴有低输出,具体处理措施请参看"低输出"。

6. 第一级出口气压低

如果第一级出口气压未达到额定值,可能原因是:第一级进出口阀工作不正常;空气进口滤清器发生堵塞;第一级安全阀、活塞环处或至第二级的管路发生泄漏;至压力表的管路发生堵塞或泄漏;气压表工作不正常;第一级活塞磨损或破坏。

处理措施:清洗并检查阀门;检查空气滤清器;检查各部分有无泄漏点;检查至气压表的空气流量;检查气压表,如果必要立即更换;如果输出也很低,更换活塞环。

7. 第二级、第三级、第四级出口气压低

如果第二级、第三级、第四级出口气压未达到额定值,可能原因是:以前各级的进、排气阀中有工作不正常状态;安全阀、活塞环处或至下一级的管路发生泄漏;分离器排出口处于开启状态或有泄漏;至压力表的管路发生堵塞或泄漏;气压表工作不正常;当前级或以前各级有活塞环磨损或破坏的状况。

处理措施:清洗并检查阀门;检查各部有无泄漏点;关闭手动排气或检查自动排出系统;如果输出也很低,更换活塞环。

8. 第一级、第二级、第三级出口气压高

如果第一级、第二级、第三级出口气压超过了额定的限值,可能原因是:下一级的进出口阀门失效,这种状况应通过清洗和检查阀门来排除。

9. 安全阀动作

如果安全阀动作,可能原因是安全阀失效或由于下一级安全阀失效而导致的内部压力升高,超过设定值。此种情况下,应当测试,如果必要,更换安全阀,同时清洗进出口阀。

10. 低输出

如果空压机的输出压力未达到额定值,可能原因是:管路、安全阀或活塞环发生泄漏;进出口阀门失效;分离器排出口处于开启状态或有泄漏;电机转速过低或皮带打滑;进口空气滤清器发生堵塞;活塞环磨损或破坏。

处理措施:在各级带压状态下关闭空压机,检查泄漏点;检查各级内部气压,发现异

常,清洗并检查下一级进出口阀门;关闭手动排气或检查自动排出系统;检查皮带张紧度和皮带轮与电机的转速比;更换进口滤清器滤芯,检查进口部分的堵塞情况;更换活塞环。

11. 空压机过热

如果空压机在工作过程中温度超过额定值,可能原因是:低油位;油液品种使用不正确;冷风循环受到限制;空压机过脏;工作压力过高;环境温度过高。

处理措施:加油至正常油位;使用厂家推荐用油;检查冷风循环受阻原因;遵照维护手册清洗空压机;检查各级内部气压,发现异常,清洗并检查下一级进出口阀门。

12. 空压机运行噪声过大

空压机运行过程中如果噪声过大,可能原因是:低油位;低油压;基础安装不适当;转轮失去平衡;内部或外部零件松动、磨损或破坏。

处理措施:加油至正常油位;检查油压表和开关,以及至第四级活塞、前盖之间的各部油路的堵塞情况;检查确定各安装螺栓工作可靠;检查确定转轮上的配重在原标识位置,同时注意转轮上的螺栓的松动和丢失情况;检查外部托架和螺栓的松紧情况,如果估计内部零件出现故障,准备做小修处理。

13. 活塞缸和阀生锈

如果活塞缸和阀生锈,说明空压机运行工况不正常,应对活塞缸和阀进行除锈处理。

14. 油耗过大

空压机工作期间油耗过大的可能原因是:油液品种使用不正确;管路、垫圈或前密封处出现漏油现象;工作压力过低;活塞环磨损或破坏。

处理措施:使用厂家推荐用油;检查各部泄漏点;如果要求空压机持续工作在低压状态,可咨询厂家调整输出油压。如果输出也很低,更换活塞环。

15. 第四级活塞环发生磨损或破坏

可能原因是:油没有定期按时更换;低油位;低油压;泡沫油;过热。

处理措施:参照厂家推荐的维护时间表更换油;确保油位在正常的范围之内,在每次操作之前先检查油位;确保油压开关工作正常。

三、15T2A/XH20T5N-LN 型空气压缩机的检修维护

15T2A/XH20T5N-LN 型空压机为三级往复式运动、单向工作,可间歇、连续性工作。工作压力为 3.4 MPa,流量为 1 070 L/min。采用空冷式冷却方式,在二级压缩和三级压缩之间设置一油水分离器分离压缩气中的油水。

(一)检修维护项目、周期和技术要求

检修项目、周期与工期如表 6-5 所示。

表 6-5 检修项目、周期与工期

序号	项目	周期	工期(d)
1	巡回检查	1 周	1
2	小修	1 年	7
3	大修	3 年	15

日常维护项目:每日检查空压机油位。第一次运行100 h,以后每运行1 000 h或每年排油,换油一次。每运行250 h或一年以后更换一次滤网。每运行1 000 h以后检查一次紧固连接的松脱情况。每运行1 000 h以后检查一次皮带的紧度和磨损情况。每运行250 h以后清洗一次进口过滤器。每运行1 000 h以后更换。每运行1 000 h以后检查一次连接部分的松脱和泄漏情况。

(二)巡回检查项目、质量标准

巡回检查项目、质量标准如表6-6所示。

表6-6　巡回检查项目、质量标准

序号	巡回检查项目	质量标准
1	空压机运行工况了解	空压机运行正常、无异响、无撞击声,运行平稳、各级压力正常,油面、油压正常、电流正常
2	空压机各部检查	空压机各元件结合面检查应完好无损,各连接管路牢固,管接头及法兰无渗漏
3	排污检查	启动空压机,检查排污阀运行正常,排污时畅通无阻,封闭时密封良好、无渗漏
4	安全阀检查	检查各级安全阀运行正常动作灵活,无卡阻,密封性好、无渗漏,动作值准确,符合图纸设计要求
5	曲柄箱检查	检查油箱油面正常,传动机构无卡阻
6	冷却器检查	检查风扇运转工况及传动皮带的张紧度
7	皮带及传动轮检查	检查皮带无裂纹、断层,其张紧度应一致,启动后应传动平稳,无跳动、无打滑,传动机构转动灵活,无卡阻、无摩擦
8	基础螺栓检查	检查空压机启动运行时应平稳无跳动,各基础地脚螺栓及各连接螺栓牢固,其振动值符合规定要求
9	压力容器及阀门检查	压力容器运行正常,压力表指示正确,基础连接牢固,压力容器温度在规定值之内,表面油漆完好无损,管接头焊缝阀门无渗漏,各阀门开启关闭应灵活,密封性好,排污畅通

(三)空压机检修维护工艺

1.油的检查

通过空压机上的观察孔检查空压机的油位,油位在观察孔的中间位置时,表示油位正常,如果油位过低,通过加油孔加油至正常油位。

2.进出口阀的更换

换阀前,必须仔细阅读警告提示。首先切断空压机电源,使空压机自然冷却,并释放系统压力;检查阀门。每部分应认真检查其磨损、破坏情况,注意阀板和阀座上有无刮伤、麻点和磨损痕迹,检查垫圈与"O"形密封圈的撕裂情况及脆性,铜垫和其他密封表面上有无划痕,密封面应当有一个发亮的接触面积,如果此接触面积不存在,说明加在阀上的力矩不合适,参看"故障处理",活塞环的密封表面应当检查其划伤、磨损情况;阀门工作超过2 000 h后,应当被更换,以免疲劳破坏导致活塞、活塞环及缸体受损。

3. 第一级进出口阀的更换

拆除管路,取下阀盖螺栓和阀盖;从气缸上把阀轻轻取下,严禁磕碰垫片;清洗、检查或更换阀门(根据需要);当回装时,注意垫片是否完好;交叉对称将活塞缸螺栓拧紧,力矩约为195英寸磅。

4. 第二级、第三级进出口阀的更换

拆除管路,扳手卸下活塞缸螺栓,取出活塞头。

注意:如果仅有第二级、第三级的出口阀被要求更换,不必取出活塞头。

第二级、第三级进口阀的更换:用专用工具取出阀体检查,如果已发生磨损或破坏,应予以更换;检查气缸垫片,根据其完好程度决定是否更换。回装时,扭矩应达到80英尺磅。

注意:拆卸时应先在螺纹附近冲压一回装标记,以便回装时定位。

第二级、第三级出口阀的更换:取下螺母、铜垫,拆除出口阀,慢慢取出调整螺钉和阀体,在此过程中,不要让其他零件掉落,注意零件被取出时的顺序,最后检查更换出口阀。

5. 进出口阀更换后的操作

连接回装完成后,应运行空压机,检查各级压力是否接近设定值,如果阀体本身存在缺陷或安装不正确,前一级有压力会过高,并从安全阀卸荷,此时应立即关闭空压机,检查后一级的进出口阀的工作情况;阀被更换后,应检查空压机的油、气泄漏情况,工作容量应达到初始值,在中等出口压力下,令空压机工作60 min,使新阀充分磨合,此后,将空压机冷却至室温,再将阀的螺钉、螺母重新上紧一遍;将更换阀的步骤一一记录在维修日志。

6. 空气进口滤清器

该滤清器应当被定期检查,如果必要可参照厂家推荐的维护时间表定期更换。如果滤芯已完全被灰尘、油污覆盖,立即取出更换。如果污染程度不是很严重,用低压气从背面吹扫即可。

7. 安全阀的检查

安全阀必须每年被检查一次,以确保其正常工作,如维护不当,锈蚀将导致其发卡,从而损伤空压机。

8. 空压机的清洗

空压机外部应定期清洗以保证各部分散热良好;当清洗时,确保所有开口均被堵塞,取下进口空气滤清器,用带密封带的管堵堵塞,用肥皂水清洗滤清器外壳;用一种非易燃、防锈、能有效去除油污的清洗剂清洗空压机,在非显著位置进行一下试验,以证明它是否与油漆发生反应,不能使用肥皂和水,因为这样,将导致空压机表面的划伤处生锈,不要用高压液流喷洗,这样会使清洗液通过密封进入润滑油中,化学制品会导致润滑油变质甚至损伤空压机;如果用压缩气吹扫,不要距离过近,保持在2英尺以外,防止灰尘通过密封被吹入润滑油中。

9. 空压机的保存

如果空压机停止使用超过 6 个月,必须按照以下步骤封存:确定过滤器位置正确以保护系统;打开排污阀,在出口不带压的状态下运行空压机大约 15 min,这样可以清除杂质,并使第三级活塞环充分注油;切断电源使空压机自然冷却至室温;从第一级活塞缸上取下空气滤清器;运行空压机,从第一级活塞的空气滤清器进口处注入大约 0.5 立方英寸(用注油器注射 4~5 次)的润滑油;关闭空压机的排污阀,运行空压机大约 40 s 使油充分分配至其他各级,接着打开排污阀,再运行 20 s(或者运行至无污物排出);用一标准的管堵和密封带封堵第一级活塞缸的空气滤清器的进口;关闭空压机的排污阀和出口阀,防止空压机受潮;加油至观察孔顶部;如果有气管或油管被从空压机上拆掉,封堵好该管路开口;在空压机上放一显示封存日期的标签;每封存 6 个月后重复以上程序,在储存过程中应当两年更换一次润滑油,同时更换储存标签。

10. 封存过后的首次投运

当空压机封存后再次投运时,操作步骤如下:

认真清扫空压机外部的灰尘和污垢;取下堵头,重新连接管路;回装空气滤清器;如果距最后一次换油时间超过一年,更换润滑油,如果距最后一次换油时间未超过一年,检查油位并加油至正常油位;打开排污阀,在无压状态下运行空压机大约 60 s,然后使空压机逐步建压,同时检查内部各级气压、油压正常;出现异常情况,请参阅"故障处理"。

11. 空压机的启动试验

启动准备工作:联系有关班组,对电动机的绝缘、接地的情况进行检查,对空压机的自动回路及保护回路进行全面检查,确认一切正常;检查曲柄箱内油位正常;手动盘车,检查各传动件运动正常,无卡阻现象或忽重忽轻现象;打开出口阀,准备启动。

启动试运行:点试电动机,检查运转方向;启动空压机,监测启动电源、排污阀开启时间;检查各传动件运转正常,无其他异响和摩擦撞击现象;检查润滑油压力正常;检查冷却器风扇运转正常,无撞击和摩擦声,检查皮带张紧度适中;检查各级排气阀工作正常,各级排气压力在设定范围内。空压机的排污阀应在运行中每 30 min 打开排污一次,在潮湿的环境中,每 15 min 排污一次,空压机停止后,排污阀应能自动关闭。

(四)空压机的故障分析及处理

在正确的安装、运行、维护情况下,该空压机可长年正常工作,但是如果出现以下故障,请运用以下处理措施。

1. 无油压

空压机启动后无油压显示,可能原因是:转轮转动异常;油管路、连接、进口隔栅发生堵塞;压力表或开关故障;油泵未注油,新式油泵可以自动注油,但是旧式油泵需要在重新安装后人工注油;曲柄箱内的油泵主轴或销钉破坏。

处理措施:检查转轮转动情况,确保其转动方向为逆时针方向;拆开压力表连接,目测流量,用拇指轻按出口,旋即释放,正常时应当建压,当释放时有油液喷出,如未正常建压,逐步找寻堵塞点。如果油泵声响异常,由进口隔栅至油泵进油口、各连接部分逐项检查;用其他压力源检查油压表、开关或者更换之;取下出口油管,从后部手动转动转轮由连接处向油泵内注油(操作时务必切断电源);从后盖处取出油泵,检查主轴和销钉的破坏情况。

2. 低油压或压力持续下降

压力持续下降是指油压在空压机启动时正常,而后在数分钟内持续下降,可能原因是:低油位;进油系统发生堵塞(症状为油泵噪声异常);油泄漏;出油系统发生堵塞;油压表失效;油过滤器失效;油泵失效。

处理措施:加油至正常油位;如果油泵伴有异常噪声,检查油泵进口隔栅;检查油泄漏情况;拆开油压表的连接检查流量,如果无流量,逐级检查油管路和连接,如果流量正常,检查并更换油压表;更换过滤器;更换油泵。

3. 油压波动

如果油压在 15 PSI 的范围内持续波动,或者输出较低,同时在空压机停止工作后超过 8 s 仍有压力显示,可能原因是:油液污染;油管路、连接或油过滤器发生堵塞;油泵失效;第三级活塞的穿心螺栓发生松动;第三级活塞发生磨损。

处理措施:换油;检查各级油路、连接、进口隔栅,更换过滤器;更换油泵;取出第三级活塞,紧固穿心螺栓;如果第三级活塞工作不正常,同时将伴有低输出,具体处理措施请看"低输出"。

4. 油泵噪声异常

在空压机运行过程中,如果油泵发出持续的咔嗒声噪声,特别是同时伴有低油压,可能原因是:低油位;进口隔栅发生堵塞;泡沫油;进口管路或连接发生堵塞。

处理措施:加油至正常油位;清洗隔栅,参看"维护检修工艺",在油泵停止工作时,检查泡沫油情况;检查进口管路的堵塞情况和所有的润滑系统中的连接安装正确,同时检查曲柄箱的油路连接情况。

5. 泡沫油

如果发现油液呈泡沫状或其中存在大量气泡,可能原因是:油液中进水;油液品种使用不正确;第三级活塞失效。

处理措施:更换油并找出油混水的原因;检查是否是使用的厂家推荐用油,如果必要,立即更换,如果第三级活塞工作不正常,同时将伴有低输出,具体处理措施请参看"低输出"。

6. 第一级出口气压低

如果第一级出口气压未达到额定值,可能原因是:第一级进出口阀工作不正常;空气进口滤清器发生堵塞;第一级安全阀、活塞环处或至第二级的管路发生泄漏;至压力表的管路发生堵塞或泄漏;气压表工作不正常;第一级活塞磨损或破坏。

处理措施:清洗并检查阀门;检查空气滤清器;检查各部有无泄漏点;检查至气压表的空气流量;检查气压表,如果必要立即更换,如果输出也很低,更换活塞环。

7. 第二级、第三级出口气压低

如果第二级、第三级出口气压未达到额定值,可能原因是:以前各级的进、排气阀中有工作不正常状态;安全阀、活塞环处或至下一级的管路发生泄漏;分离器排出口处于开启状态或有泄漏;至压力表的管路发生堵塞或泄漏;气压表工作不正常;当前级或以前各级有活塞环磨损或破坏的状况。

处理措施:清洗并检查阀门;检查各部有无泄漏点;关闭手动排气或检查自动排出系统;如果输出也很低,更换活塞环。

8. 第一级、第二级出口气压高

如果第一级、第二级出口气压超过了额定的限值,可能的原因是下一级的进出口阀门失效,这种状况应通过清洗和检查阀门来排除。

9. 安全阀动作

如果安全阀动作,可能原因是安全阀失效或由于下一级安全阀失效而导致的内部压力升高,超过设定值。此种情况下,应当测试,如果必要,更换安全阀,同时清洗进出口阀。

10. 低输出

如果空压机的输出压力未达到额定值,可能原因是:管路、安全阀或活塞环发生泄漏;进出口阀门失效;分离器排出口处于开启状态或有泄漏;电机转速过低或皮带打滑;进口空气滤清器发生堵塞;活塞环磨损或破坏。

处理措施:在各级带压状态下关闭空压机,检查泄漏点;检查各级内部气压,发现异常,清洗并检查下一级进出口阀门;关闭手动排气或检查自动排出系统;检查皮带张紧度和皮带轮与电机的转速比;更换进口滤清器滤芯,检查进口部分的堵塞情况;更换活塞环。

11. 空压机过热

如果空压机在工作过程中温度超过额定值,可能原因是:低油位;油液品种使用不正确;冷风循环受到限制;空压机过脏;工作压力过高;环境温度过高。

处理措施:加油至正常油位;使用厂家推荐用油;检查冷风循环受阻原因;遵照维护手册清洗空压机;检查各级内部气压,如发现异常,清洗并检查下一级进出口阀门。确定在厂家规定的最高温度下运行空压机,如果必要,可仅在早晨或夜间运行。

12. 空压机运行噪声过大

空压机运行过程中如果噪声过大,可能原因是:低油位;低油压;基础安装不适当;转轮失去平衡;内部或外部零件松动、磨损或破坏。

处理措施:加油至正常油位;检查油压表和开关以及至第四级活塞、前盖之间的各部油路的堵塞情况;检查确定各安装螺栓工作可靠;检查确定转轮上的配重在原标识位置,同时注意转轮上的螺栓的松动和丢失情况;检查外部托架和螺栓的松紧情况,如果估计内部零件出现故障,准备做小修处理。

13. 活塞缸和阀生锈

如果活塞缸和阀生锈,说明空压机运行工况不正常,对照"操作手册"纠正运行程序。

14. 油耗过大

空压机工作期间油耗过大的可能原因是:油液品种使用不正确;管路、垫圈或前密封处出现漏油现象;工作压力过低;活塞环磨损或破坏。

处理措施:使用厂家推荐用油;检查各部泄漏点;如果要求空压机持续工作在低压状态,可咨询厂家调整输出油压。如果输出也很低,更换活塞环。

15. 第四级活塞环发生磨损或破坏

可能原因是:油没有定期按时更换;低油位;低油压;泡沫油;过热。

16. 泵油故障

故障原因:进气滤清器堵塞;油黏度过高;油位太低;油牌号不符;进气电磁阀故障;活塞环断裂,卡在槽中,粗糙、擦伤或者间隙过大。

17. 敲缸发出异常声音

其故障原因:皮带轮、电机皮带轮松动,或者电机轴向间隙过大;电动机风机松动;阀门泄漏、断裂、碳化或者松动空气通道受到限制;活塞顶端积碳。气罐或者活塞擦伤、磨损或者刮伤。曲轴或电机轴承上的球轴承故障。

18. 排气量减少

故障原因:进气滤清堵塞;机器上或者机外系统管路泄漏;进气电磁阀故障;阀门泄漏、断裂、碳化或者松动,空气受到限制;凝水排放阀故障。

19. 安全阀突然爆开

故障原因:阀门泄漏断裂、碳化或者松动,空气通道受到限制;凝水排放阀故障;凝水电磁阀定时器故障。

20. 电动机过载跳闸或者电流过大

故障原因:油黏度过高;检查线路电压,电动机端子接触不良,启动器连接没有拧紧,启动器、加热器不正确;线路不平衡;电动机风机松动;"V"形皮带过紧;转速过高;电压太低。

21. 曲轴箱中有水或气罐生锈

故障原因:单向阀泄漏;油牌号不符;功率非常小或者位于潮湿位置。

22. 频繁启动和停止

故障原因:单向阀泄漏;机器上或者机外管路泄漏;重新调整压力开关设定值。

23. 压缩机停止时无法卸载

故障原因:阀门泄漏、断裂、碳化或者松动;凝水排放阀故障;排水阀活塞"O"形圈进行润滑;凝水电磁阀故障。

24. 凝水排放槽不会自动排放

故障原因:凝水排放阀故障;排水阀"O"形圈故障;凝水电磁阀故障。

25. 压缩机运行过热

故障原因:单向阀泄漏;风机空气堵塞或者风机罩位置不正确;油位太低;旋转方向不正确;阀门泄漏断裂、碳化或松动。

26. 压缩机无法跟上速度

故障原因:检查线路电压电机端子接触不良,启动器连接没有拧紧;凝水排放阀故障;电压太低。

27. 压缩机运行时有轻微颤动

故障原因:电动机端子接触是否良好,启动器连接是否拧紧;线路不平衡。

28. 异常活塞环或者气罐磨损

故障原因:油黏度太高;油位太低;油牌号不符;电压太低;使用环境不清洁。

29. 排水阀空气和凝水泄漏

故障原因:排水阀横膈膜座裂开;排水阀中的动作活塞卡住;排水阀活塞"O"形圈

损坏。

30.装置运行时噪声大

故障原因:皮带轮、电机皮带轮松动,或者电动机轴向间隙过大;阀门泄漏、断裂、碳化或者松动,空气通道受到限制;凝水排放阀故障。

四、高压空压机压力容器的检修

压力容器检查分为外部检查和内部检查,每年至少要进行一次外部检查,每 4 年至少要进行一次全部检查。

(一)压力容器外部检查项目

压力容器防腐层及铭牌是否完好。压力容器外表面有无裂纹、局部过热等不正常现象。压力容器的连接管路焊缝受压元件等有无泄露。压力容器人孔螺栓是否松动。紧固螺栓是否完好,基础螺栓有无松动现象。

(二)压力容器内、外检查项目

压力容器内、外表面开口接管孔有无介质、腐蚀和冲磨现象。压力容器所有焊缝接头过渡区和其他应力集中的部位有无断裂和裂纹,对怀疑的部位应用 10 倍放大镜检查,或采用超声波探伤抽查焊缝。压力容器筒体封头经上述检验后,发现表面有腐蚀现象时,应对怀疑部位进行多处壁厚测量,测量的壁厚如小于壁厚,应重新进行强度核算,确认可否使用最高压力。对主要焊缝进行无损探伤检查,应对 100%焊缝做超声波探伤或磁粉探伤。检查以上项目合格后,应进行耐压试验,水压试验为最高额定压力的 1.25 倍,水压试验应保压至少 30 min。外部检查项目可以由设备负责班组完成,内外检验和全面检验由设备负责班组配合压力容器检验部门完成。压力容器承压设备的焊接工作必须经过考试合格并持有合格证的焊工担任。对压力容器及受压设备的焊接,除焊缝应符合规定外,还应对焊缝做 100%的探伤。高压空压机压力管道应每月检查一次。检查管道焊缝有无漏气,防腐层是否完好。安全阀定期校验。压力表定期校验。

五、高压气系统控制部分的检修与维护

高压气系统控制盘柜主要由 3 个紧急停机按钮、4 个继电器、1 个数字显示屏、9 个指示灯(3 个 1 组,共 3 组)、6 个 3 相选择开关、1 个柜内照明灯、1 个盘柜加热器、1 路 230 V AC/24 V DC 电源、MOXA 光电转换器、1 个可编程控制器组成。

(一)高压气系统自动化元件

1.压力传感器

共有两个德国威卡(WIKA)压力传感器,型号为 PSD-30,量程为 0~100 bar,安装在两台储气罐的测压管上,一个用于上位机显示,另一个用于高压空压机控制柜面板显示、冷干机和高压空压机启停。空压机的控制方式为自动控制。

当压力传感器压力高于 6.95 MPa 时,主用空压机、备用空压机、冷干机均停止运行。

当压力传感器压力低于 6.7 MPa 时,冷干机启动运行,且主用高压空压机在冷干机运行 15 min 后启动。

当压力传感器压力低于 6.6 MPa 时,不管冷干机是否运行,主用高压空压机自动

启动。

当压力传感器压力低于 6.4 MPa 时,备用高压空压机自动启动。

当压力传感器压力低于 6.6 MPa 且 20 s 内空压机未启动,程序发出主用空压机启动失败报警;当压力传感器压力低于 6.4 MPa 且 20 s 内空压机未启动,程序发出备用空压机启动失败报警。

2. 冷干机

当压力传感器压力低于 6.7 MPa 时,PLC 程序开关量输出让继电器 K20 励磁,接通冷干机动力电源回路,冷干机启动。

当压力传感器压力高于 6.95 MPa 时,冷干机停止运行,同时闭锁冷干机启动,并开始记时,25 min 后解除冷干机启动闭锁。

冷干机要求两次启动时间间隔 25 min。

3. 三相选择开关

三相选择开关安装在控制盘柜的面板上,通过 6 个三相选择开关可以选定 1#、2#、3# 空压机的控制方式和启动优先级。1#、2#、3# 空压机的控制方式为"手动/自动/OFF",启动优先级为"主用/备用/后备用"。

4. 加热器和指示灯

加热器、灯和插座电源开关为 CB1,加热器安装在控制盘柜内部。加热器的温度控制开关检测温度范围在 5~55 ℃,工作电压为 220 V AC。检修或检查设备,应避免直接接触本体,以防止烫伤。

指示灯安装在控制盘柜的面板上,三个一组,用以指示 1#、2#、3# 空压机的工作状态"运行/停止/报警"。

5. TM1703 型可编程序控制器

可编程控制器选用 TM1703 型 PLC,带有 16 个开关量输入点(1 块 DI6102 板)、16 个开关量输出点(1 块 DO6200 板)、4 个模拟量输入点(1 块 AI6300 板)、PS6620 电源模块、CP6014 处理器模块。通过程序控制实现冷干机和高压空压机的启停。

(二)显示仪表的设置

型号为 Dynaparbrand S428。此仪表提供带有记忆功能的输入信号。此仪表能控收稳定的直流电流或由热电偶 RTD 电阻测得的电压信号。仪表具有 0.56″ 高速显示功能。S428 带有标准的继电器输出报警,其他功能可通过插件在现场来完成。全部现场数据可以通过 RS-485 所选择的数据总线或 ASCII 协议传输。

此装置的报警输出有很广泛的使用方法:①高值或低值报警;②组合逻辑判断。S428 不仅能显示一个报警值,也能提供唯一的选时报警值,还显示设定的延时报警时间。S428 掉电时,EPROM 可以保存所有信息。

处理值显示:如果显示"F",表示装置处于显示温度状态,并且输入值以"华氏"为单位;如果显示"C",表示装置处于显示温度状态,并且输入值以"摄氏"为单位。

最大/最小值显示:面板上的"MAX/MIN"提示亮起,表示装置接收到的是一个输入"最大/最小值"。此时持续按"UP"或"DOWN"键 3 s,此"最大/最小值"将重新显示。

超值显示:面板上显示"CHHI",说明送至装置的值已超出所允许输入的最大值。面板上显示"CLLI",说明送至装置的值已低于所允许输入的最小值。

基本操作:同时按住"UP"键与"PGM"键并持续 3 s,以进入"设置模式"。"SET"示亮说明装置已处于设置模式。

参数设置:按"PGM"键,显示如图 6-1 所示,为初始参数,使用"UP"或"DOWN"键以改变参数值;每按一次"PGM"键,可进入下一个参数的设置;同时按"PGM"键与"UP"键,又返回"操作模式";在"设置模式"下,如果 1 min 之内不进行操作,自动返回"操作模式"。

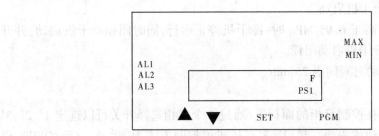

图 6-1　高压空压机操作面板示意图

一类报警值:设置最低/最高限制值。当实际压力值大于或小于最高/最低限制值时,将在显示屏上发出提示信息。因设计为:当压力值大于或小于最高/最低限制值时,一方面发报警信号,一方面动作空压机,因此右上角显示为"1",表示多路输出。

一类迟滞报警:在报警动作与不动作之间设定一个死区值。默认值为 1,最小的数值可以调节到显示量程的 10%。

二类报警值:在"配置模式"中设定为高值报警,则定义为高于报警值 2 动作;若在"配置模式"中设定为低值报警,则定义为低于报警值 2 动作。根据在"配置模式"中的设定,来确定输入的最大/最小值作为默认值。

设置量程上/下限值:将输入信号(电流信号)转换成与其具有线性关系以用于显示为量程上/下限值。这个值对应于最小/最大的电流输入信号。这个值可以在 - 1999到 +9999 选择。

第二节　中压气系统的检修维护

该空压机为 15T2D/XH20T5S-LS14 型,三级往复式运动、单向工作,可间歇、连续性工作。工作压力为 3.4 MPa,流量为 1 070 L/min。采用空冷式冷却方式,在二级压缩和三级压缩之间设置一油水分离器分离压缩气中的油水。

一、检修维护周期、内容和技术要求

检修项目、周期与工期见表 6-7。

表 6-7　检修项目、周期与工期

序号	项目	周期	工期（d）
1	巡回检查	1 周	1
2	小修	1 年	7
3	大修	3 年	15

日常维护项目有：每日检查空压机油位。第一次运行100 h，以后每运行1 000 h或每年排油，换油一次。每运行250 h或一年以后更换一次滤网。每运行1 000 h以后检查一次紧固连接的松脱情况。每运行1 000 h以后检查一次皮带的紧度和磨损情况。每运行250 h以后清洗一次进口过滤器。每运行1 000 h以后更换。每运行1 000 h以后检查一次连接部分的松脱和泄漏情况。

巡回检查的项目和质量标准见表6-8。

表 6-8　巡回检查的项目和质量标准

序号	巡回检查项目	质量标准
1	空压机运行工况了解	空压机运行正常，无异响、无撞击声，运行平稳、各级压力正常，油面、油压正常，电流正常
2	空压机各部检查	空压机各元件结合面检查应完好无损，各连接管路牢固，管接头及法兰无渗漏
3	排污检查	启动空压机，检查排污阀运行正常，排污时畅通无阻，封闭时密封良好、无渗漏
4	安全阀检查	检查各级安全阀运行正常，动作灵活、无卡阻，密封性好、无渗漏，动作值准确，符合图纸设计要求
5	曲柄箱检查	检查油箱油面正常，传动机构无卡阻
6	冷却器检查	检查风扇运转工况及传动皮带的张紧度
7	皮带及传动轮检查	检查皮带无裂纹、断层，其张紧度应一致，启动后应传动平稳，无跳动、无打滑，传动机构转动灵活，无卡阻、无摩擦
8	基础螺栓检查	检查空压机启动运行时应平稳、无跳动，各基础地脚螺栓及各连接螺栓牢固，其振动值符合规定要求
9	压力容器及阀门检查	压力容器运行正常，压力表指示正确，基础连接牢固，压力容器温度在规定值之内，表面油漆完好无损，管接头焊缝、阀门无渗漏，各阀门开启关闭应灵活，密封性好，排污畅通

二、空压机检修维护工艺

(一)油的检查

通过空压机上的观察孔检查空压机的油位,油位在观察孔的中间位置时表示油位正常,如果油位过低,通过加油孔加油至正常油位。

(二)进出口阀的更换

换阀前,必须仔细阅读警告提示。首先切断空压机电源,使空压机自然冷却,并释放系统压力;检查阀门,每部分应认真检查其磨损、破坏情况,注意阀板和阀座上有无刮伤、麻点和磨损痕迹,检查垫圈与"O"形密封圈的撕裂情况及脆性、铜垫和其他密封表面上有无划痕,密封面应当有一个发亮的接触面积,如果此接触面积不存在,说明加在阀上的力矩不合适,参看"故障处理",活塞环的密封表面应当检查其划伤、磨损情况;阀门工作超过 2 000 h 后,应当被更换,以免疲劳破坏导致活塞、活塞环及缸体受损。

(三)第一级进出口阀的更换

拆除管路,取下阀盖螺栓和阀盖;从气缸上把阀轻轻取下,严禁磕碰垫片;清洗、检查或更换阀门(根据需要);当回装时,注意垫片是否完好;交叉对称地将活塞缸螺栓拧紧,力矩约为 195 英寸磅。

(四)第二级、第三级进出口阀的更换

拆除管路,扳手卸下活塞缸螺栓,取出活塞头。

注意:如果仅有第二级、第三级的出口阀被要求更换,不必取出活塞头。

第二级、第三级进口阀的更换:用专用工具取出阀体检查,如果已发生磨损或破坏,应予以更换,检查气缸垫片,根据其完好程度决定是否更换,回装时,扭矩应达到 80 英尺磅。

注意:拆卸时应先在螺纹附近冲压一回装标记,以便回装时定位。

第二级、第三级出口阀的更换:取下螺母、铜垫,拆除出口阀,慢慢取出调整螺钉和阀体,在此过程中,不要让其他零件掉落,注意零件被取出时的顺序,最后检查更换出口阀。

(五)进出口阀更换后的操作

连接回装完成后,应运行空压机,检查各级压力是否接近设定值,如果阀体本身存在缺陷或安装不正确,则前一级会有压力过高,并从安全阀卸荷,此时应立即关闭空压机,检查后一级的进出口阀的工作情况;阀被更换后,应检查空压机的油、气泄漏情况,工作容量应达到初始值,在中等出口压力下,令空压机工作 60 min,使新阀充分磨合,此后,将空压机冷却至室温,再将阀的螺钉、螺母重新上紧一遍;将更换阀的步骤一一记录至维修日志。

(六)空气进口滤清器

该滤清器应当被定期检查,如果必要,可参照厂家推荐的维护时间表定期更换;如果滤芯已完全被灰尘、油污覆盖,应立即取出更换,如果污染程度不是很严重,用低压气从背面吹扫即可。

(七)安全阀的检查

安全阀必须每年检查一次以确保其正常工作,如维护不当,锈蚀将导致其发卡,从而损伤空压机。

(八) 空压机的清洗

空压机外部应定期清洗以保证各部分散热良好。当清洗时,确保所有开口均被堵塞,取下进口空气滤清器,用带密封带的管堵堵塞,用肥皂水清洗滤清器外壳;用一种非易燃、防锈、能有效去除油污的清洗剂清洗空压机,在非显著位置进行一下试验,以证明它是否与油漆发生反应;不能使用肥皂和水,因为这样,将导致空压机表面的划伤处生锈,不要用高压液流喷洗,这样会使清洗液通过密封进入润滑油中,化学制品会导致润滑油变质甚至损伤空压机。如果用压缩气吹扫,不要距离过近,保持在 50 mm 以外,防止灰尘通过密封被吹入润滑油中。

(九) 空压机的保存

如果空压机停止使用超过 6 个月,必须按照以下步骤封存:

确定过滤器位置正确以保护系统;打开排污阀,在出口不带压的状态下运行空压机大约 15 min,这样可以清除杂质,并使第三级活塞环充分注油;切断电源使空压机自然冷却至室温;从第一级活塞缸上取下空气滤清器;运行空压机,从第一级活塞的空气滤清器进口处注入大约 0.5 立方英寸(用注油器注射 4~5 次)的润滑油;关闭空压机的排污阀,运行空压机大约 40 s 使油充分分配至其他各级,接着打开排污阀,再运行 20 s(或者运行至无污物排出);用一标准的管堵和密封带封堵第一级活塞缸的空气滤清器的进口;关闭空压机的排污阀和出口阀,防止空压机受潮;加油至观察孔顶部;如果有气管或油管被从空压机上拆掉,封堵好该管路开口;在空压机上放一显示封存日期的标签;每封存六个月后重复以上程序,在储存过程中应当两年更换一次润滑油,同时更换储存标签。

(十) 封存过后的首次投运

当空压机封存后再次投运时,操作步骤如下:

认真清扫空压机外部的灰尘和污垢;取下堵头,重新连接管路;回装空气滤清器;如果距最后一次换油时间超过一年,更换润滑油,如果距最后一次换油时间未超过一年,检查油位并加油至正常油位;打开排污阀,在无压状态下运行空压机大约 60 s,然后使空压机逐步建压,同时检查内部各级气压、油压正常;出现异常情况,请参阅"故障处理"。

(十一) 空压机的启动试验

启动前应联系有关班组,对电动机的绝缘、接地的情况进行检查,对空压机的自动回路及保护回路进行全面检查,确认一切正常;检查曲柄箱内油位正常;手动盘车,检查各传动件运动正常,无卡阻现象或忽重忽轻现象;打开出口阀,准备启动。

启动试运行:点试电动机,检查运转方向;启动空压机,监测启动电源、排污阀开启时间;检查各传动件运转正常,无其他异响和摩擦撞击现象;检查润滑油压力正常;检查冷却器风扇运转正常,无撞击和磨擦声,检查皮带张紧度适中;检查各级排气阀工作正常,各级排气压力在设定范围内。空压机的排污阀应在运行中每 30 min 打开排污一次,在潮湿的环境中,每 15 min 排污一次,空压机停止后,排污阀应能自动关闭。

三、空压机的故障分析及处理

在正确的安装、运行,维护情况下,该空压机可长年正常工作,但是如果出现以下故障,请采取以下处理措施。

(一)无油压

空压机启动后无油压显示,可能原因是:转轮转动异常;油管路、连接、进口隔栅发生堵塞;压力表或开关故障;油泵未注油,新式油泵可以自动注油,但是旧式油泵需要在重新安装后人工注油;曲柄箱内的油泵主轴或销钉破坏。

处理措施:检查转轮转动情况,确保其转动方向为逆时针方向;拆开压力表连接,目测流量,用拇指轻按出口,旋即释放,正常时应当建压,当释放时有油液喷出,如未正常建压,逐步找寻堵塞点。如果油泵声响异常,由进口隔栅至油泵进油口、各连接部分逐项检查;用其他压力源检查油压表、开关或者更换之;取下出口油管,从后部手动转动转轮,由连接处向油泵内注油(操作时务必切断电源);从后盖处取出油泵,检查主轴和销钉的破坏情况。

(二)低油压或压力持续下降

压力持续下降是指油压在空压机启动时正常,而后在数分钟内持续下降,可能原因是:低油位;进油系统发生堵塞(症状为油泵噪声异常);油泄漏;出油系统发生堵塞;油压表失效;油过滤器失效;油泵失效。

处理措施:加油至正常油位;如果油泵伴有异常噪声,检查油泵进口隔栅;检查油泄漏情况;拆开油压表的连接检查流量,如果无流量,逐级检查油管路和连接,如果流量正常,检查并更换油压表;更换过滤器;更换油泵。

(三)油压波动

如果油压在 0~15 PSI 的范围内持续波动,或者输出较低,同时在空压机停止工作后超过 8 s 仍有压力显示,可能原因是:油液污染;油管路、连接或油过滤器发生堵塞;油泵失效;第三级活塞的穿心螺栓发生松动;第三级活塞发生磨损。

处理措施:换油;检查各级油路、连接、进口隔栅,更换过滤器;更换油泵;取出第三级活塞,紧固穿心螺栓;如果第三级活塞工作不正常,同时将伴有低输出,具体处理措施请参看"低输出"。

(四)油泵噪声异常

在空压机运行过程中,如果油泵发出持续的"咔嗒"声噪声,特别是同时伴有低油压,可能原因是:低油位;进口隔栅发生堵塞;泡沫油;进口管路或连接发生堵塞。

处理措施:加油至正常油位;清洗隔栅,参看"维护检修工艺",在油泵停止工作时,检查泡沫油情况;检查进口管路的堵塞情况和所有的润滑系统中的连接安装正确,同时检查曲柄箱的油路连接情况。

(五)泡沫油

如果发现油液呈泡沫状或其中存在大量气泡,可能原因是:油液中进水;油液品种使用不正确;第三级活塞失效。

处理措施:更换油并找出油混水的原因;检查是否使用的厂家推荐用油,如果必要立即更换;如果第三级活塞工作不正常,同时将伴有低输出,具体处理措施请参看"低输出"。

(六)第一级出口气压低

如果第一级出口气压未达到额定值,可能原因是:第一级进出口阀工作不正常;空气进口滤清器发生堵塞;第一级安全阀、活塞环处或至第二级的管路发生泄漏;至压力表的管路发生堵塞或泄漏;气压表工作不正常;第一级活塞磨损或破坏。

处理措施:清洗并检查阀门;检查空气滤清器;检查各部有无泄漏点;检查至气压表的空气流量;检查气压表,如果必要立即更换;如果输出也很低,更换活塞环。

(七)第二级、第三级出口气压低

如果第二级、第三级出口气压未达到额定值,可能原因是:以前各级的进、排气阀中存在工作不正常状态;安全阀、活塞环处或至下一级的管路发生泄漏;分离器排出口处于开启状态或有泄漏;至压力表的管路发生堵塞或泄漏;气压表工作不正常;当前级或以前各级有活塞环磨损或破坏的状况。

处理措施:清洗并检查阀门;检查各部有无泄漏点;关闭手动排气或检查自动排出系统;如果输出也很低,更换活塞环。

(八)第一级、第二级出口气压高

如果第一级、第二级出口气压超过了额定的限值,可能的原因是下一级的进出口阀门失效,这种状况应通过清洗和检查阀门来排除。

(九)安全阀动作

如果安全阀动作,可能原因是安全阀失效或由于下一级安全阀失效而导致的内部压力升高,超过设定值。此种情况下,应当测试,如果必要,更换安全阀,同时清洗进出口阀。

(十)低输出

如果空压机的输出压力未达到额定值,可能原因是:管路、安全阀或活塞环发生泄漏;进出口阀门失效;分离器排出口处于开启状态或有泄漏;电机转速过低或皮带打滑;进口空气滤清器发生堵塞;活塞环磨损或破坏。

处理措施:在各级带压状态下关闭空压机,检查泄漏点;检查各级内部气压,发现异常,清洗并检查下一级进出口阀门;关闭手动排气或检查自动排出系统;检查皮带张紧度和皮带轮与电机的转速比;更换进口滤清器滤芯,检查进口部分的堵塞情况;更换活塞环。

(十一)空压机过热

如果空压机在工作过程中温度超过额定值,可能原因是:低油位;油液品种使用不正确;冷风循环受到限制;空压机过脏;工作压力过高;环境温度过高。

处理措施:加油至正常油位;使用厂家推荐用油;检查冷风循环受阻原因;遵照维护手册清洗空压机;检查各级内部气压,如发现异常,清洗并检查下一级进出口阀门。确定在厂家规定的最高温度下运行空压机,如果必要,可仅在早晨或夜间运行。

(十二)空压机运行噪声过大

空压机运行过程中如果噪声过大,可能原因是:低油位;低油压;基础安装不适当;转轮失去平衡;内部或外部零件松动、磨损或破坏。

处理措施:加油至正常油位;检查油压表和开关,以及至第四级活塞、前盖之间的各部油路的堵塞情况;检查确定各安装螺栓工作可靠;检查确定转轮上的配重在原标识位置,同时注意转轮上的螺栓的松动和丢失情况;检查外部托架和螺栓的松紧情况,如果估计内部零件出现故障,准备做小修处理。

(十三)活塞缸和阀生锈

如果活塞缸和阀生锈,说明空压机运行工况不正常,对照"操作手册"纠正运行程序。

(十四) 油耗过大

空压机工作期间油耗过大的可能原因是：油液品种使用不正确；管路、垫圈或前密封处出现漏油现象；工作压力过低；活塞环磨损或破坏。

处理措施：使用厂家推荐用油；检查各部泄漏点；如果要求空压机持续工作在低压状态，可咨询厂家调整输出油压。如果输出也很低，更换活塞环。

(十五) 第四级活塞环发生磨损或破坏

可能原因是油没有定期按时更换；低油位；低油压；泡沫油；过热。

处理措施：参照厂家推荐的维护时间表更换油；确保油位在正常的范围之内，在每次操作之前先检查油位；确保油压开关工作正常，参看"低油压或压力持续下降"；参看"泡沫油"；参看"空压机工作过热"。

四、中压空压机压力容器的检修

压力容器检查分为外部检查和内部检查，每年至少要进行一次外部检查，每四年至少要进行一次全部检查。

压力容器外部检查项目：压力容器防腐层及铭牌是否完好。压力容器外表面有无裂纹现象、局部过热现象等不正常现象。压力容器的连接管路焊缝受压元件等有无泄露。压力容器人孔螺栓是否松动。紧固螺栓是否完好，基础螺栓有无松动现象。

压力容器内、外检查项目：压力容器内、外表面开口接管孔有无介质、腐蚀和冲磨现象。压力容器所有焊缝接头过渡区和其他应力集中的部位有无断裂和裂纹，对怀疑的部位应用 10 倍放大镜检查，或采用超声波探伤抽查焊缝。压力容器筒体封头经上述检验后，发现表面有腐蚀现象时，应对怀疑部位进行多处壁厚测量，测量的壁厚如小于壁厚时，应重新进行强度核算，确认可否使用最高压力。对主要焊缝进行无损探伤检查，应对 100% 焊缝做超声波探伤或磁粉探伤。检查以上项目合格后，应进行耐压试验，水压试验为最高额定压力的 1.25 倍，水压试验应保压至少 30 min。外部检查项目可以由设备负责班组完成，内外检验和全面检验由设备负责班组配合压力容器检验部门完成。压力容器承压设备的焊接工作由必须经过考试合格并持有合格证的焊工担任。对压力容器及受压设备的焊接，除焊缝应符合规定外，还应对焊缝做 100% 的探伤。中压空压机压力管道应每月检查一次。检查管道焊缝有无漏气、防腐层是否完好。安全阀定期校验。压力表定期校验。

第三节　低压气系统的检修维护

一、设备简介

设备型号为 EP200 Ⅱ 空气螺杆压缩机 2 台；容积流量：20 m³/min，轴功率：130 kW，质量：3 200 kg，排气压力：0.86 MPa。外型尺寸：2 840 mm×1 760 mm×1 912 mm。出厂日期：1999 年 3 月。

型号为 EP30S 空气螺杆压缩机 2 台。容积流量：3.5 m³/min，轴功率：26.4 kW，质量:610 kg,排气压力:0.86 MPa。外型尺寸:1 245 mm×1 087 mm×1 372 mm。出厂日期:1999 年 5 月。

二、日常检修维护的主要工作

设备检查内容:空压机试启时观察有无异常响声;各级气压是否正常;冷却油位是否正常;排污阀工作是否正常;有无漏油、漏气现象;管路、阀门、安全阀有无漏气;储气罐及管路是否正常。空压机各级排气管路上的安全阀、储气罐上的安全阀应定期进行校验,每年至少一次。

空压机油检查,每天检查一次;每天检查空压机的排气温度;每天检查油分离器压差;每天检查空压机滤芯;油过滤器工作 150 h 应检查,2 000 h 应更换;每工作 1 000 h,应检查温度传感器;每工作 1 200 h,应检查空压机软管;每工作 2 000 h,应检查"V"形皮带/皮带张紧器;每工作 4 000 h,检查、清理油分离器、滤网及小孔;每工作 4 000 h,应检查空气滤清器,如环境脏应频繁更换;每工作 8 000 h,应检查启动接触器;维护驱动电动机润滑;检查分离器罐、排气管路、冷却器等受热、传热设备及部件,清除油垢和积碳物。

三、检修工艺

(一) 空压机的检修工艺

检修工作应统一指挥,遵守安全作业规程,在未搞清设备的结构原理、性能或修理以前,不要乱拆,不需要拆的尽量不拆。检修人员应了解机器的结构和各处零部件的作用,防止忘装、错装和在机器内遗留余物。装拆时要为回装创造条件,拆前应先看标记,没有标记的应补上,标记要清楚,符号要准确。

装配前后的尺寸位置,应切实做好原始记录,以便查找。更换或修理待装的零部件都应进行检查试验,符合要求的方可装配,重要的零部件还应试验检查后才能进行组装。螺母要全拧紧,选择适当的工具,使扭力均匀适当。重要部位应用扭力扳手以测扭力的大小。最好选用厂家到货的专用工具。每个保险销要配齐,忘装保险销的螺母或其他部位,会因松动而引起事故。销子应对准中心,可将调好的机器按规定先扭紧螺母,然后配钻孔再进行装配,决不允许为了对销子孔而松动螺母。拆下的开口销和弹簧垫不可再次使用。

用煤油、汽油清洗气缸时需要特别注意,清洗后应擦干让其挥发后回装,因为这些低燃点的气体遗留在汽缸内有可能在启动时引起爆炸。零件加工面应涂油。清洗后也应涂油防止生锈。拆卸后的零件要按顺序依次放在垫好的指定位置,零部件摆放要平稳并有间隔,不能相互碰撞,轴承的垫片组要包好并写上标记。油管、气管、接头及零部件敞开的空洞要用布包好或盖好。所要检验的零部件要先清洗干净,除去毛刺方可进行。在拆装过程中要尽量避免敲击,最好用专用工具进行拆装。清洗时要特别注意结合面和定位面,要除去上述部件的油污及伤痕,止口面要平整清洁。不要携带与工作无关的物品,如须进行几项工作,应按顺序逐项进行,防止忙乱出错。如发现丢失螺母垫圈、销子等务须全力寻找。拆卸时发现有异物(如部件的堵头、碎片等物),一定要查明原因。对不正常的磨损和损伤,必须先查明原因,再进行处理。低压空压机换油应在空压机启动运行 20 min,使压缩机冷却润滑油预热,再排出要更换的油。排完压缩机油后再启动空压机,使压缩机本体系统内的油回到冷却器,然后排出。在排完油后,加入新油时,应注意加到正常油位,启动空气压缩机,使压缩机本体系统都得到润滑油后,再停机检查。如油位未到正常值,将润滑油加至正常油位。

(二)压力容器的检修

压力容器检查分为外部检查和内部检查,每年至少要进行一次外部检查,每三年至少进行一次内部检查,每五年至少进行一次全面检查。

容器外部检查项目:容器防腐层及名牌是否完好。容器外表面有无裂纹现象、局部过热现象等不正常现象。容器的接管焊缝、受压元件等有无泄漏。紧固螺栓是否完好,基础螺栓有无松动、倾斜现象。

容器内外表面开口接管孔有无介质腐蚀或冲击磨损现象。容器的所有焊缝、接头过渡区和其他应力集中的部位有无断裂或裂纹,对有怀疑的部位应用10倍放大镜检查或采用超声波探伤抽查焊缝。筒体封头经上述检验后,发现表面有腐蚀现象时,应对有怀疑部位进行多处壁厚测量,测量的壁厚如小于最小壁厚,应重新进行强度核算,确认可否使用的最高压力。高压容器的主要螺栓,应逐个进行外形宏观检查。

对主要焊缝(或壳体)进行无损探伤抽查,抽查长度为容器焊缝总长的20%。对高压容器,应做100%焊缝超声波探伤,必要时还应做表面探伤。超声波或射线探伤抽查应合格,若发现有不合格的地方,应再次做100%检查。检查以上项目合格后应进行耐压试验,水压试验为最高压力的1.25倍,气压试验压力为最高工作压力。外部检查项目可以由设备检修班组完成,内外检验和全面检验由检修班组配合压力容器检验部门完成。压力容器、承压设备的焊接工作由必须经考试合格并持有效合格证的焊工担任。对压力容器及受压设备的焊接工作,除焊缝应符合规定外,还应对焊缝做100%探伤。低压空压机压力管道应每月检查一次。检查管道焊缝有无漏气,防腐层是否完好。

安全阀定期校验。压力表定期校验。

(三)低压空压机过滤器旁通/隔离系统的检修与维护

随着压缩空气的杂质不断滤除,颗粒式和聚集式滤芯变得饱和,这种饱和将引起压力下降,可能导致杂质通过过滤器。滤芯必须一年更换一次,或者当信号表完全显示红色、机械指示仪变红时更换。将过滤器下部的壳体从头上拧松拆下。将滤芯从过滤器头上向下拉出,或将滤芯左右摇动,直至松弛拆出。用肥皂和清水清洗壳体中积累的污垢,并完全干燥。在安装新滤芯之前,请将"O"形圈润滑。插上新的滤芯,需用力将其推向过滤器头体并卡牢,滤芯便与头体连在一起,然后安装壳体,壳体拧紧后,其底部的支撑保证了滤芯和过滤器头体之间的密封。

(四)冷冻式空气干燥机的检修与维护

低压空压机制动系统使用冷冻式空气干燥机。冷冻式空气干燥机型号:RS32～RS42。

冷冻式空气干燥机将冷却至冰点之上,以排除压缩空气中的水气,这样增大了空气的相对湿度,以便水和其他液态蒸汽冷凝,冷凝水自动排出。

排出压力管内气体必须切断冷冻式空气压缩机的电源。只能使用湿布擦洗零部件。维护工作要仔细,用干净的布遮盖其他部件和开孔时,不得让脏物掉入。拆下的零部件或用于擦洗的抹布,禁止遗留在冷干机里面。每六个月检查和清洗分离器内部的零件,其方法为拧松水分离器的杯体,用水冲洗以排除杯体内的堵塞物。维护后,检查操作压力、温度和时间设置,只有操作装置和安全装置一切正常,冷干机才能使用。

四、空压机常见故障原因及排除方法

空压机常见故障原因及排除方法见表6-9。

表6-9　空压机常见故障原因及排除方法

常见故障	原因	排除方法
空压机不能启动	没有110/120 V控制电压	检查保险丝、变压器和导线接头
	启动器损坏	检查接触器
	紧急停车	将紧急停车按钮旋到断开位置并连按"SET"按钮两次
	主电机过载	手动将过载继电器复位,并连按"SET"按钮两次
	压力传感器损坏或温度传感器损坏	检查传感器、传感器接头和导线
	没有控制电源	检查保险丝和温度开关
空压机停机	主机温度过高	确保安装区域有足够通风。确保冷却风扇正常工作,如有故障,使控制箱内断路器复位。检查冷却器油位,必要时加注。冷却器滤芯脏,应清洗
	气压高	检查放气阀或最小压力阀是否受阻或无动作
	油池压力低	检查筒体或放气管路是否漏气。检查调整连接进气阀的消音节流器
	压力传感器损坏或温度传感器损坏	检查传感器接头和导线
空气系统含油高、冷却油消耗大	冷却油位太高	检查油位,必要时放油,降低油位
	油分离芯堵塞	检查分离器压降
	油分离芯漏油	检查分离芯压降,如两者已坏,调换
	油分离器回油小孔滤网堵塞	拆下检查,必要时清洗
	空压机工作压力低(0.5 MPa)或更低	以额定压力运行,减小系统负载
	冷却油系统泄漏	检查排除泄漏点

续表 6-9

常见故障	原因	排除方法
空气系统含水量大	水分离器损坏或冷凝水排水阀损坏	检查,必要时清洗,如两者已坏,更换
	冷凝水排放阀或其管道堵塞	检查清洗
	冷却器滤芯脏	清洗
	罩壳面板未装好	重新安装面板
	冷凝水排放管道或排放阀安装不当	让排放管道从排放阀下倾斜安装冷凝水排放阀
	系统未装冷冻或再生干燥机	与维修中心联系
噪声大	"V"形皮带打滑	调节皮带张紧力或调换皮带
	空压机故障(轴承损坏或与转子相碰)	检查
	部件松动	检查并紧固
振动大	部件松动	检查并紧固
	电机或主机轴坏	停机更换
空压机停机	电机旋向不对	检查启动器接头任何两个对调
	主电机过载	检查导线是否松动,检查供给电压
	风扇电机过载	检查冷却器是否脏
	启动器坏	检查启动器内接触器,检查导线是否松动
	无控制电源	检查保险丝和温度开关
系统气压低	空压机在卸载运行	按 UNLOAD 卸载/加载按钮
	控制器起跳压力设定点过低	按 UNLOAD/STOP/停机按钮将起跳压力调高
	空气滤芯脏	检查过滤情况,必要时调换滤芯
	"V"形皮带打滑	调整皮带张紧力
	漏气	检查空气系统管道
	水分离器排水阀打开后卡死	检修
	进气阀未开足	检修并检查控制情况
轴封漏	外部因素	检查本区域其他设备

续表 6-9

常见故障	原因	排除方法
皮带罩上有黑色残留物	"V"形皮带松	调整皮带张紧力
	两皮带轮错位	调整皮带轮
	皮带过度磨损	调换皮带
减压阀打开	空压机运行压力高	调节控制器设点
	阀损坏	更换阀

第七章　水机保护检修维护技术

本章阐述了小浪底工程水机保护设备的巡视、检修和维护的有关内容。

一、水机保护设备概述

水机保护是机组现地控制单元的后备保护,对机组的安全稳定运行意义重大。小浪底水机保护的核心控制部件采用智能控制器 AK3 系列 PLC,PLC 通过工业以太网接入计算机监控系统,可在小浪底计算机监控系统上位机实时监视水机保护状态。

AK3 系列 PLC 是综合式、开放式、智慧化和标准化的控制装置,具有庞大的通信功能体系,带有各种通信方式(如串口、现场总线、局域网等)。它既可作为整个系统的分层式通信网络的通信网关,为当地或远方计算机提供分布式的过程外设,并实现远方控制及开环/死循环逻辑控制,同时它还可以作为独立的自动化控制装置并带有各种输入/输出/通信模板实现各种自动化功能。

二、水机保护事故停机逻辑

(一)水力机械常见故障

(1)轴承(上导、推力、下导和水导)温度升高。

水轮发电机的导轴承大多采用油润滑水冷却方式,通常是由于冷却效果不良(冷却水压低、冷却水中断及润滑油质劣化等)引起的,如果不及时消除,将会引起轴承温度升高,甚至造成烧瓦事故。

(2)事故低油压。

由于机组压油系统的压油泵故障、管路漏油甚至跑油等故障,导致压油系统油压下降,此时一旦发生机组事故,调速器因油压不足,不能及时快速关闭水轮机导水叶,就会引起机组过速甚至发生飞逸,使机组遭到重大破坏。

(3)机组过速。

运行中的水轮发电机突然甩掉所带负荷,由于调速器关闭导叶时间较长和机组转动惯性的作用,将会引起机组转速升高。机组转速超过额定转速,有可能导致发电机部件损坏。

(二)水机保护停机流程

水机保护停机流程分为事故停机流程和紧急停机流程。

(1)事故停机信号为:上导瓦温度过高、下导瓦温度过高、推力瓦温度过高、水导瓦温度过高、发变组保护动作、过速 115%(延时 60 s)。

以上任一个信号动作均会触发事故停机流程,事故停机流程如下:

①同时动作停机电磁阀和落筒阀;②导叶关至空载开度时同时跳 GCB、跳 TCB 及跳灭磁开关。

（2）紧急停机信号为：事故低油压、过速148%、紧急停机按钮。

以上任一个信号动作均会触发紧急停机流程，紧急停机流程如下：

①同时动作停机电磁阀、落筒阀及落快门；②导叶关至空载开度时同时跳 GCB、跳 TCB 及跳灭磁开关。

三、水机保护设备维护内容

水机保护维护内容见表 7-1。

表 7-1　水机保护维护内容

项目	检修内容
巡回检查	1.装置完整，标示清楚； 2.各继电器状态查看，是否有报警信号
小修	1.装置完整，标示清楚； 2.盘内端子紧固，元件无松动、损坏； 3.盘内卫生清扫
大修	1.装置完整，标示清楚； 2.盘内端子紧固，元件无松动、损坏； 3.盘内卫生清扫； 4.盘内各元器件校验； 5.盘内绝缘检查，电气回路模拟试验； 3.联动试验

（一）设备检查

（1）外部检查：装置完整，安装牢固，标示清楚。

（2）内部检查：内部各元件安装牢固，焊接良好，标号齐全，各元件装配正确。端子牢固无松动，配线整齐，绑扎良好，设备与图纸相符。接线正确与设计图纸相符。继电器动作灵活无发卡，接点端正，接触良好，接点无烧损和氧化现象。连接片操作灵活，在投入和信号位置接触良好。按扭操作灵活，接点接触可靠。清扫设备时，一定要小心谨慎，不得用力过大，防止出现断线和损坏设备现象，清扫工具毛刷应是完全绝缘的，防止清扫设备时出现短路和触电现象。用 500 V 摇表测量交流回路对直流回路及交流、直流回路对地绝缘电阻应大于 100 Ω。

（二）继电器检查与检验

外部检查：继电器外部应当清洁干净，型号规格与图纸相符。继电器的外壳和玻璃应当完好，玻璃镶嵌完好。继电器密封良好，外壳安装端正；继电器接线端子齐全。继电器铅封应当完好。内部和机械部分检验。继电器内部应当无灰尘、无油迹、无多余杂物，新出厂的继电器应当有合格证。内部各元件齐全完好、位置正确，固定螺丝无松动，引线焊接良好，电阻电容等参数正确。舌片动作应灵活，中间无卡涩现象，舌片上下间隙合适。继电器轴承应清洗干净，一般不允许用任何润滑剂，前进后退灵活自如。弹簧外形应当均匀，弹簧在变形过程中除两端固定点外，中间部分不应与任何物件相碰，力矩弹簧平面和轴线应垂直。受力时各层间隙应当均匀。触点表面应当干净，无氧化层和烧伤痕迹。处理烧伤痕迹时,应当用细油石或细锉将烧伤痕迹磨平,并用鹿皮或绸布抹净;清除氧化层时,应当用普通纸片、鹿皮或绸布擦磨干净。触点上不应涂抹任何油脂。触点闭合时要保证中心相对,触点要有一定的压缩行程,常开常闭触点转换时一般要先断开后接通,触点在断开时要有足够的距离。动作指示牌及复位机构动作应当灵活可靠。继电器内部的各部分引线对地及各回路之间应当有足够的绝缘距离。继电器的内部接线应与铭牌相符。

绝缘检查:全部接线端子对金属底座和磁导体间的绝缘电阻应不小于 50 MΩ;各线圈对触点及各触点间的绝缘电阻应不小于 50 MΩ;不同线圈间的绝缘电阻应不小于 10 MΩ。测量电压线圈的直流电阻:用万用表 Ω 挡或电桥测量继电器电压线圈的直流电阻,实测数值与厂家值比较,误差应不大于±10%。

极性检验:用极性表或通电试验的办法检查极性关系,极性应当和实际接线一致。中间继电器、时间继电器和信号继电器的试验接线应与实际接线方式相同,信号继电器串接的电阻应用盘柜内实际电阻。

动作值、返回值和保持值检验:启动值误差不大于±3%。返回值误差不大于±3%。中间继电器、时间继电器、信号继电器的要求为:起动电压≤70%额定电压,出口中间继电器的起动电压=(50%~70%)额定电压,返回电压≥5%额定电压,保持电压应不大于 65%额定电压,保持电流应不大于 80%额定电流。

试验记录:继电器的铭牌、出厂编号、型号和规格,继电器的用途、安装位置及在回路中的代表符号,检查结果,缺陷处理,试验日期及试验人员,注意事项。检验中间继电器的起动值时,电压应以冲击方式加入。若继电器在保护回路中串有电阻,应带实际电阻一起试验,试验记录中应加以说明。

连接片检查:连接片应操作灵活,无发卡现象。连接片表面无灰尘、油垢。投入后接触良好。

按钮检查:按钮表面无灰尘、油垢,操作灵活。按钮内部触点无灰尘,触点无氧化层和烧伤现象。按钮的常开和常闭接入通灯测试,操作按钮数次,通灯的接通和断开应接触良好无闪烁。

接线端子检查:检查端子排接线是否牢固,继电器接线是否牢固,如果接线存在松动情况,须重新紧固。

(三)逻辑测试试验

水机保护盘在全部检修完毕后,由运行人员恢复盘内直流电源和交流电源,检修人员检查盘内电源是否正常。模拟试验前应做好安全措施,将出口连片打开,快速闸门在全开位置时,将落快速闸门的接线端子打开,用绝缘胶布包好。模拟试验时应使每个回路和接点都经过检验,在各种可能操作方式和动作情况下,应动作良好,相互配合正确,用通灯检查各出口回路应全部正确。模拟试验完全正确后,设备恢复到试验前状态,清扫现场,工作人员退出现场。工作负责人向运行人员交代检修和试验情况。模拟试验完成后进行联动试验,在盘内做好保护出口安全措施,防止落下快速闸门,相应设备模拟事故信号或从根部短接继电器接点,保护出口继电器接点用通灯监视动作情况。

第八章　电气一次设备检修维护技术

本章阐述了 220 kV 主要电气一次设备的检修维护内容、技术要求、检修工艺、启动试验、注意事项等方面的内容。

第一节　220 kV 断路器的检修维护技术

本节阐述了 220 kV 断路器的结构特点，并规定了检修维护的周期、项目、工艺要求和质量标准以及调试方法。

断路器的小修周期为 1 年。断路器的大修周期没有严格的规定，一般为 5 年。若断路器到期后没有出现异常情况，此间隔还可延长。当事故或预防性试验结果表明确有必要时或断路器动作次数达到 3 000 次时才进行大修。当断路器出现故障时，应随时检修。

小修项目有气压机构清洗、断路器清扫、补气等工作；有关缺陷消除和机构清洗；力整定值校验、调整；微水测量及补 SF_6 气体。

大修项目除小修内容外还应包括：灭弧室、支柱、并联电阻解体检修；气压机构全部解体检修；有关试验及补气；断路器的缺陷处理；压力表、密度继电器校验；有关技术改进项目。

断路器结构参数见表 8-1。

表 8-1　断路器结构参数

序号	项目	单位	结构参数
1	动触头运动行程	mm	230^{+2}_{-5}
2	动触头运动接触行程	mm	270^{+2}_{-2}
3	气动机构型号	—	CQ6-I
4	气动机构活塞行程	mm	140^{+1}_{-3}
5	气动机构活塞过冲程	mm	$6^{+1}_{-0.5}$

SF_6 气体压力参数如表 8-2 所示。

表 8-2　SF$_6$ 气体压力参数

序号	项目	单位	技术参数
1	额定冲气压力	MPa	0.60
2	补气报警压力	MPa	$A = 0.55 \pm 0.03$
3	补气报警解除压力	MPa	$L = A + 0.03$
4	断路器闭锁压力	MPa	$B = 0.50 \pm 0.03$
5	断路器闭锁解除压力	MPa	$M = B + 0.03$

空气操作压力参数如表 8-3 所示。

表 8-3　空气操作压力参数

序号	项目	单位	技术参数
1	额定操作空气压力	MPa	1.50
2	最高操作空气压力	MPa	1.65 ± 0.03
3	空气压缩机启动压力	MPa	1.45 ± 0.03
4	空气压缩机停止压力	MPa	1.55 ± 0.03
5	断路器闭锁操作空气压力	MPa	1.20 ± 0.03
6	断路器解除闭锁空气压力	MPa	1.30 ± 0.03
7	自动重合闸操作循环闭锁信号空气压力	MPa	1.43 ± 0.03
8	自动重合闸闭锁信号解除空气压力	MPa	1.46 ± 0.03
9	二极安全阀动作压力	MPa	$1.7 \sim 1.8$
10	二极安全阀复位压力	MPa	$1.45 \sim 1.55$

SF$_6$ 气体压力—温度特性图见图 8-1。

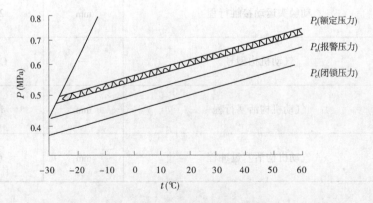

图 8-1　SF$_6$ 气体压力—温度特性图

一、解体检修的一般工艺程序

(一)断路器解体检修的程序

如有必要,先测量断路器机械特性,做好安全措施与准备工作,用气体回收装置抽气,气体回收精炼。用高纯氮冲洗两遍,开启封盖。解体灭弧室。用真空吸尘器吸除粉尘。清洗零部件处理缺陷。绝缘件干燥、烘干。组装灭弧室及支柱。充 SF_6 检漏,单件抽真空合格。微水合格,先充 SF_6 0.5 bar。重复抽真空干燥,充 SF_6 气体,先测 SF_6 气体,微水检漏合格,机械特性试验及调整。最后检查。电气预试。

上述程序进行的同时,可进行气动操作机构的检修。

在施工现场除准备必要的器具、设备外,还应做好防尘、防潮的措施。灭弧室、支柱、并联电阻的解体应在专用净化间进行,该净化间应具备干燥、除尘、除湿、温控、通风等性能。断路器的现场拆卸应在晴天、相对湿度小于80%的天气进行。

气体回收装置应经专门训练、熟悉操作方法的人员保管使用。使用前应确认回收装置各部分均处于良好状态,使用时严格按说明书执行,绝对禁止误操作,以防发生对 SF_6 气体纯度的污染或 SF_6 气体外泄造成周围环境的污染。

解体检修后的组装按检修工艺执行,在整个工作中要注意清洁工作,要防止灰尘、水分、纤维异物留在内部,工作人员严禁戴手套工作,封盖装吸附剂前一定要有专人负责最后的清扫吸尘工作;每次工作要有复查工作,复查工作应指定专人负责,特别要复查内部螺丝的紧固情况。

(二)润滑脂及密封脂的选择使用

断路器灭弧室及并联电阻室内机械可动部分的润滑及电接触润滑应选用不与 SF_6 分解气体反应、性能稳定、润滑良好的润滑脂,一般可选用 FL-8 聚三氯乙烯润滑脂,其内部不能用含硅的合成脂。使用润滑脂涂层不能太厚。所有"O"形密封圈及法兰面均应涂密封脂,其目的是防锈,防止橡胶圈老化,增加密封的可靠性与寿命,密封脂选用上述 FL-8 聚三氯乙烯,应避免硅质进入"O"形密封圈内侧与 SF_6 气体接触的部位。

(三)密封面的检修维护的要求

密封槽面不能有划伤痕,密封槽面及法兰平面不能生锈。密封槽面的加工应符合工艺要求。

密封面组装顺序:用丙酮或香蕉水清洗密封面及槽。用无纤维的高级卫生纸反复擦几遍,直到确认清洁。认真检查、确认密封面及槽内无任何纤维异物。用无纤维的高级卫生纸擦"O"形密封圈,要对"O"形密封圈检查试放,确认良好,不准用汽油清洗,但可用酒精擦。分别在槽内及密封面涂适量的密封脂,在"O"形密封圈上也涂适量的密封脂,然后放入槽内,硅质不能流入与 SF_6 气体接触部位。专人检查"O"形密封圈放置位置正确良好。用过的"O"形密封圈应当更换。

(四)抽真空的技术要求

抽真空是断路器现场安装维护、降低含水量的关键措施,各项技术要求务必切实做到。吸附剂从干燥装置内取出至安装完毕,在大气中暴露时间应尽量缩短,一般不应超过15 min,吸附剂安装完毕到开始抽真空的时间一般不超过30 min。抽真空要有专人负责,绝对防止误操作而引起的真空泵油倒灌事故。抽真空到 40 Pa 停泵 0.5 h,在真空表上读出 A 值,再停 5 h,读出 B 值,若 $B-A \leq 133$ Pa 则合格,再抽真空至 A 值。若 $B-A > 133$ Pa,则应找出原因采取措施后,重复上述操作,直至合格。

充 SF_6 到额定压力[充前检测 SF_6 气体中的水分含量,其值不应小于 65 ppm,至少停 24 h 后,可检测 SF_6 气体中的水分含量,其值不超过 200 ppm(V/V)]。

二、断路器本体的检修及调整

检修时必须安装分闸和合闸防动销。检修或测量操动机构时,必须释放压缩空气罐内的压缩空气。解体灭弧室前必须将其中的 SF_6 气体回收至 -0.1 MPa,解体时操作人员应戴防毒面具。灭弧室吊装时,其内压不得超过 0.05 MPa。准备再次装入断路器的零部件必须做好防雨、防尘保护。

(一)安装基本流程

断路器安装顺序和内容如图 8-2 所示。

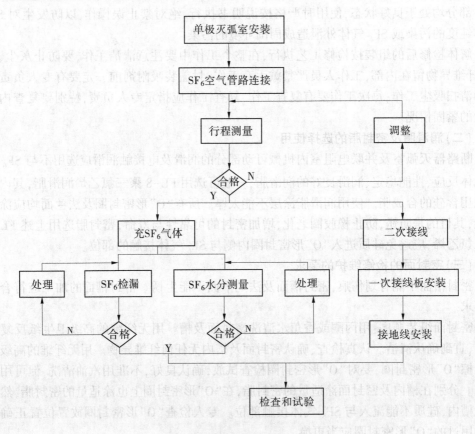

图 8-2　断路器安装顺序和内容

(二)单极灭弧室起吊

在单极灭弧室顶部对称系紧尼龙绳,利用灭弧室底部的保护弯板进行水平至竖直状

态的翻转。采用的工具、材料:2~3 t 尼龙吊绳;M16 开口扳手。单极灭弧室起吊示意图
如图 8-3 所示。

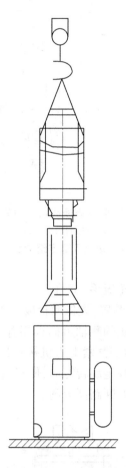

图 8-3 单极灭弧室起吊示意图

单极灭弧室竖直起吊后,观察其是否完全与地面垂直,如果完全垂直,取下保护弯板,
解开保护阀门的小弯板和塑料薄膜,进行下部安装,否则进行调整,甚至重新起吊。

(三) 单极灭弧室安装

工具、材料:M16 开口扳手;挡圈钳;黄油,餐巾纸。

如图 8-4 所示,使灭弧室轴线与相应顺序的机构箱顶板法兰中心线重合在同一轴线
上,缓缓落下灭弧室,SF₆ 阀门必须正对操作者,并注意小心落入机构箱内。再使 6 个
M16 的螺杆全部进入顶板法兰的相应孔内,并缓缓落下灭弧室,当距顶板法兰面 2~5 mm
时停下。

利用手动操作装置移动连板的位置,进行轴销连接,必要可将直动密封杆向下拉出
一点。

以上工作完成后,使灭弧室平稳落至法兰面上,先预紧螺母,再松开吊绳,最后对称紧
固所有螺母。

重复以上工作,使三极灭弧室按各自相序就位(断路器相序与电力系统相序无关)。

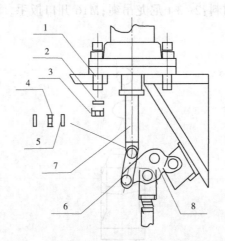

1—螺杆 M16;2—垫圈;3—螺母 M16;4—轴销;5—轴用挡圈;

6—连板;7—直动密封杆;8—拐臂

图 8-4　单极灭弧室结构示意图

(四)手动操作装置的安装

工具、材料:手动操作装置;棘轮扳手;黄油。

按照图 8-5 所示安装手动操作装置,先将棘轮扳手 2 装在手动操作杆 3 的六方上,然后将滑块 4 从螺纹端拧入,直至滑块的测轴可插入拐臂 6 的上孔。将滑块侧轴插入拐臂上孔后,旋转操作杆,直至操作杆顶部紧紧卡入机构箱顶部的凹部。装配完成后,人力前后摇动棘轮扳手上的方向销,可以规定旋转方向,使气动机构操作部件缓慢上下运动。顺时针转动,断路器合闸;反时针转动,断路器分闸。

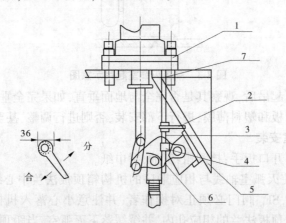

1—本体部分;2—棘轮扳手;3—手动操作杆;

4—滑块;5—机构箱;6—拐臂;7—机构箱顶板凹部

图 8-5　手动操作装置结构示意图

(五)SF_6 管道连接

采用的工具和材料:M10 开口扳手;无水酒精,餐巾纸;气体密封胶。

取图 8-6 中阀 E 的盖板。用无水酒精擦净阀门、SF_6 气管法兰的连接面,以及"O"形圈

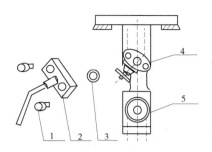

1—螺栓 M10×20;2—气管法兰;3—"O"形圈 ϕ 22×2.4;4—阀 E;5—阀 D

图 8-6　SF$_6$ 管道连接示意图

ϕ 22 ×2.4。将密封胶(DO5)涂在阀门的密封槽内,装入"O"形圈,用螺栓 M10 ×20 连接气管。

(六)压缩空气管路的连接

工具、材料:开口扳手 M30;钢锯;钢锉;砂纸、抛光网;酒精、餐巾纸。

无论是三通接头还是直角接头,其密封连接的原理和结构均相同。如图 8-7 所示,当螺母拧向接头时,螺母内侧锥面推动卡套向前,卡套前端被卡入接头喇叭口内,随着螺母的继续拧动迫使其前端直径变小,嵌入钢管外表面,从而在卡套与接头之间、卡套与铜管之间均形成密封结构。根据实际尺寸锯取钢管,并对铜管两端端面、外表面修平、抛光。用酒精餐巾纸清洗接头的各部件和铜管的内外表面。管路安装完成后,应进行固定。

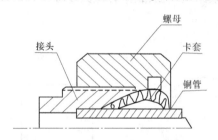

图 8-7　压缩空气管路连线示意图

(七)充 SF$_6$ 气体

工具、材料:冲气管;各种扳手;餐巾纸,无水酒精。

如图 8-8 所示,打开阀 D 堵头,灭弧室出厂前已抽过真空,并充入 0.04 MPa 的 SF$_6$ 气体,现场不需再抽真空。打开检查口的螺栓(松动即可),利用灭弧室内原有的 SF$_6$ 气压,吹除管道内的空气,然后关闭检查口。拆下 SF$_6$ 气瓶堵头,与气管接头 B 连接,并紧固。气管接头 A 与阀 D 连接时,先留出一个间隙,先后打开 SF$_6$ 气瓶阀门和减压阀,用气瓶内的 SF$_6$ 气体吹出气管内空气后关闭减压阀,迅速拧紧接头 A。连接接头 A 与 D 时,其"O"形密封圈不涂密封胶。完成以上工作后,打开阀 D,调节减压阀和气瓶阀门,使减压阀出口压力保持在 0.2~0.6 MPa。观察断路器的 SF$_6$ 压力表,当压力表达到压力—温度特性规定的压力值 P_r 后并略高 0.02~0.03 MPa;先关闭阀 D,再关闭气瓶阀门和减压阀。取下气管接头 A,安装阀 D 堵头(小心密封圈脱落),充气工作完成。

注意:皮管干燥;铜管清洁。

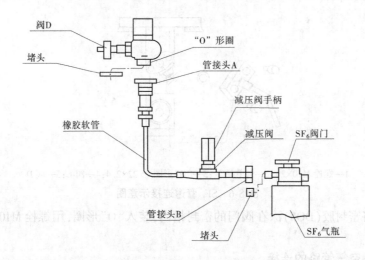

图 8-8 充 SF_6 气体示意图

(八) 接线板安装

工具、材料:M16 活扳手,400 号砂纸,无水酒精,导电接触纸,餐巾纸。

如图 8-9 所示,根据母线连接的实际需要,在接线板上配钻安装孔。用 400 号砂纸抛光接线板和断路器接线法兰相应接触面。用无水酒精清洗有关接触面后,涂抹 Z 型导电接触脂。用螺栓 M16×40 紧固接线板,紧固力矩为 120 N·m。用以上同样方法连接接线板与母线。

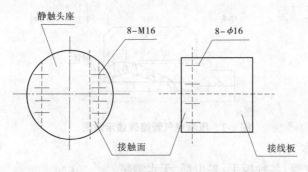

图 8-9 连接板安装示意图

三、断路器的调整

(一) 行程测量

行程测量前,应切断所有控制电源、电机电源。压缩空气罐内不应打入高压空气。行程参数应符合表 8-4 规定,行程测量操作顺序如下:

表 8-4　行程参数

装置	项目	代号	技术要求	测量设备
灭弧室	触头行程	$A_1 - A_3$	230^{+2}_{-3} mm	直尺、卷尺、检验灯
	触头接触行程	$A_2 - A_3$	27^{+2}_{-2} mm	
操动机构	机构活塞行程	$B_3 - B_1$	140^{+1}_{-3} mm	直尺、卷尺
	机构活塞过冲程	$B_1 - B_4$	$6^{+2}_{-0.3}$ mm	

用手动操作装置,使断路器分闸。在分闸过程中,观察断路器有无卡滞现象。手动操作力,是随分闸行程逐渐增大的。至分闸位置时,可看到分闸保持掣子扣住了轴,此时使断路器合闸,可感到手动操作装置松动,而断路器并不合闸,此位置为分闸位置,测量出 A_1、B_1。

在分闸位置,手动操作装置略有松动的情况下,用力下压合闸铁芯杆,使分闸保持掣子脱扣,然后手动合闸,同时上下接线端之间接一校验灯(或蜂鸣器),当校验灯刚亮(或蜂鸣器刚响)时,即为刚合位置,测量出 A_2。为了准确测定,可反复测量。继续手动合闸,直至手动操作装置松动,即为合闸位置,测量出 A_3、B_3。

使断路器再次分闸,到达分闸位置后,继续向下运动,由于此时在测量断路器极限位置,手动操作棘轮扳手时,不得使用加力杆,直至机构活塞杆不能运动,测量出 B_2(熟练后,可在第一次手动分闸后就进行测量)。

按表 8-4 进行有关计算,并与技术要求比较,检查其是否合格。

(二)行程调整

一般情况下,行程是合格的,并不需要调整。超行程不合格的主要原因是单极断路器的灭弧室与机构箱相序不对,如果发现这种情况,应尽可能按相同相序灭弧室和机构箱安装。

如果断路器的 SF_6 气管已经连接,灭弧室内已重新充入 SF_6 气体,则相序调整就比较麻烦,须重新测量行程,若行程不符合要求,需重新调整。具体方法是:用 770 N·m 力矩扳手松开双头螺杆的锁紧螺母(右旋和左旋);锁紧螺母上如有紧定螺钉 M6×6,应事先拆除;顺时针转动双头螺杆,则超行程减小,逆时针转动则超行程增大;调整合格后再用原力矩紧固。

(三)分、合闸电磁铁配合间隙的检查

分、合闸电磁铁的配合间隙,现场一般不需进行调整,但为避免有误,现场应进行复查和确认,复查间隙的参数要求见表 8-5,检查方法如下:

表 8-5　复查间隙的参数要求

项目	参数	代号	技术要求	测量设备
分闸电磁铁	铁芯运动行程	ST	2.0~2.4 mm	塞尺、塞规
	铁芯撞头与脱扣器间隙	GT	0.5~0.9 mm	
	配合间隙差值	ST、GT	1.5~1.7 mm	
合闸电磁铁	铁心运动行程	SC	4.5~5.5 mm	塞尺、塞规
	触发器与脱扣器间隙	GC1	2.0~3.5 mm	
	触发器与防跳杆间隙	GC2	1.0~2.0 mm	

测量分闸电磁铁配合间隙时,断路器必须处于合闸位置,操动机构应插入分闸防动销(最好释放掉压缩空气罐内的压缩空气)。

测量合闸电磁铁配合间隙时,断路器必须处于分闸位置,操动机构应插入合闸防动销。

(四)分合闸电磁铁配合间隙的调整

尽管电磁铁的配合间隙很少出现偏差,但为方便使用,还需叙述其调整方法。

ST:松开螺母 A,对称拧紧螺钉 A,调整限位尺寸。

GT:松开螺母 B,拧紧铁芯杆,移动铁芯撞头位置。

SC:方法与调整 ST 类似。

GC1、GC2:方法与调整 GT 类似。

由于各电磁铁芯配合间隙是相互联系的,所以每调整一个间隙,就应复检其相关间隙,直至全部合格。最终再用锁紧螺母锁紧所有松开的螺钉和铁芯杆,并涂防松胶。

(五)SF₆ 气体的检漏

用 SF₆ 气体检漏仪对断路器灭弧室的各个密封面以及 SF₆ 管路进行检测,如果未发现漏点,则认为断路器漏气率合格;如果发现漏点,用塑料薄膜进行包扎,放置 24 h 后,检测塑料薄膜内的 SF₆ 气体浓度,并根据所包扎的体积进行换算,换算后的年漏气率不应超过 1%。为便于计算,塑料薄膜的包扎形状应尽可能规则。

(六)SF₆ 气体微水测量

按照测量仪器的要求进行有关操作,连接好检查口螺母,使用两把扳手(防止管道变形),打开阀门时应缓慢拧动,测量完成时关闭阀门,拆下测量仪器,将检查口螺母拧紧后,打开阀门。断路器投运前 SF₆ 气体水分含量不应超过 150 ppm。

(七)压缩空气漏气率测量

启动空气压缩机进行打压,直至压缩机自动停机后关闭压缩机电机电源开关 8A 或 8D,待 10 min 后使压力稳定,记录空气压力表中的压力值,再过 24 h,进行压力复查,其气压降不应超过 10%,如果每天温差变化不大(小于 5 ℃),可进行 12 h 复查,压降不应超过 5%。

(八)SF_6密度继电器和空气压力开关的动作值的检查

关闭灭弧室阀门,使用万用表测量 SF_6 密度继电器有关接点的通断情况,慢慢打开检查口,使 SF_6 管路中 SF_6 气体缓缓下降,可测出补气压力值和 SF_6 闭锁压力值。关闭检查口,打开阀门,使灭弧室内 SF_6 气体缓慢进入气管,管路中的 SF_6 气压逐渐上升,可测出补气报警解除压力值和 SF_6 闭锁解除压力值。

关闭空气压缩机电机电源 8A 或 8D,用万用表测量空气压力开关有关接点通断情况,打开排水阀,使压缩空气罐内的气体逐渐释放,压力缓慢下降,测量重合闸闭锁信号压力和空气闭锁压力。关闭排水阀启动压缩机,可测出相应的解除压力值。接通压缩机电机电源 8A 或 8D,直至其自动停机,记录停机压力,然后打开排水阀,使压力下降,直至压缩机重新启动,记录启动压力。用螺丝刀强行按下电机控制回路中的接触器 88ACM(或 88DCM),进行强制打压,直至安全阀动作泄压,记录安全阀动作压力和复位压力。

(九)安全阀的调整

安全阀为弹簧储能型,可以通过调节弹簧力和排气孔与阀座间的距离进行整定。在最大工作压力时,完全打开。在额定压力时,重新关闭。向右(顺时针)旋转调整螺栓即可增加打开排气压力,向左(逆时针)旋转就降低其压力。向右旋转气缸即可增加重新关闭压力。这样完全打开压力和重新关闭压力之间的压力差变小。

按上述方法调节压力差,由于向右旋转气缸,弹簧力减小。要增加完全打开压力时应再次压缩弹簧。为了将安全阀整定在规定的压力值,必须反复进行数次调整。安全阀调装好后,切不可忘记锁紧安全阀活塞上的锁紧螺帽,否则可能引起泄漏。

安全阀是保护装置之一。除紧急情况外,很少动作。但是每年至少要对安全阀检查一次,并验证它动作是否正确。

(十)主回路电阻的测量

断路器处于合闸状态。用回路电阻测试仪测量灭弧室上下接线端子之间的回路电阻,其值不应超过 42 $\mu\Omega$。

(十一)绝缘电阻测量

用 1 000 V 摇表,测量主回路接线端子间和主回路对地的绝缘电阻,其测量值不小于 2 000 MΩ。用 500 V 摇表,测量辅助回路对地绝缘电阻,其测量值不小于 2 MΩ。

四、断路器的定检与 SF_6 气体处理

(一)断路器 SF_6 气体处理

将须检修的断路器外表清扫干净,并保持工作现场洁净;将回收装置的电源气体管路连接好,并接于须处理的断路器充气口,且将所有的阀门关闭。启动回收装置,检查真空泵、空压机、冷却器、加热器工作是否正常。关闭回收装置,再启动真空泵,对空压机、储气罐、各管路进行抽真空并检查管路连接是否有问题;检查无误后关闭阀门并关闭真空泵;启动空压机冷却,并打开需处理断路器的充气阀门对断路器内部 SF_6 气体进行回收。当断路器 SF_6 压力表为零时,即 SF_6 回收完毕,分别关闭断路器充气阀门;将高纯氮气经减压阀、断路器充气阀门对断路器充高纯氮;当充入高纯氮压力为 9.8×10^4 Pa 时关闭阀门。打开阀门,对断路器内部氮气进行回收;当将氮气回收完后,再启动真空泵将断路器

抽真空;重复 3 次对断路器内部利用高纯氮清洗。打开断路器 4 个检修入人孔盖,并且工作人员撤离现场 30 min 及以上。用检测仪检测断路器内部含氧量(不低于 18%);拆取原吸附剂,并真空吸尘器吸取断路器内部分解的金属粉末,对取出的吸附剂及金属粉末,做妥善处理;用酒精对内部元件进行清洗,并检查各元件的烧伤和磨损情况,且做好记录,对法兰面、吸附剂装置进行清洗。

检查内部无尘洁净后,对检修孔盖上吸附剂,且迅速对断路器抽真空并合格。向断路器内充入经检验合格的高纯氮约 0.05 MPa。用微水检测仪测氮气含水分量,应合格;重新用真空泵对断路器抽真空;向断路器内部充入合格的 SF_6 气体约 0.05 MPa(注:如回收的气体经检验合格也可);用微水检测仪测 SF_6 含水量;用包扎法检测密封是否泄漏;将检修的断路器补气到现场环境所对应的 SF_6 额定值;对断路器进行检漏和测微水试验;恢复操作空气压力,取去合闸闭锁销,恢复控制电源。

(二)断路器定检

对断路器外部进行清扫;检查接地端子和其他装置拧紧状况;检查是否有非正常噪声;检查组件的锈蚀和损坏。

检查气体进气口的封闭盖子;对各连接面进行包扎检漏;对 SF_6 气体进行微水检测。

进行 SF_6 气体压力和温度的测量;检验气体截止阀的分合位置及管路阀门情况;检验气体压力开关的整定值。

记录检查空气压力;检验空气压力开关的整定值;检查储气筒的放水、储气泄漏情况。

检查门的密封性能;检查内部各元件的情况;检查缓冲器情况;检查辅助开关触头;检查位置指示器;检查记数器操作次数;检查加热器及其他辅助件情况;检查联锁、防跳、辅助、控制装置的动作性能;检查控制回路、CT 回路的接线和端子紧固性。

第二节　220 kV 隔离开关的检修维护技术

本节阐述了 220 kV 隔离开关的结构特点和检修维护周期、项目、工艺要求和质量标准,以及调试方法等。

一、220 kV 隔离开关的结构特点和主要技术参数

220 kV 隔离开关为 GW10-220 型,操作机构为 CJ6-I 型机构系电动机驱动,通过机械减速装置将力矩传递给机构主轴,安装时借助于钢管连接使隔离开关或接地开关分合闸。机构由电动机、机械减速传动系统、电气控制系统及箱体组成。电动机为三相交流异步电动机,型号为 ys90s4。

机械减速系统包括齿轮、蜗杆、蜗轮及输出主轴,蜗杆端部为方轴,以便装手柄进行手动操作,为使传动灵活和提高机械可靠性,在蜗杆两端支承处装有滚动轴承。蜗轮与输出轴采用花键联结。

电气控制系统包括电源开关(断路器)、控制按钮(分、合、停各一个)、接触器、远方就地选择开关、行程开关、辅助开关、照明灯、加热器、手动闭锁开关、接线端子,以及照明灯和加热用旋钮开关。辅助开关为 F9 型,供用户电气联锁及信号指示用。为避免电动机因

意外故障而过载烧坏,本机构装有断路器或加热器对电动机进行保护。为保证手动操作人员安全,本机构在装手柄处设有手动闭锁开关,当插入手柄时,闭锁开关的常闭触点自动断开,切断电源,以防止手动时电动机突然工作使手柄旋转伤人。为防止箱内电气控制元件受潮和在寒冷情况下操作,机构箱内装有一个 100 W 的电阻加热器,由旋钮开关控制,供运行人员在必要时使用。为方便运行检修人员工作,机构箱内还装有照明灯座,由旋钮开关控制。

220 kV 隔离开关技术参数如表 8-6 所示。

表 8-6　220 kV 隔离开关技术参数

项目名称		参数	型号	
			GW7-220W	GW10-220W
额定电压		kV	220	220
最高电压		kV	252	252
额定电流		A	2 500	2 500
热稳定时间		s	3	3
热稳定电流(有效值)		kA	50	50
动稳定电流(峰值)		kA	125	125
1 min 工频耐压(有效值)	对地	kV	395	395
	断口		460	460
雷电冲击耐压(峰值)	对地	kV	950	950
	断口		1 050	1 050
接地开关	热稳定时间	s	3	
	热稳定电流(有效值)	kA	50	
	动稳定电流(峰值)	kA	125	
接线端允许拉力	纵向	N	2 000	2 000
	横向		660	770
额定频率		Hz	50	50
开断电容电流		A	1	0.6
开合母线转换电流		A	2 500	2 500
开断感性小电流		A	0.5	0.5
单级质量		kg	1 100	

电动机操动机构技术参数如表 8-7 所示。

表 8-7　电动机操动机构技术参数

序号	项目		技术参数	说明
1	电动机	额定电压	AC 380 V	
		额定功率	1.1 kW	
		额定转速	1 400 r/m	
2	分合闸控制线圈	电压	DC 220 V	
		电流	≤5 A	
3	加热器电阻功率		100 W	
4	照明灯		AC 220 V　15~40 W	
5	辅助开关极数			
6	主轴转角		180°	
7	操作时间		8s,4 s	
8	输出转矩		1 200 N·m,700 N·m	
9	机构质量		100 kg	

二、检修维护周期和主要内容

隔离开关的小修周期为 1 年。

隔离开关的大修周期没有严格的规定,一般为 5 年。若隔离开关到期后没有出现异常情况,此间隔还可延长。

小修项目:清除瓷瓶表面灰尘。擦净触头接触面并涂中性凡士林。机械传动部分涂润滑油。

大修项目:清除瓷瓶表面灰尘。传动机构清洗并涂润滑油。上导杆、下导杆抽杆检修。隔离开关的缺陷处理。

三、隔离开关的检修及调整

(一)隔离开关的拆卸

隔离开关的拆卸顺序与组装顺序相反。拆卸过程中,要注意各零部件的相对位置、标准件的规格。拆卸时,应使隔离开关处于合闸位置,以免弹簧作用使闸刀弹开伤人。GW10-220 型开关拆卸上下导电杆时,需用斜铁将有关零件的缺口楔开,拆下定位销后方可卸下导电杆。当需要取下弹性圆锥销,可用等距的圆柱体冲击,若一处有两个弹性销时,应先取出里面的,后取出外面的。拆卸时不要碰伤导电接触面和镀银层。

修后装复时,所有运动部位应润滑,导电面涂薄薄一层工业凡士林。对铝与铝接触的非镀银导电面,由于氧化极快,故应先涂黄干油,以钢刷按网络方式往复摩擦,然后用干净的布擦净表面,迅速涂薄薄一层工业凡士林,并立即进行装配。

(二)隔离开关的检修

更换已损坏的零部件;所有导电接触面用金相砂纸除去氧化层。组装单个零部件时,所有滑动、转动部分均涂润滑油脂。

(三) GW10-220 隔离开关的安装及调整

静触头的安装调整:组装时,应考虑安装地点的大气条件(如风、冰冻等)的影响,以便确定静触头的安装位置,保证在各种自然条件下,动静触头接触良好,接触范围满足如下要求:剪刀下端为下限位置,距下端 100 mm 为正常位置,距下端 250 mm 为上限位置。当需要用铰链连接在截取铝绞线时,应注意在切断口的两侧用细铁丝扎牢,以防松股,并在切断面涂漆加以保护。连接件用螺栓紧固后,再卸掉细铁丝。将 3 个单级开关的底座固定在同一水平基础构架上,在轴承的操作轴上带有圆盘法兰的底座固定在 B 相(操作极),固定底座前应用水平仪较平底座上平面,以免造成瓷瓶安装后倾斜。

瓷瓶的安装:安装前,应测量高度,使各级隔离开关的支柱基本一致,并应保证瓷瓶中心线垂直于底座平面,可以加薄垫片进行调整,其偏差高度不宜大于 8 mm,且瓷瓶组装后,每极的支柱瓷瓶顶部应高于旋转瓷瓶顶部 25~30 mm。

导电闸刀的安装:按要求放置吊索,吊装导电闸刀。就位后,检查安装位置正确后方可拧紧固定螺栓,然后卸掉吊索。

(四)接地开关的安装与调整

将接地开关的导电闸刀插入底座的夹紧块上。插入前,应将底座板上的扭转弹簧(形状似眼镜)卸掉。使导电杆上的缺口恰好置于钩板上,然后再装上扭转弹簧,并使其压住导电杆。最后将导电杆举到合闸位置,装上合闸弹簧。固定平衡弹簧的轴销上有一套环,它应该安装在内侧,安装接地导电杆前,应用细纱布将结合面砂光,然后迅速涂上很薄一层工业凡士林,再插入夹紧块中。

松开动触头的顶部螺栓,调整动触头插入接地开关导电杆的深度合闸位置,使合闸时动触头先接触静触头的限位(长触片),然后上升插入静触头。

接地开关在合闸位置时,若动静触头中心不吻合,可调整底座上接地开关转轴。调整前先松开转轴上固定环,依靠增减接地开关导电杆侧支架上的尼龙垫圈数量达到调整目的。在正常位置,底座中心与接地开关导电杆中心距为 220 mm。

当接地开关能正常分合闸时,在分闸位置,杠杆上限位螺栓端部应压住导电杆。

(五)操动机构的安装与调整

电动机操动机构固定在便于用手操作的操作极基础构架上,并使操动机构置于分闸位置的终端,然后顺时针方向(合闸方向)再摇回半圈,用连杆、接头、万向接头连上隔离开关主轴(注意不要漏装联动杠杆),固定其螺栓,并将应焊接处焊接上。操动机构与隔离开关主轴之间的传动连杆的长度应以该管可分别插入上下插头且插头深度在 20 mm 左右为准。松开固定导电杆的夹板,用手动操作几次隔离开关,若分合正常,且手动分合闸操作力基本均匀,分合闸位置正确后,再进行电动操作。

当分合闸操作力不平衡时,在刀闸处于合闸状态时进行调整。打开盖板,用 8 mm 圆钢插入调节螺纹套的孔中,若分闸力大于合闸操作力,则逆时针方向调整螺纹套,即释放弹簧;若合闸力大于分闸操作力,则顺时针方向调整螺纹套,即压紧弹簧。调整后,再用手操作几次,检查分合闸操作力是否基本均匀。若差别很大,则需继续调整,直到基本平衡。

在隔离开关合闸位置调整限位螺栓,使连杆稍过死点。并调整螺杆,在分合闸位置到位时,下导电杆应处于铅垂位置。此时,该连杆两端轴销中心距在 425±10 mm 范围内。调整定位件,使分闸时对刀闸底座的冲击力最小。

由于支柱瓷瓶上端面的不平,有可能造成导电闸刀在隔离开关横向倾斜,此时必须在导电闸刀的基座下加垫片调整。

(六)机械联锁部分的安装

机械联锁部分在主闸刀处于合闸时,接地开关闸刀不能合闸,而当接地开关闸刀处于合闸时,主闸刀不能合闸,当不能满足时,可调整底座上的联锁传动杠杆。

(七)三级联动调整

三级联动是通过每极底座操作轴上所装的联动杠杆实现的。当操作极按前述方法调整结束后,用拉杆接头将操作极与任意一非操作极相连。拉杆的长度根据极间距离定,拉杆的两侧,一侧为左旋接头,一侧为右旋接头,在截取拉杆后,用焊接的方法与拉杆焊接起来。在隔离开关分或合的位置,用手柄操动隔离开关和接地开关,通过调整拉杆的长度和联动杠杆的起始位置,即可实现各极分合闸位置的正确性以及合闸同期性。当不能满足要求时,按前述方法调整隔离开关导电闸刀和接地开关,直至满意。

然后脱开已调整好的两极拉杆,重复上述方法,使操作极与未调整的另一极相连,再进行调整。三级全部调整结束,将三级拉杆全部连上。最后在所有连动杆配钻,打入圆锥销,并紧固所有固定螺栓。极间连动杠杆在调整结束后,若认为有必要,也可配钻后打入圆锥销。

(八)安装调整后的检查

将3个单级开关的底座固定在同一水平基础构架上,经调整使三级接地开关的转轴在同一中心。在地面将支柱绝缘子与导电闸刀、静触头、接地触头装好。将支柱绝缘子装在底座上,支柱绝缘子应垂直于底座平面,可以加垫调整。保证动、静触头对齐和正确接触,每处加垫厚度不超过 3 mm,合闸后,导电闸刀的动触头与静触头间隙为 30~50 mm。

隔离开关主闸刀和接地开关,分别用手操动 3~5 次,应操作平稳,接触良好,分合闸位置正确。接通电源,在电动机额定操作电压下操作 5 次,在电动机85%、110%额定电压下分别操作 3 次,应分合闸正常,动静触头接触良好,无异常现象发生。主闸刀合闸时,动触头与静触头杆应接触良好,同时测量主回路电阻(上下出线端子之间),直流 100 A,不大于 105 μΩ。接地开关动静触头在合闸后应接触良好,动触头插入深度不小于 40 mm,每片均应接触,当不能满足时,可稍微调整一下动触头。三级合闸同期性之差异不大于20 mm。测量方法:当任意一极的动触头两侧触片均与静触杆接触时,测量另外两极动静触头之间的距离(以两侧动触片距静触杆距离的平均值为准)。

检查所有转动、传动等具有相对运动的部位是否润滑,所有轴销、螺栓等是否紧固、可靠。检查隔离开关与接地开关是否联锁可靠、电磁锁是否动作可靠。

四、常见故障的处理

(1)控制按钮指示与实际方向不符。

原因:按钮接线错误。

处理:将按钮拆下,将分合按钮上的接线互相对调。

(2)接触器不动作或声音异常。

原因:接触器控制电压与电源不符,接触器内部有异物。

处理:检查接触器铭牌上的控制电压与实际是否相符;清理接触器的触点及电磁铁吸合接触面;检查有无短线现象。

(3)蜗轮损坏。

原因:严重故障过载或质量缺陷。

处理:应予更换。先卸掉与外部连接的另件,拆下机构内控制板,然后用套筒扳手卸掉固定框架的 4 个 M16×40 的螺栓,再依次拆下定位件,主轴下端部的辅助开关联动板,以及框架上部的黄铜轴套,最后抽出主轴,将蜗轮从框架的开口处取出。重新装配的方法按上述相反程序进行。

(4)辅助开关不切换或不良。

原因:辅助开关本身有质量问题;辅助开关联动板装配位置不对。

处理:先拆下辅助开关,检查是否本身质量问题,若是,则应视能否修复决定是否更换;若不是,则应检查辅助开关联动板装配位置有无错误。检查方法:先卸掉主轴下端部上固定联板的两个螺钉,再重新装配一次,其正确位置应当是联动板、拉杆及主轴中心线应构成一平行四边形连杆机构。

(5)动触片与静触片接触不良。

产生原因:动触片的 4 个触点连线与静触杆不平行。动触片变形。

处理方法:①松开静触头两侧接线夹板上固定螺栓,移动一下静触头,或松开上导电杆与连轴节的固定和定位螺栓,稍微转动一下上导电杆即可。②更换静触片:在分闸位置卸下上导电杆,松开动触头支座的螺栓,再卸下上导电管,以及动触头上的软连接和防雨罩;将连接复位弹簧的铝管下部弹性销打出,卸下操作拉杆;用尖嘴钳或其他工具将防雨罩的 4 个 ϕ 4 mm 弹性销取出,然后用 ϕ 9 mm 长冲子将动触头支座上的轴销打出来,可用手将动触片、连杆等一起取出;将连板与动触片间的轴销取下,即可更换新触片;最后按拆卸的相反顺序复原。

(6)动静触头之间接触压力不够。

原因:滚子行程不够。

处理方法:松开连轴节插头处固定上导电杆的螺栓,将上导电杆再往连轴节插头里插进一些;更换滚子,重新加工一个比原滚子外径约大 2 mm 的滚子换上。

(7)合闸位置时上下导电杆不直,但下导电杆已处于铅垂位置。

原因:下导电杆的上部的齿条与连轴节中的齿轮啮合不对。

处理方法:松开齿轮盒上固定下导电杆的固定和定位螺栓,用手搬动上导电杆,调整齿轮盒与下导电杆插入深度;

当采用上述方法达不到要求,可先卸掉上导电杆,用手托住连轴节插头向合闸方向旋转,使连轴节与下导电杆互相脱开,然后重新挂齿。

(8)上下导电杆已成直线,但不在铅垂位置。

原因:导电基座两侧的传动连杆长度不对。

处理方法:调整基座两侧连杆中间的调节螺杆。

第九章　计算机监控系统检修维护技术

本章阐述了小浪底水力发电厂计算机监控系统主站的系统结构、配置及维护；数据的使用及维护；CAE250的使用及维护。计算机监控系统的检修维护内容、技术要求、检修工艺、启动试验、注意事项等方面的内容。

第一节　计算机监控系统主站检修维护技术

一、计算机监控系统主站的系统结构及配置

(一)计算机监控系统的结构及配置

计算机监控系统包括小浪底站和西霞院站，两站共用系统数据服务器，采用开放分布式体系结构，系统功能分布配置，主要设备采用冗余配置。系统采用全开放、分层分布式结构，全分布数据库(功能和数据库分布在系统各节点上)，整个系统由主控级设备、局域网络设备、现地控制单元设备组成。为充分保证各现地 LCU 与主机通信的可靠性和实时性，电厂计算机监控系统网络结构采用 100 Mbps 双环形光纤工业以太网(网络介质采用光纤，通信规约 TCP/IP，传输速率 100 Mbps)，网络设备均采用德国原产的赫斯曼 RS20 交换机，通信协议采用 TCP/IP 协议，整个网络发生链路故障时能自动切换到备用链路。

小浪底站配置 2 台数据服务器、2 台操作员站和 1 台工程师站，西霞院站机房内配置 1 台备用数据服务器、1 台操作员站和 1 台工程师站。

现地控制单元设备按被控对象配置机组 LCU、开关站 LCU、公用 LCU 等现地控制单元构成，均采用新一代智能 PLC 控制器 AK1703 ACP 和其智能 I/O。

小浪底计算机监控系统网络目前分为三个部分：小浪底工业环网、西霞院工业网络和郑州集控三个部分；郑州集控属于新建网络，主要设备由华三路由器、加密认证设备、华三交换机组成；小浪底工业环网已经投入使用，主要是由赫思曼 RS20 组成双环结构；西霞院工业网络也已经投入使用，主要是由赫思曼 MACH4002 和 RS20 组成一个双星型网络；两台赫思曼 MACH4002-48G-L3P 作为核心交换机，将郑州集控、小浪底、西霞院三个区域通过三层路由功能实现互连互通。全厂计算机监控系统的网络结构见图 9-1。

(二)站控制级设备的配置、作用及维护

1. SCADA 数据服务器

电站控制级的核心是 SCADA 数据服务器和操作员站，数据服务器采用 2 台 HP 公司生产的 DL580 G8 工作站，它们配置相同，以冗余热备方式工作，主备切换可无扰动的完成。两套厂级 SCADA 数据服务器在正常运行时互为热备用，主要完成历史数据的存档、归类、检索和管理；各类运行报表的生成、存档保留和打印输出；事故分析及事故处理；与下位机及上位机各站点的通信等，参数见表 9-1。

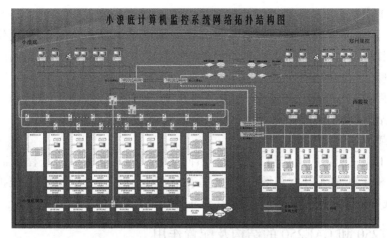

图 9-1　全厂计算机监控系统的网络结构

表 9-1　数据服务器参数

设备	类型
CPU	英特尔至强处理器 E7-4850 V2
内存	32 GB
硬盘容量	1.2 TB
光驱	DVD-ROM
显示器	HP 液晶显示器 23 英寸

日常维护方式如下所述：

(1)记录机房的温度。Z800 对运行环境有一定的要求,一般不宜运行在 40 ℃ 以上的环境中。为了改善计算机的运行环境,在机房内装设有空调。

(2)清扫机房灰尘。

(3)检查模件健康状况。服务器在启动和运行过程中,其 BIOS 自诊断程序能检查计算机硬件设备的健康状况,出现错误在屏幕上有报警显示信息。

(4)定期清理滤网灰尘(每半年一次)。

(5)定期进行历史数据备份(每半年一次)。

2.操作员工作站

操作员工作站硬件同样采用 HP DL380 G8 工作站,参数见表 9-2。

表 9-2　操作员工作站参数

设备	类型
CPU	英特尔至强处理器 X5677
内存	16 GB
硬盘容量	1 TB
光驱	DVD-ROM
显示器	HP 液晶显示器 24 英寸

操作员工作站是全厂集中监视和控制功能的人机接口,实现实时画面显示,多窗口显示操作管理,事故报警和事件登录,各种报表显示,系统自诊断信息的显示,操作员操作权限的登录及其管理,应用控制操作、运行设备的控制操作、系统配置操作、负荷调整操作等各种操作处理。两套操作员工作站完全独立并存。

当在工程师工作站修改完毕后,需将操作员工作站进行参数刷新,使操作员工作站和工程师工作站的数据信息保持一致。

3. 工程师工作站

工程师工作站配置同操作员工作站。不同之处仅为一套配置。工程师工作站安装SAT TBII 和 SAT SCALA 开发和维护软件,用于完成对全厂监控设备的运行维护管理与开发、程序下载等工作。同时,还可作为操作员工作站的热备用机。

二、SAT250 和 CAE250 的结构及配置作用

SAT250 的数据库部分是基于 ORACLE 数据库的集用户二次开发和系统正常运行、系统配置于一体的软件包,主要包括两部分内容 PRK250 和 CAE250。与 SAT250 的VIS250 软件包共同完成主站的监控、数据库、事故追忆、报表生成、事件检索等功能,形成一套响应迅速、功能完备的主站处理系统,其相互关系如图 9-2 所示。

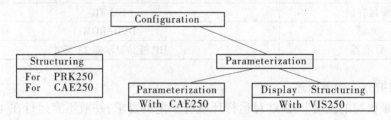

图 9-2　系统配置功能关系

小浪底计算机监控系统主站部分有两台主机、两台操作员工作站、一台工程师工作站等设备。其中,两台主机中安装有两套 PRK250 软件,并作为全厂数据库,完成与SAT1703 和 VIS250 等的通信和数据传送。SAT250 系统集成时,只配置一套 CAE250 软件,小浪底电厂的 CAE250 安装于 PRKa。其配置功能和结构关系如图 9-3 所示。

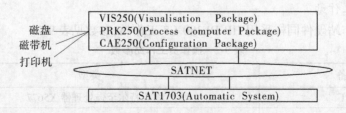

图 9-3　主站软件包关系

(1)PRK250 作为小浪底计算机监控系统的核心,一方面在正常运行时完成数据的传送、归档等,同时在系统集成时完成对整个系统设备的定义和参数化等,配置主站台数(小浪底配置两台双冗余)、VIS 工作站台数和 VIS 软件包的套数等。

（2）确定系统的监控点数，小浪底和西霞院配置为100000点。

（3）配置所有相关功能的限制，如报告的最大长度、报告的最大数量、内存范围和区域、TA地址的命名长度等。

（4）配置相关辅助设备的工作模式、行为和描述等。如配置打印机，定义VIS工作站显示内容的屏幕位置，text属性的描述（如代替开关状态，其边框显示为橙色等），功能块的使用和禁止，用户组和权限的设置，等等。所有SAT250的配置修改完成后，必须重新启动计算机，配置方才有效，否则配置无效。

（5）CAE250是面向mask-oriented的数据配置工具，主要完成监控系统监控点的主站级定义，系统任务执行的优化（如PV变量的处理、存储等在数据库中的操作、执行）；文件处理功能，文件归档在主站/export/home/sat250/cae/xfer中；建立诊断信息的参数化等。CAE250实际上是PRK250的一部分功能（现场调试经常性变动和用户维护）配置的具有友好用户界面的辅助工具。在CAE250上完成各种配置功能后，通过主站以太网以TCP/IP规约由PRK的通信功能子块PAR同时传送给PRKa和PRKb，以确保两PRK数据定义的一致性。

（6）参数化定义变量的TA地址、外部系统地址。

（7）定义PV Groups、分类、存储方式、存储周期等。

（8）定义生产报表、报告等。

（9）定义与VIS有关的调用、选择等。

（10）CAE250是面向帧结构的定义工具，与之配套并能在TA定义、报警定义等方面具有更加友好的表格形式界面的DPM250是日常维护工作中经常用到的工具，DPM250（DATA POINT MANAGER）是基于Access数据软件开发的工具软件。DPM250将定义好的变量传送给CAE250，也可以从CAE250中读取数据，同时，还可以从外部读取.csv格式的文件，这给数据定义，特别是变量的解释说明（long text）部分的汉化带来极大的方便。由于DPM250是安装于其他台式或笔记本电脑上，因而应用上更加灵活方便（当然，安装DPM250的计算机必须连接在CAE250所在的网络上）。PRK250的系统定义部分通常由厂家在系统集成时已根据用户的要求设置完成，这部分系统配置内容一般不再更改。通常在现场调试和日常维护中大量用到的CAE250和DPM250基本足以满足用户需求，因而大部分工作均在CAE250和DPM250上进行。

（11）有关约定：为工作的方便、系统定义的统一和运行应用需要，小浪底计算机监控系统针对现场设备情况和功能要求，对一些内容进行了一些规定。

（12）Filter（点的分类目录及索引）：为了开发和运行应用的方便，监控系统对所有的点分别按不同的分类方法进行了分类。按监控系统分布分类见表9-3。

表9-3　按监控系统分布分类

所包含的点	名称
所有机组6的点	LCU6
所有机组5的点	LCU5
所有机组4的点	LCU4

续表 9-3

所包含的点	名称
所有机组 3 的点	LCU3
所有机组 2 的点	LCU2
所有机组 1 的点	LCU1
所有开关站的点	LCU8
所有公用部分的点	LCU7
所有面向全厂的点	Plt

按设备类别分类见表 9-4。

表 9-4　按设备类别分类

所包含点	名称	所包含点	名称
直流部分	DC	地下直流	DC07
		地面直流	DC08
10 kV 部分	10 kV	10 kV 第一段	10 kV_1
		10 kV 第二段	10 kV_2
		10 kV 第三段	10 kV_3
		10 kV 第四段	10 kV_4
21 厂用变部分	T21		
22 厂用变部分	T22		
23 厂用变部分	T23		
24 厂用变部分	T24		
400 V 部分	400 V		
220 kV 部分	220 kV	牡黄 1	Line1
		牡黄 2	Line2
		牡黄 3	Line3
		牡黄 4	Line4
		吉黄	Line5
		备用	Line6
		旁母	Line7
		东母北段	BB1A
		西母北段	BB2A
		东母南段	BB1B
		西母南段	BB2B

续表 9-4

所包含点	名称	所包含点	名称
220 kV 母线部分	Coupling	（除去母线部分所有出线和进线）	
所有 18 kV 的点	18 kV		
所有温度点	Temp	上导瓦温	UG
		推力瓦温	TH
		下导瓦温	LG
		水导瓦温	TG
		空冷气热风温度	Warm Air
		空冷气冷风温度	Cold Air
		发电机铁芯温度	GAC
		发电机绕组温度	GAW
		电缆温度	Cab
		技术供水温度	CWT
空冷气风温	Cold Air	空冷气热风温度	Warm Air
		空冷气冷风温度	Cold Air
所有定子温度	Core	发电机铁芯温度	GAC
		发电机绕组温度	GAW
技供水部分	CW	6 号机组技供水	CW06
		5 号机组技供水	CW05
		4 号机组技供水	CW04
		3 号机组技供水	CW03
		2 号机组技供水	CW02
		1 号机组技供水	CW01
发电机部分	Gen		
水轮机部分	Tur		
调速器	Gov		
励磁	EXC		
电气制动	EB		
机械制动	MB		
高压	HP		
中压	MP		

续表 9-4

所包含点	名称	所包含点	名称
低压	LP		
同期	Syn		
保护	Prt		
主变	MT	主变 06	MT06
		主变 05	MT05
		主变 04	MT04
		主变 03	MT03
		主变 02	MT02
		主变 01	MT01
防淤闸门的点	Gate	5、6 机组	Gate5~6
		3、4 机组	Gate3~4
		1、2 机组	Gate1~2
所有导叶门	WG		
成组控制	JC	有功控制	AGC
排水系统	Drain	无功控制	AVC
所有有关控制的点	Ctrl		
所有有关计量点	Count		

(13)TA 命名的规定:小浪底计算机监控系统为了系统的统一,对各不同设备和系统的内部地址命名做了一些规定。TA 地址的长度不超过 28 个字符,分为四部分:第一部分在小浪底监控系统中实际点均是 C.,培训仿真部分以 S. 表示;第二部分以下面表格中所列为参考;第三部分分别表示命令、信号、模拟量、设置量、报警点及系统内部使用的诊断点等,相应四种变量分别以 COM、MSG、VAL、SET、ALM 等区分;第四部分则是用具体设备的名称缩写来表示。如黄 226 开关的 TA 地址为 C.3k06.COM.Q0。TA 地址命名规则见表 9-5。

表 9-5　TA 地址命名规则

类别	TA 地址首部
厂用电 10 kV 部分	C.10kV1…,C.10kV2…,C.10kV3..,C.10kV4…
厂用电 400 V 部分	C.400V1…,C.400V2…,…...C.400V8…
线路部分	C.1D01…,C.1D02…,…...C.1D07…
母线部分	C.2D09…,C.2D10…,……C.2D16
进线	C.3D01…,C.3D02…,…...C.3D06…

续表 9-5

类别	TA 地址首部
35 kV	C. 3H01
18 kV 部分	C. 3K01…, C. 3K02…, …… C. 3K06…
水系统	C. CW01…, C. CW02…, …… C. CW06…
直流	C. DC07…, C. DC08…
励磁	C. EX01…, C. EX02…, …… C. EX06…
调速器	C. Gov01…, C. Gov01…, …… C. Gov01…
成组控制	C. JC…
主变	C. MT01…, C. MT02…, …… C. MT6…
全厂	C. Plt…
水轮机	C. T01…, C. T02…, …… C. T06…
防淤门	C. Tgate…, C. Tgate…, …… C. Tgate…
发电机	C. U01…, C. U02…, …… C. U06…
模式选择	C. 0D00…,
高压	C. HP07…
中压	C. MP07…
低压	C. LP07…
保护	C. P01…, C. P02…, …… C. P08…
排水系统	C. LK…
厂用变	C. T21…, C. T22…, C. T23…, C. T24…
厂房	C. PH07…

（14）监控系统点的主要分类:小浪底计算机监控系统的点主要可分为命令点、信号点、模拟量点、设置量点、报警点、内部诊断点等。由于内部处理方法的不同,特别需要说明的类型为信号点、模拟量点和报警点。信号点分为两类,分别为单点和双点信号,单点信号在监控系统运用中用两位表现为四种状态:on、off、internate、failure,用一个变量表示;双点在监控系统运用中用一位表现为二种状态:on、off,如有关双点信号黄 6 开关的 TA地址命名见表 9-6。

表 9-6　TA 地址命名

TA 地址	命名
C. 3K06. MSG. Q0	黄 6 开关的状态信号
C. 3K06. MSG. Q0_Blck	黄 6 开关闭锁信号
C. 3K06. MSG. Q0_cf	黄 6 开关合失败

续表 9-6

TA 地址	命名
C. 3K06. MSG. Q0_of	黄 6 开关断开失败
C. 3K06. MSG. Q0_Re	黄 6 开关信号被强制处于检修状态
C. CW103. MSG. S103_cl	103 阀门的全关信号
C. CW103. MSG. S103_op	103 阀门的全开信号
C. CW103. MSG. S103_cf	103 阀门的关失败信号
C. CW103. MSG. S103_of	103 阀门的开失败信号
C. CW103. MSG. S103_Blck	103 阀门的闭锁信号
C. CW103. MSG. S103_Rev	103 阀门信号被强制处于检修状态

监控系统中所有开关、刀闸、地刀等点均为双点,其在系统中用 D 和 241 表示。所有有关阀门全开、阀门全关、流量、保护、模式选择等类的点均为单点,系统中用 E 和 240 表示。

模拟量点主要在内部处理上有所不同,分为线性处理和实际量传送两种,所有模拟量中电气量均为实际量传送方式,非电气量均为线性化处理,实际量传送用 A 和 152 表示,线性化处理类型用 L 和 144 表示。

报警点主要分为语音报警点和菜单报警(当有报警时,相应菜单上分别用黄色闪烁和红色闪烁表示报警和事故)。在小浪底监控系统里每个报警点最多可包含 600 点。

(15)DPM250 功能和应用。

DPM250 只能完成 CAE250 所需定义的部分内容,并不能完全取代 CAE250。DPM250 所能处理的是适合批处理的点的定义部分的内容和相关反映矩阵(REM)及点的分类的内容,如报表、曲线组等定义功能只能在 CAE250 上生成。

①编辑功能。

小浪底计算机监控把所有的现地监控点分为四类:数字信号点、数字命令点、模拟量测量点、模拟量设置点。另外,用于辅助功能的还有计算点定义、报警信息定义、反应矩阵定义、分类的划分等。

②数据传输功能。

主要包括 DPM250 和 CAE250 之间的传输及 DPM250 与外部 .csv 格式文件的传输,外部 .csv 格式文件主要包括 DB3 IMP/EXP、Export cae250 和 Import cae250 等。

③DPM250 应用和维护。

DPM250 主要处理命令点、信号点、模拟量点、设置点、报警点、分类索引、反应矩阵等的定义和修改编辑。

④报警点。

报警点包括两类,分别为声音报警点和用于菜单报警提示的报警点。每个声音报警点包含若干个报警点,其中任何一个报警点被击活时,监控系统上位机的操作员工作站即发出相应描述的普通话声音,以使值班员迅速了解设备的情况。每个菜单报警根据此菜单被点中后所包括监控画面的所有报警点来定义,即所包含的所有点中任何一个点有异常情况发生,此菜单上就以红色(事故发生)或黄色(故障发生)闪烁,以帮助值班员判断异常点所在位置。声音报警点格式为 C. VA01. ALM…。菜单报警点格式见表9-7。

表9-7　菜单报警点格式

TA	Txt	PVNr	Pri	REM
C. 1D05. ALM. Sum_A	线路5报警	25380	3	REM. ALM
C. 1D05. ALM. Sum_T	线路5事故	25381	3	REM. ALM

(16)文件类型信息表。

对相应类型的点的不同状态在监控系统操作员工作站上的监控画面及有关列表等上的显示,维护中主要内容见表9-8。

表9-8　文件类型信息表

序号	TA	LTxt	Type	PVNr
1	REM. VAL	声音报警	ALM	26079
2	XLD. COM	命令	BEF	26080
3	XLD. MSG	单点信号	MLD	
4	XLD. VAL	模拟量	WRT	
5	XLD. SET	设置量	SOW	
6	XLD. ALM	菜单报警	ALM	
7	XLD. MSG. Switch	双点信号	MLD	

三、CAE250功能及维护

如前所述,CAE250 主要用来对数据库的定义,维护中经常用到的功能有:Process Variable、Response Matrices、Categories、Pv Group、Formulas、MMI Lists、Reports、Cycle Archive、Data Stream Archive、Filter、Lan Group 等。

(一)Process Variable

变量处理主要包含信号量、诊断信息、命令、模拟量、设置量、Selections 和报警信息等。其中,前六种定义功能在 DPM250 中也可完成,后一种则只能在 CAE250 中完成。

Selections 主要用来定义监控系统中的菜单、报表、群组、列表等的调用,对监控系统的应用起着至关重要的作用。

(二)群组调用编辑

小浪底监控系统的群组定义和编辑包括曲线组、棒图组、相关量组,最多可定义600

个组。每个曲线组可包含 6 个模拟量,每个棒图组可包含 8 个模拟量,每个相关量组可包含 24 个模拟量。它们的地址格式分别为 MMI. AKD01 ~ 09、MMI. BAD01 ~ 09、MMI. KUD01~09,每个组成为一个组变量,每个组变量中均包含一个如 Group:GRKUR001 的选项和 Position 2(可为 01~09),以确定此组变量被调用后,哪些模拟量被以什么格式(曲线、棒图、相关量表)在屏幕的什么位置显示出来。01 表示第一个显示器屏幕的上部,02 表示第一个显示器屏幕的下部,03 表示第一个显示器屏幕的中部,04 表示第二个显示器屏幕的上部,05 表示第二个显示器屏幕的下部,06 表示第二个显示器屏幕的中部,小浪底监控系统仅用两个显示器,故 07~09 对小浪底监控系统无效。

(三)菜单选项

编辑菜单中某一项被选中后,屏幕显示哪副监控画面,其地址格式为 MMI. VIS. 220kv_L5(表示吉黄线),此变量编辑中需要工程师填入相应的一个 Scene 及其所在文件系统的目录(Scene 中包含要调用的窗口和监控画面),需填入的目录为 S/O/SWG/line_5(仅为对应前面所列地址)。

(四)事故追忆

编辑当事故发生时需存储和自动打印出来的模拟量的地址,小浪底监控系统将记录事故发生前后 3 min 的相应模拟量的数值,以帮助分析事故发生的原因。地址格式为正常操作 PRP. BDP10. L1_op(以线路 1 为例),事故跳闸 PRP. BDP10. L1_trip(以线路 1 为例)。正常操作的地址中需工程师填入 REPORT:S_L_op 和 Filter:F_XLD,事故跳闸的地址中工程师填入 REPORT:S_L_trip、Filter:F_TRIGL1 和 GROUP:GRFOR049。其中,REPORT 项表示显示和打印的格式,Filter 表示显示和打印时进行选择,GROUP 表示显示和打印哪些模拟量。小浪底监控系统对正常操作不进行打印和记录,对事故跳闸则自动打印相应模拟量。同时,在地址中还需工程师定义事故前记录时间长度和事故后记录时间长度。

(五)列表调用

列表编辑包括 CEL、QEL 和 QZL 三种,CEL 是以时间顺序为准的时间列表,QEL 是可确认的时间列表,QZL 是可确认的状态列表。其地址格式分别为 MMI. CEL01 ~ 09、MMI. QEL01~09、MMI. QZL01~09,01~09 表示在屏幕显示的位置。

(六)历史数据检索

编辑对历史数据的检索和查询功能,其地址格式为 MMI. CAL. 01. D01(D02),编辑时需工程师填入 Filter:F_XLD、Archive:D01(D02)、Position:Pos03。Filter:F_XLD 表示检索时显示小浪底监控系统所有的信号量,Archive:D01(D02)表示是监测设备点还是系统诊断信息,Position:Pos03 表示调用时屏幕显示的位置。

(七)生产报表

编辑小浪底电厂生产报表的调用变量地址,地址格式为 MMI. BDP14. R_DC,需工程师填入 Filter:F_KEINES、Group:GRFOR010、Report:S_DC、Cycle:60,小浪底监控系统所有报表的 Filter:均用 F_KEINES 表示为空,Group:GRFOR010 表示此报表中所包含模拟量的组名(此模拟量组编辑在其他功能中完成),Cycle:60 表示每 60 min 填写一次数值。另外,还需工程师写入此报表开始和结束的时间,如开始:00:00:00:000,结束:23:00:00:000。

（八）Pv Groups

Pv Groups 主要用来定义群组调用量中曲线组、棒图组、相关量组、报表所调用的模拟量组及事故追忆的量组等的组定义，以供调用时确定显示哪些模拟量值。

曲线组　　　　　　　　GRKUR0..（包含 6 个模拟量）

棒图组　　　　　　　　GRBAL0..（包含 8 个模拟量）

相关量组　　　　　　　GRAZD0..（包含 24 个模拟量）

Formula　Groups

生产报表组　　　　　　GRFOR0..

事故追忆组　　　　　　GRFOR0..

（九）Formulars

Formulars 包含 PGV　Formulars、PRO　Formulars、VBU　Formulars 三种。

PGV　Formulars，小浪底监控系统没有定义。

PRO　Formulars 定义电度量。

VBU　Formulars 包括以下内容：

C_ANALOG 模拟量历史数据调用，格式为

"C.U01.CAL.P"="C.U01.VAL.P"（以机组有功为例）

C_COUNTR 电度量累计

C_OPHOUR 操作小时数

C_TRIP 跳闸

机组格式为"C.U01.MSG.TRIP"=NOT("C.U01.MSG.NO_trip")。当信号激活时启动 PRP.BDP10.U1_TRIP 和 PRP.BDP10.U1_OP。

线路格式为"C.1D01.MSG.TRIP"=（"C.1D01.MSG.Non_perf_ph"

OR"C.1D01.MSG.Ph_Unsy_al"

OR"C.1D01.MSG.Prt_Dif1_tr"

OR"C.1D01.MSG.Prt_Dif2_tr"）；

当信号激活时启动 PRP.BDP10.L1_TRIP 和 PRP.BDP10.L1_OP。

S_REV 用于上位机对某一变量置"检修态"与否

S_VCTRL 语音报警处理

S_OAC 用于成组控制的模拟量设定

S_CYCLE 自动切换 AK1703 系统

用 CAE250 规定的编程语法编辑 MMI.CEL, MMI.QEL, MMI.QZL 三种列表显示的风格和显示的内容，这是一项比较复杂的工作，日常维护一般不要更改。

（十）Reports

结合组定义中的报表组用 CAE250 规定的编程语法编辑每一张生产报表。小浪底监控系统主要编辑的生产报表有 10 kV 部分、220 kV 部分、母线部分、公用部分、直流部分、主变部分、机组温度（1#~6#）、机组辅机、机组冷却水及相关月报表、年报表等。

（十一）Cycle archive（周期存储）

根据定义周期性地存储相关模拟量值，小浪底监控系统主要定义应用了 4 个周期存

储文件,ZA_05MIN(所包含定义的模拟量每 5 min 存储一次值),ZA_01STD(所包含定义的模拟量每 1 h 存储一次值),ZA_15MIN (所包含定义的模拟量每 15 min 存储一次值),ZA_SEC(所包含定义的模拟量每 1 s 存储一次值)。以上每种存储方式均为每天产生一个相关文件存放在硬盘上。

(十二)Data Stream archives

连续存储每一个数字量的状态和模拟量的状态,即满足能查出任一时刻任一变量所处状态,共运用了 2 种定义:D01(存储所有监测量的状态),D02(存储监控系统的内部诊断信息等)。每天产生相应 2 个文件存于硬盘。

(十三) Lan Group

定义上位机和现地单元的通信接口,机组 LCU 和开关站 LCU 均有两个接口,因此在相关变量的 Lan S/G 项中填写 G,LCU7 和 LCU10 只一个接口,故在相关变量的 Lan S/G 项中填写 S,明细表见表 9-9。

表 9-9 Lan S/G 明细表

Lan Number	1	2	3	4	5	6	7	8	10	11	12	13	14	15	16	18
LCU Number	1	2	3	4	5	6	7	8	10	1	2	3	4	5	6	8
Port Number	0	0	0	0	0	0	0	0	0	1	1	1	1	1	1	1

(十四)Consistency check(编辑检测)

其与 DPM250 的 Export 功能配合,完成对 DPM250 传来的数据进行编辑检测,即完成数据格式的转换(Accesss 格式向 Oracle 格式的转换)和语法的检查,能提供较为详细的检测报告,以帮助调试。

(十五)Loader(下载)

完成编辑检测之后,把编辑的定义下载给 PRKa 和 PRKb 数据库,日常维护工作中,应选用只下载修改部分的功能,以免造成大面积的数据定义损坏。

(十六)维护内容

(1)检查硬盘存储应用情况,及时备份数据。

(2)检查两个主站工作情况,如果主备不能自动切换,则手动在 LCU8 双机切换装置上切换用主站为主用,同时检查主站 LOG 文件的内容,判明原因进行处理。

(3)定期检查主站计算机的工作情况,检查内容包括主机和工程师工作站风机、显示器温度、主机所带磁带机的工作情况、有无其他异常情况等。

(4)定期清扫计算机上的灰尘和主机房卫生。

(5)检测主机房环境温度和湿度。

四、VIS250 的维护

(一)VIS250 的安装和升级

(1)以超级用户身份登录到 UNIX 系统。

* * * console login:root<enter>

password：＊＊＊＊＊＊＊＊＜enter＞

将 SAT250-CDROM 放入光驱中，键入：

#cd /cdrom/sat250w＜release＞/sat250/install＜enter＞

#./setup250＜enter＞

（2）选择安装 VIS250 或升级。

选择安装 VIS250 或升级后，将一步步安装并配置系统，详细的安装就不再介绍了。

在每台工程师工作站、操作员工作站、培训员工作站和大屏幕 PC 上都要安装上相应的 PC 版或工作站版的 VIS250 才能实现各自的应用功能。

（二）VIS250 的启动

VIS250 软件包运行在 PRK250 上，因此在启动 VIS250 之前要确保 PRK250 已在运行状态。当确认 PRK250 在运行后，在 Openwindows 上选择 Start VIS250，当启动完成后，可选择以不同的身份登录，在确认用户名和密码后就完成了 VIS250 的启动过程。当 VIS250 启动后，生成一个根 container，并组成数据库的根目录，其他的 container 通过结点链接到数据库目录树上。

五、使用 VIS250 对工作站进行维护

（一）SYMBOLS 的维护

1.SYMBOLS 的编辑

（1）用 FormEdit 工具打开一个 SYMBOL。

（2）从标准的组件中拷贝需要的对象，并拖到 SYMBOL 编辑窗口中，打开 SYMBOL 结构的图形对话框。

（3）在编制时要给出每一个组件的状态描述和每一个变量的所有属性，才能保证在以后的运行中的动态显示。

（4）使用组合功能将所有的对象组合到一起。

（5）给出 SYMBOL 的 INDEX 号，保存相应的 CONTAINER 并关闭编辑窗口。

2.SYMBOLS 的修改

（1）启动 FormEdit 工具。

（2）在……/SYMBOLSETS/……目录中打开相应的 SYMBOL。

（3）在 SYMBOL 结构的图形对话框中删除 INDEX 号。

（4）用 F2 撤销组合。

（5）进行有效的修改。

（6）用 F1 或菜单项进行组合。

（7）给出 SYMBOL 的 INDEX 号，保存相应的 CONTAINER 并关闭编辑窗口。

（8）工作完成后，所修改的内容不一定能马上指示。这种情况下旧版的 SYMBOL 将继续有效。为将有效的修改激活，可重新启动 VIS250，则所做的修改就会生效。

（二）处理属性的维护

（1）启动 PicEdit 工具并选择要编辑的显示画面文件。

（2）撤销画面的冻结（Shift+F5 或在相应的菜单中选择 Unfreez Pit）。

（3）用鼠标选择要编辑的对象。

（4）打开 ExprDriver 窗口（按住 Shift 键，用鼠标右键双击要编辑的对象），并将鼠标的光标放到编辑框中空白的位置。可用 F5 向后翻页或 Shift+F5 向前翻页。

（5）在编辑框中输入相关的编辑内容。当一页写完后，可用 F4 或在菜单项中选择插入页。当插入页时，要没有语法错误出现，否则要先去除错误项，再插入。

（6）在确认编辑无错误之后，通过 Translate 菜单将所编辑的内容并入显示画面。如果没有错误提示，则表示编译通过。若出现错误，则会有错误的详细的描述在窗口中出现，根据描述修改错误项，直至编译通过。

在编译的过程中，即使没有错误出现，也不能认为所做的 ExprDriver 没有错误，只能说是没有语法错误。当工作时使用了大量的拷贝工作时，可能连同信号点的状态也拷贝过来。如果不进行修改，会使此对象显示或对此对象操作时成为其他的对象。

（三）CATALOGUED SCENES 的维护

CATALOGUED 是为 SCENES 对象提供的名字，可通过它产生进入数据库的目录路径。这个名字在数据库中 NAMEDRIVER 上可找到。SCENES 的作用是通过 SELECTION PV 来激活并显示出一个带内容的窗口。

（1）1CATALOGUED SCENES 的创建和编辑。

（2）启动 DeskEdit 工具。

（3）在/PROJECT/SCENES/路径下建立一个新的 DESKTOP。

（4）在 DESKTOP 上构造 SCENE。在参数化窗口下，打开的内容不需要使用单独的 SYMBOL。因为这个 SCENE 不在控制室的操作员界面上可见。

（5）为可见的处理功能选择一个 SCENE。

（6）从菜单中选出 SCENE 的 CATALOGUED，则 NAMEDRIVER 就被激活。

（7）在 NAME DRIVER 中选出/PROJECT/ SCENS 的目录。

（8）在 NAME 框中输出确定的名字，SCENE 要设为要探测状态，同时，也将这个名字在显示的 SELECTION PV 中输出（名字要一致）。

（9）NAME DRIVER 中激活［NEW］按钮。

（四）CONTAINER 维护

1. 标准的 CONTAINER 结构

PROJECT. cnt：进入数据库的根 CONTAINER。

PRJBPICT. cnt：工作站桌面的内容。

PRJBMEN. cnt：构成默认的菜单项。

PRJMEM. cnt：构成特定要求的菜单项。

250SAT. cnt：包含所有 OBJECTS 需要的标准的用户界面。

250SYM. cnt：包含所有 SAT250 用户界面的标识，一般用户的标识不放在此处。

250INSYM. cnt：包含帮助系统需要的所有标识。

250STSYM. cnt：进行过拷贝和修改的标识。

250PIC. cnt：包含所有的 SAT250 用户界面的显示、菜单和描述。

250FORMS. cnt：包含所有与操作相关的组件。

250INTRO. cnt：包含所有 OBJECTS 默认的帮助描述。OBJECTS 特有的帮助描述在/PREJECT/目录下。

250COL. cnt：包含 SAT250 调色板标准的颜色库。

GARBAGE. cnt：通过"GARBAGE"链接点链接到根目录上，并显示要清除的对象。在桌面上"GARBAGE"画面要在相应的工具（PICEDIT、FORMEDIT、DESKEDIT）上打开才能将要删除的对象移走。如果移到 GARBAGE 的内容没有存盘，则下一次启动 VIS250 时GARBAGE 的内容将被清空。

CONTAINERS 列表见表9-9。

表 9-10　CONTAINERS 列表

名字	编号	连接点
<PROJ>. cnt	1	/
250SAT. cnt	10	/SAT250/
250WIN. cnt	11	/SAT250/WINDOWS/
250FORMS. cnt	12	/SAT250/OOFORMS/
250SYM. cnt	20	/SymbolSets/SAT250/
250INSYM. cnt	21	/SymbolSets/INTRO/
250STSYM. cnt	22	/SymbolSets/STANDARD/
PRJBPIC. cnt	30	/PROJECT/BASEPICTURES/
250PIC. cnt	40	/PROJECT/PICTURES/SAT250/
250INTRO. cnt	50	/INTRO/
PRJBMEN. cnt	60	/PROJECT/PICTURES/SAT250/MENUS/
250COL. cnt	70	/ColourTables/250ColourTable
250QUAL. cnt	71	/QualityTables/
PRJMEN. cnt	80	/PROJECT/PICTURES/SAT250/PRJ_MENUS/
GARBAGE. cnt	90	/GARBAGE/

2. 创建 CONTAINER

（1）启动 ORGANZIER 工具。

（2）激活 CONTAINER 按钮。

（3）用 CREATE 按钮打开一个新的对话框。

（4）在对话框中输入新的 CONTAINER 名字。CONTAINER 的名字必须是不加扩展名（. cnt）而且没有使用过的，并且要全部使用大写字母。此外，如果为了要与 DOS 系统传输文件，CONTAINER 的名字不得超过 8 个字符。

（5）在对话框中 NUMBER 的位置要填入一个号，这个号在数据库标识中一次性分配。然后选择 OK 按钮。

3. CONTAINER 的合并

为了在数据库中能检测到此 CONTAINER，必须要合并此 CONTAINER。合并过程如下：

（1）启动 ORGANIZER 工具。

（2）找到 CONTAINER 需要在数据库中安放的位置。

（3）填入 CONTAINER 的名字（不包括扩展名.cnt）。

（4）在 MOUNT 位置填入在数据库中使用的名字。

（5）按下 OK 按钮，完成合并。

4. CONTAINER 的删除

（1）从数据库中删除并入点。

（2）启动 ORGANIZER 工具。

（3）在 ORGANIZER 列表中找出要删除的并入点。如果并入点为一个目录，不要进入到目录中。

（4）在 NAME 框中填入要删除的目录或画面的名字。

（5）按下 REMOVE 按钮，完成在数据库中的删除。

（6）从文件系统中删除 CONTAINER。

CONTAINER 在文件系统中以文件形式存放在/EXPORT/HOME/SAT250/PROJECT/VIS 下，并带有.cnt 扩展名。使用 UNIX 命令删除 CONTAINER。

六、维护过程中问题的分析和处理

（一）键盘的输入在对话框中没有接收

原因：鼠标的光标没有放入对话框中输入栏。

处理：将鼠标的光标移到输入栏的空白位置。

（二）编辑的内容不能参数化

原因：其他的参数化窗口在激活状态。

处理：找到并关闭激活的窗口。

原因：画面被冻结。

处理：用菜单中的 SEGMENTS→UNFREEZEPICT 或 SHIFT+F5 撤销画面的冻结。

原因：所选的对象被设置为不可探测状态。

处理：用鼠标拖动框住被选项，在框的可见点上打开参数化窗口，去掉不可探测属性。

原因：其他的对象所设级别高于所选对象的优先级。

处理：使用 HIDE/EXPOSE 项交换级别或使用鼠标拖动框住所选对象，在可见点上选择参数化。

（三）对象不能被选中，但是能够用鼠标框住来选择

原因：画面被冻结。

处理：用菜单中的 SEGMENTS→UNFREEZEPICT 或 SHIFT+F5 撤销画面的冻结。

原因：所选的对象被设置为不可探测状态。

处理：用鼠标拖动框住被选项，在框的可见点上打开参数化窗口，去掉不可探测属性。

原因：其他的对象所设级别高于所选对象的优先级。

处理：使用 HIDE/EXPOSE 项交换级别或使用鼠标拖动框住所选对象，在可见点上选择参数化。

(四)对象在网格线点上不能被捕捉到

原因:SNAPGRID 功能没有被激活。

处理:从菜单项 GUIDE→SNAPGRID 中激活 SNAPGRID 功能。

原因:处理对象没有被捕捉到。

处理:SNAP 功能只有在对象点被捕捉到才有效。否则不能调整网格。

原因:对象使用错误。只有显示在标准的 ELEMENT 上的基本对象可用。

处理:使用正确的对象。

原因:对象的处理属性已被具体地指定。

处理:在 EXPRDRIVER 上删除处理属性。

原因:对象已被分配了 SYMBOL INDEX 号。

处理:用 FORMEDIT 工具打开对象删除 INDEX 号。

(五)对象不能撤销组合

原因:对象的处理属性已被具体地指定。

处理:在 EXPRDRIVER 上删除处理属性。

原因:对象已被分配了 SYMBOL INDEX 号。

处理:用 FORMEDIT 工具打开对象删除 INDEX 号。

(六)在组合的对象上,特定的对象丢失了背景色

原因:系统设定。

处理:背景只是为某一个单独的对象设定的。组合的对象构成了一个新的对象。因而要设置一个新的背景参数。

(七)对象不能被翻转

原因:对象没有被组合。

处理:先组合对象,再翻转。

(八)要删除的对象不能放入回收站中

原因:对象含有具体的处理属性。

处理:在 EXPRDRUVER 中删除相关的处理属性。

原因:对象被分配了 SYMBOL INDEX 号。

处理:用 FORMEDIT 工具打开对象参数化窗口,删除 INDEX 号。

原因:回收站的画面被冻结。

处理:将鼠标的光标放入回收站上,用 SHIFT+F5 撤销画面的冻结。

(九)SEGMENT 不能放入回收站

原因:如果要删除的 SEGMENT 被移到了回收站中已经存在的 SEGMENG 上。导致了 SEGMENT 的阶数超过了限值。

处理:删除 GARBAGE 画面上的可见的 SEGMENT。

原因:这个 SEGMENT 内有处理属性。

处理:如果这个 SEGMENT 被分配了一个子画面,则也可能有处理属性。必须先移走子画面,再删除 SEGMENT。

原因:GARBAGE 画面可能被冻结。

处理:将鼠标的光标放入回收站上,用 SHIFT+F5 撤销画面的冻结。

(十)对象不能在窗口之间移动

原因:两个窗口是用不同的工具打开的。

处理:用相同的工具打开窗口。

原因:对象含有具体的处理属性。

处理:在 EXPRDRUVER 中删除相关的处理属性。

原因:对象被分配了 SYMBOL INDEX 号。

处理:用 FORMEDIT 工具打开对象参数化窗口,删除 INDEX 号。

原因:画面被冻结。

处理:用菜单中的 SEGMENTS→UNFREEZEPICT 或 SHIFT+F5 撤消画面的冻结。

(十一)SYMBOL 对象只显示一个带红叉的灰色的矩形

原因:SYMBOL 对象的参数设置错误。

处理:正确地参数化目录、SYMBOL 设置和样板。

原因:没有此用途的 SYMBOL。

处理:创建一个 SYMBOL 并检查是否正确地分配了 INDEX 号。

原因:系统原因。

处理:关闭 VIS250 组件并重新启动。

(十二)优先的状态没有在 SYMBOL 中体现

原因:在 SYMBOL 设置时样板的基本属性没有给定。

处理:在样板库中创建一个对象。设置其属性,不选择填充色。

原因:基本属性设置不当。

处理:只有填充属性是用来显示的。它在 EXPRDRIVER 内 BV 的 SYMPRIMFILLQ 的地方被调用。如果使用了边框属性,则对象将不会作出反映。

(十三)在数值区域内只显示"＊＊＊"

原因:数值格式定义不当。

处理:对象的数值格式(小数点后位数、数值的长度)定义不准确或数值的实际长度超过了设定的最大长度。需要修改数值格式或上送的数值的大小。

(十四)FORM 的 INDEX 分配没有显示出来

原因:使用的编辑工具不对。

处理:检查是否是用 FORMEDIT 工具打开了 SYMBOL。

原因:创建的 SYMBOL 不正确。

处理:SYMBOL 的设置是不能用 FORMEDIT 工具创建的。重新创建一次 SYMBOL 设置。

FORM 不能关闭。并且 OK 和 NEXT 按钮保持了按下的状态。

原因:在 FORM 中有填写错误。

处理:在这个 FORM 中有不正确的参数设置或在某处有不正确的输入。用 CANCEL 按钮取消操作或检查并修正不正确的输入。

(十五)在 INDEX 分配时,FORM 已经关闭,但是 OK 或 NEXT 按钮依然在按下状态

原因:在 SYMBOL 设置时特定的 INDEX 号已经存在了。

处理:使用其他的 INDEX 号。或者查明是哪一个对象被错误地分配了 INDEX。

(十六)SCENE 或 TAKE 在操作员使用时没有响应

原因:输入的窗口或画面的名字不正确。

处理:画面或窗口的名字必须是特定的(包括从根目录到进入目录的路径)。并要严格地遵守大小写的规定。

原因:窗口的打开位置坐标错误,窗口的位置坐标超出了桌面区,因而导致窗口不可见。

处理:重新设置窗口的位置坐标参数。

原因:窗口的级别设置错误,窗口使用了低于其他窗口的级别。受其他窗口的影响,使窗口被隐藏。

处理:重新设置窗口的级别。

(十七)EXPRDRIVER 窗口打不开

原因:使用了错误的工具。

处理:确认画面是否是使用 PICEDIT 工具打开的。

原因:对象没有被放置在 SEGMENT 上。

处理:创建一个 SEGMENT,并将对象移至 SEGMENT 上。

原因:SEGMENT 或画面被冻结。

处理:使用 SHFIT+F5 或菜单项撤销冻结。

原因:打开了其他的参数化窗口或错误的表格。

处理:关闭其他的窗口或表格。

(十八)被复制的处理属性页不能被粘贴

原因:在复制页的同时打开了新的扩展窗口,没有关闭。

处理:退出 EXPRDRIVER,删除复制缓冲区的内容,重新复制。

(十九)对象的处理试行编辑正确,但对象并没有改变

原因:没有插入和覆盖原来的内容。

处理:检查所作编辑的内容是否还在。如果发现还是原来的旧内容,重新进行编辑。完成后使用 REPLACE 命令保存。

(二十)当插入或覆盖处理属性页时,出现错误信息:"ERROR BV-FIELD"

原因:对象在处理时使用的属性对此对象是不可用的。如果对象的处理属性是从其他相似的对象复制过来的,但对象的类型并不一样时会经常出现此类问题。

处理:使用同一类型的对象进行复制。

(二十一)在插入内容时出现错误信息:"MORE THAN 50 PV'S……"

原因:在 SEGMENT 中 PV 的数量超出了限制值。

处理:使用菜单中 BINDING INTERFACEINFO 项,检查每一条输入/输出的内容。

(二十二)对于输出的处理没有反应

原因:工作点标识符不能被输出。

处理:检查输出处理页中是否有以下内容:

x　SessionID

e　VIS. Session

x　Set

原因:在 CAE250 上输出的 PV 参数被设置为"NOT ACTIVE"。

处理:将 PV 参数化为"ACTIVE"。

(二十三)SYMBOL 的切换过程被设置为不可见,但在 INDEX 号改变后,对象依然可见

原因:不可见的属性是从样板中传递过来的。因而 SYMBOL 的改变是在不可见属性设定之前。

这种情况不需处理。

(二十四) 对象的处理属性内的功能没有执行

原因:输入的数据类型错误。对象的处理功能需要准确的数据类型(FLOAT、INTEGER 等),如果其中有一个类型不对,则相应的功能就不能实现。

处理:检查并修改错误的数据类型。

原因:相应功能的引入点的序号错误。相应的功能需要一个准确的引入点的号。该号需要在功能被调用之前就放入栈中。如果序号错误,相应的功能就不能执行。

处理:检查并修改引入点的序号。

(二十五) 对象从标准的元件库中消失

原因:在引用标准的元件时,直接从元件库中移走了。

处理:通常标准元件库是从/SYSTEM 目录下打开的。标准元件库包括所有需要的基本元件,可以从中再复制一个。如果没有,就将 STDELEMENTS 从/SYSTEM 目录下删除。并保存 CONTAINER。关闭 VIS250,然后重新启动 VIS250。系统将重新建立一个标准的元件库。

(二十六) 不是所有的 CONTAINER 都显示在 ORGANIZER 工具列表中

原因:CONTAINER 没有激活。

处理:要确保 CONTAINER 显示在列表中,需要其中的内容曾经被打开过。否则在列表中不能显示出来。

(二十七) 在 ORGANIZER 中出现错误信息:"CAN'T OPEN CONTAINER"

原因:已经有一个相同 CONTAINER 号的 CONTAINER 被激活。

处理:在数据库中,一个 CONTAINER 号只能标识一次。如果另一个已经激活的 CONTAINER 与要打开的 CONTAINER 同号,就不会再打开了。如果有必要的话,检查并修改 CONTAINER 的序号。但要确保序号是特定的。

(二十八) VIS 启动、桌面启动并短暂的显示就终止了程序的执行

原因:没有许可证。

处理:许可证没有被硬件承认或没有输入。确认并再次输入许可证。

(二十九) 测试功能突然没有反应或反应不准确

原因:问题出在 CONTAINER 的序号上。该序号在数据库的标识中无法辨认。如果已经有一个 CONTAINER 具有相同的序号,则其他的 CONTAINER 将不再被召唤。多数情况下,这种问题都出现在一个新的 CONTAINER 引入数据库中的时候。

处理:如果有必要,检查并修改 CONTAINER 的序号,但要确保序号是特定的。

第二节　计算机监控系统现地控制单元(LCU)检修维护技术

小浪底工程计算机监控系统采用开放分布式体系结构,系统功能分布配置,主要设备采用冗余配置。系统采用全开放、分层分布式结构,全分布数据库(功能和数据库分布在系统各节点上),整个系统由主控级设备、局域网络设备、现地控制单元设备组成。系统硬件包括上位机数据管理系统——SAT 250 SCADA 系统、下位机是基于多 CPU 体系设计的智能控制系统——AK1703 ACP(LCU),以及采用 100 Mbps 光纤工业以太网的网络设备。

小浪底工程共计 10 台 LCU,所有的现地 LCU 与上位机之间均通过双环形光纤工业以太网进行通信。LCU1~LCU6 用于 1~6 号机组的监控,LCU7 用于公用设备,LCU8 用于开关站设备,LCU9 用于 AGC/AVC 控制系统,LCU10 用于模拟屏显示。单独 LCU 的所有组件间通过 AX-BUS 高速现场总线实现通信。

一、机组现地控制单元 LCU1~LCU6

LCU1~LCU6 是针对小浪底电厂的 1~6 号机而设计的,其中每个 LCU 的配置是完全相同的。它主要由监控模板、同期装置(SYN3000)、工作电源、触摸屏、开入继电器、开出继电器组成。机组 LCU 共有 4 块盘柜组成,其中:

GA01——1#机架控制屏;

GA02——同期控制屏;

GA03——2#机架控制屏;

GA04——端子转接屏。

(一)基本功能

(1)机组单元数据采集、处理和传输。

(2)机组流程控制。

(3)机组单元状态监视。

(4)机组有功、无功调整。

(5)机组单元开关、刀闸操作。

(6)机组同期的现地控制。

(7)实现机组紧急停机。

(二)系统硬件技术指标

1.监控模板

机组监控模板是由 AK1703 ACP 机架、AI-6303 交采装置构成。机组监控 AK1703 ACP 机架由 C0(CP-2010)、C1(CP-2017)、C2(CP-2017)、开关量模板(CP-2110)、模拟量模板(AI-2300)、温度量模板(AI-2301)、开出模板(DO-2201)组成。

C0 负责本框架内各模板间的通信、C1 与 C2 间的双机切换、与进口快速门 AMC 进行通信、与触摸屏的通信。

C1 负责与双环以太网的通信、与 AX-BUS 总线的通信、执行机组的监控程序。

C2 与 C1 互为冗余模板。以热备用的冗余方式,切换时间为 0 s。

开关量模板(CP-2110):模板本身自带 CPU 处理器,模板的数据采集、数据处理和滤波等功能由其自身完成,不依赖 LCU 的中央处理器。每个模板带有 64 个单点,也可通过参数配置为 32 个双点。模板能产生带有实时时标的开关量通信报文上送上位机,数据分辨率为 1 ms,实时时标由模板本身保证。机组开关量模板电压等级为 24 V DC。

模拟量模板(AI-2300):模板本身自带 CPU 处理器,模板的数据采集、数据处理和滤波等功能由其自身完成,不依赖 LCU 的中央处理器。每个模板带有 16 路 4~20 mA 模拟量输入,模板能产生带有实时时标的开关量通信报文,实时时标由模板本身保证。模板上可安装模拟量输出子板(SM-0572),带有 2 路 4~20 mA 模拟量输出。

温度量模板(AI-2301):模板本身自带 CPU 处理器,模板的数据采集、数据处理和滤波等功能由其自身完成,不依赖 LCU 的中央处理器。每个模板带有 32 路 RTD 输入,能产生带有实时时标的开关量通信报文,实时时标由模板本身保证。

开出模板(DO-2201):模板本身自带 CPU 处理器,每个模板的参数设置、数据处理输出等功能由其自身完成,不依赖 LCU 的中央处理器。每个模板带有 40 路 DO 输出。

AI-6303 交采装置:AI-6303 智能交流采样装置能够直接接入 3 个电流、4 个电压的交流采样;采用双 CPU 结构(80C251+ADSP2185),每周波采样 128 点,采用快速傅立叶计算(FFT),主要参数精度为 0.2 级。AI-6303 具备同期功能。

2. 同期装置(SYN3000)

1) 同期装置的模式

SYN3000 同期装置运用微机技术将同期检侧单元、频率差控制单元、电压差控制单元、合闸信号控制单元融合在一起,提供了"5+1"的同期模式。

Mode1(模式一):发电机母线式双侧有压同期。

Mode2(模式二):用于线路和母线间双侧有压的同期。

Mode3(模式三):主要应用于无压状态的合闸。根据不同的参数设置又可分出三种不同的子模式,即有压/无压、无压/有压、无压/无压。

Mode4(模式四):同期检测、人工合闸的同期方式。

Mode5(模式五):快速转移母线的同期方式。

Mode6(模式六):测量断路器合闸时间。

注意:SYN3000 设置同期模式四。处于该模式四的 SYN3000 仅发出同期条件满足的信号而不是合闸命令,但是该信号用来闭锁手动合闸命令。操作人员通过监视同期表计和 SYN3000 发出的同期条件准备好信号来通过手动合闸。

2) 用户界面

SYN3000 的前端用户界面采用 LED、四行的液晶显示屏和简易的控制面板,用于记录详细的事件,SYN3000 的前端用户界面全英文显示,中文注释见表 9-11。

表 9-11　SYN3000 用户界面中文注释

LED 序号	名称	说明
1	Ready	正常备用
2	Active	同期装置激活工作状态
3	Frequency increase	增频信号
4	Frequency decrease	减频信号
5	Voltage increase	增压信号
6	Voltage decrease	降压信号
7	System1 active	Sys1 信号引入
8	System2 active	Sys2 信号引入
9	ΔV Low	压差进入允许范围
10	ΔF Low	频差进入允许范围
11	$\Delta\phi$ Low	相角差进入允许范围
12	Initial time delay	同期初始化延时
13	Deactivation-out of time	同期装置复归时间
14	CB Close	发出和闸命令
15	Total sync. time	同期超时
16	Warning/Error	故障报警

3）装置工作电源及部分重要接线

Channel Input——SYN3000 提供了 10 个同期通道的选择输入。对于每个通道均有 6 种同期模式供选择。每种模式可以有不同的设置参数。通道模式的选择和参数设置是通过对 SYN3000 参数化来实现的。参数化工作可在 SYN3000 的控制面板上进行，也可以先在便携机上将参数设置好再通过串口下载到 SYN3000 中。模式的选择完全由监控系统自行判断并自动选择。

SYS1/SYS2——SYN3000 直接交流采样输入同期两侧 PT 二次值。同期点的选择便是通过引入不同的 PT 二次值来实现的。同期点可手动和监控系统自动选择。

Δf——有调节同期系统的调频命令。

ΔU——有调节同期系统的调压命令。

Alarm ——SYN3000 的综合故障报警信号。

Ready ——SYN3000 准备好信号。

CB ——合闸命令。

4）重要参数的设置

机端电压的上限为 115 V（PT 二次值）。

机端电压的下限为 95 V（PT 二次值）。

最大允许电压差为 5 V。

最大允许频率差为 0.2 Hz。

最大允许合闸相角为 5 Deg。

恒定越前时间为 90 ms。

(三)基本操作

通过触摸屏可完成对机组的现地集中监控,其机组控制画面是主画面,在此画面中显示了机组主接线中主要电气元件的分/合位置、机组重要的运行参数,在此画面中可以进行下列操作:

(1)电气元件的合闸、分闸控制操作,点按开关、刀闸的控制命令对应的合闸/分闸菜单,将弹出一个对话框供操作员进行二次确认,确认后命令下发。

(2)调速器、励磁系统的控制方式切换,导叶锁锭、导叶关断阀控制操作等。

(3)功率设定、无功设定等调节命令下发,在设定框弹出调节数值框,调整确认命令后下发。

(4)点按画面顶部的画面目录下拉菜单,可转入不同的子画面。

①机组控制画面:调速器、励磁、机组电气部分接线的运行方式、控制设定及各个电气参数等。

②顺控流程画面:机组开、停机操作及序列子画面。

③温度监视画面:机组各部温度显示及越复限报警。

④振摆系统画面:机组各部振动测点显示数值及报警信号。

⑤制动系统画面:机组电制动相关开关、刀闸操作及状态显示,解锁、闭锁等。

⑥冷却水系统画面:显示机组各部冷却水流量,各个技术供水阀门状态显示及控制操作。

⑦事件表信息框:显示机组各个反馈信号、触摸屏下发命令、报警信号。

⑧报警表信息框:系统有报警信号且未得到操作员确认时,该信息框为黄/红(故障/事故)闪烁,确认后复归的消失,未复归的在报警表显示。

⑨实时曲线:在触摸屏上可以选取固定曲线组显示,也可查看单一信号实时曲线。

(四)机组控制

在小浪底水电站的开、停机流程中,机组共有四个稳态:停机稳态 ST(STAND-STILL),空转稳态为水轮机态 TO(TURBINE-OPERATION),空载稳态 TE(TURBINE-EXCITATION),并网稳态为并网发电态 LO(LINE-OPERATION)。

1. ST 到 TO 的转换条件(开机条件)

机组无事故。

LCU 远方或现地控制。

空气围带撤除。

进口快速门开启。

风闸落下。

辅助系统自动方式(筒阀远方自动、顶盖泵自动、调速器远方、主轴封泵自动)。

TO 到 TE 的转换条件为:

停机至空转条件满足。

励磁系统准备好。

同期装置准备好。

励磁系统远方控制。

同期装置无故障。

手动或自动准同期方式。

同期装置准备好。

2.TE 到 LO 的转换条件

空转至空载条件满足。

励磁系统远方控制。

黄 22X 东或黄 22X 西闭合。

黄 22X 甲闭合。

以上转换条件在触摸屏的顺控流程画面,点按各状态前的执行条件按钮,可查看。条件未满足时,其信息框为灰色;条件满足时,为绿色。

3.机组开、停机流程控制方式

机组开、停机流程共有两种控制方式,分别为自动方式和单步方式,其中自动方式为正常的工作方式,单步方式适用于机组调试。这两种方式在机组 LCU 的远方控制下,在上位机进行选择;在机组 LCU 的现地控制方式下,在 LCU 触摸屏的顺控流程画面进行如下选择。具体方法是点按所需方式的按钮,画面上会弹出一个对话框,在此对话框上确认。此时,所选方式的按钮会变成绿色,选择完成。

自动方式:在顺控流程画面,选中欲使机组达到的四种稳态,当执行条件满足时,机组即从当前状态向选中状态按照流程自动进行,直至达到所选状态。

单步方式:在顺控流程画面,选中欲使机组达到的四种稳态,当执行条件满足时,机组即从当前状态向选中状态按照流程按步进行。每一步完成后,自动停止,等待操作员点按单步释放按钮,再进行下一步,直至达到所选状态。

1)机组 LCU 的控制方式

小浪底站:这种方式为机组 LCU 正常的工作方式,在 GA01 屏上,将控制层切换钥匙开关切至远方位置,同期装置的同期方式选择开关切至自动位置,同期检查开关切至 0 位置,机组 LCU 即进入远方控制工作方式。在这种工作方式下,只能由上位机控制机组,在LCU 上只能对机组进行监视,不能进行任何控制。

在上位机进行开机时,在 LCU 的顺控流程画面,点按每一步的按钮,可监视每一步的执行情况,当一步没有完成时,其信息框为灰色,而完成后,为绿色。

(1)开机操作停机稳态至空转稳态:

第一步:技术供水投入、筒阀开启、尾水管补气 90 s。

第二步:导叶锁锭退出。

第三步:导叶关断阀励磁、调速器准备启动、调速器开机。

注:转速大于90%额定转速时,第三步完成。此时机组进入空转状态。

(2)空转稳态至空载稳态:

第一步:黄 X 甲刀闸合闸。

第二步:合上 GCB 或 TCB 断路器中的一个。

注:第二步中的断路器合闸由流程控制,其控制逻辑为:当两个断路器均在断开位置时合上 GCB,把 TCB 作为同期点;当两个断路器中的一个已经在闭合状态时,把断开状态的断路器作为同期点。

第三步:灭磁开关合闸、励磁系统启动。

注:机端电压大于等于 17 kV 时,第三步完成。此时机组进入空载状态。

(3)空载稳态至并网稳态:

第一步:黄 22X 中地刀闸合闸。

第二步:同期并网。

注:第二步完成后,机组进入并网状态。

以上各步,每一步都设定有动作时限,超过设定时限,该步若还没有完成,则机组自动进入停机流程,机组退回上一个稳态。

在上位机进行停机时,在 LCU 的顺控流程画面,点按每一步按钮,可监视每一步的执行情况,当一步没有完成时,其信息框为灰色,而完成后,为绿色。

(4)停机操作并网稳态至空载稳态:

第一步:调速器控制模式转换为开度控制。

励磁调节器控制模式转换为无功功率调节模式。

有功出力降至 0,无功出力降至 0。

第二步:断开 TCB。

注:第二步完成后,机组进入空载稳态。

(5)空载稳态至空转稳态:

第一步:励磁系统停止。

注:第一步完成后,机组进入空转稳态。

(6)空转稳态至停机稳态:

第一步:调速器停机令,开/停机电磁阀失磁。

第二步:电气/机械制动;筒阀关闭。

第三步:制动结束。

第四步:导叶锁锭投入;技术供水退出。

注:第四步完成后,机组进入停机稳态。

2)机组的现地控制方式

这种方式为上位机故障或需要在现地调试机组时 LCU 的工作方式,在 GA01 屏上,将控制方式选择钥匙开关切至现地位置,同期装置的同期方式选择开关切至 AUTO 位置,同期检查开关切至 0 位置。在这种工作方式下,只能由 LCU 控制机组,在上位机上只能对机组进行监视,不能进行任何控制。

点按调速器的三个调节方式(功率、开度、转速控制)选择按钮之一,或者点按励磁调节器的四个调节方式(无功、功率因数、AVR、FCR 控制)选择按钮之一,并在弹出的对话框中进行二次确认,当所选定方式按钮的颜色框变为绿色时,调节方式的选择完成。

点按所选定的调节方式的设定值数值框,在弹出的数字输入板上输入设定值,并点按OK 按钮,数值将下传,完成有功或者无功负荷的设定。在点按 OK 按钮之前任何时刻,点按 CANCEL 按钮,将退出数值输入状态,数值不下传;在点按 OK 按钮之前任何时刻,点按CE 按钮,将清除输入值,但不退出数值输入状态,可重新输入设定值。

机组的报警监视及确认:在触摸屏的任何一个画面,点按报警表按钮,都可以进入报警列表画面,从模板传送来的报警信号和监控系统经逻辑运算得出的报警信号均在此显示。表中每一行为一条报警信息,不再闪烁的信号表示该报警状态已得到操作员确认,黄色或红色的信号表示该报警信号仍然存在。对于正在闪烁的报警信号,操作员点按画面上确认按钮,该报警信号已复归的情况下将自行从报警表中消失。

机组的状态监视:在机组 LCU 的任何一种控制方式下,在现地都能对机组状态进行监视,这些监视包括机组温度监视、振动监视和报警监视。

机组的温度监视:在触摸屏画面中,点按温度监视按钮,可进入温度显示画面,在这个画面中,机组各测温点的温度值均有数值显示,温度正常时温度棒是绿色,超出报警整定值时为黄色,超出停机整定值时为红色。

机组的振动监视:在触摸屏画面中,点按振摆系统按钮,可进入机组振动画面,在这个画面中,以数值形式显示了机组各部分在水平与垂直方向的振动与位移值。

3)机组 LCU 的检修(REV)工作方式

将 LCU 控制屏上的控制方式选择钥匙开关置 REV 位置,即进入这种工作方式。这种工作方式在机组检修时使用,在这种工作方式下,LCU 不接受任何操作命令,但在 LCU 可对机组进行监视,并把机组的信号送至上位机。

二、开关站现地控制单元 LCU8

LCU8 主要负责开关站设备、清水系统及地面直流系统的监控。它主要由监控模板、同期装置(SYN3000)、工作电源、触摸屏继电器、开入继电器、开出继电器组成。机组 LCU 共有 5 块盘柜组成,其中,

AD01——1#机架控制屏;

AD02——电源开关控制屏;

AD03——2#机架控制屏;

AD04——交采装置控制屏;

AD05——端子转接屏。

(一)基本功能

(1)开关站系统数据的采集、处理和传输;

(2)开关站开关、刀闸的控制;

(3)开关站线路电量统计;

(4)开关站开关的后备控制;

(5)地面直流系统的监视和控制。

(二)系统硬件技术指标

开关站控制单元的监控模板由 AK1703 ACP 机架、AI-6303 交采装置构成。开关站

监控 AK1703 ACP 机架由 C0（CP-2010）、C1（CP-2017）、C2（CP-2017）、开关量模板（CP-2111）、模拟量模板（AI-2300）、温度量模板（AI-2301）、开出模板（DO-2201）组成。

C0 负责本框架内各模板间的通信、C1 与 C2 间的双机切换、与触摸屏的通信。

C1 负责与双环以太网的通信、与 AX-BUS 总线的通信、执行开关站的监控程序。

C2 与 C1 互为冗余模板。以热备用的冗余方式，切换时间为 0 s。

开关量模板（CP-2111）：模板本身自带 CPU 处理器，模板的数据采集、数据处理和滤波等功能由其自身完成，不依赖 LCU 的中央处理器。每个模板带有 64 个单点，也可通过参数配置为 32 个双点。模板能产生带有实时时标的开关量通信报文上送上位机，数据分辨率为 1 ms，实时时标由模板本身保证。开关站开关量模板电压等级为 220 VDC。

模拟量模板（AI-2300）：模板本身自带 CPU 处理器，模板的数据采集、数据处理和滤波等功能由其自身完成，不依赖 LCU 的中央处理器。每个模板带有 16 路 4~20 mA 模拟量输入，模板能产生带有实时时标的开关量通信报文，实时时标由模板本身保证。模板上可安装模拟量输出子板（SM-0572），带有 2 路 4~20 mA 模拟量输出。

温度量模板（AI-2301）：模板本身自带 CPU 处理器，模板的数据采集、数据处理和滤波等功能由其自身完成，不依赖 LCU 的中央处理器。每个模板带有 32 路 RTD 输入，能产生带有实时时标的开关量通信报文，实时时标由模板本身保证。

开出模板（DO-2201）：模板本身自带 CPU 处理器，每个模板的参数设置、数据处理输出等功能由其自身完成，不依赖 LCU 的中央处理器。每个模板带有 40 路 DO 输出。

AI-6303 交采装置：AI-6303 智能交流采样装置能够直接接入 3 个电流、4 个电压的交流采样；采用双 CPU 结构（80C251+ADSP2185），每周波采样 128 点，采用快速傅里叶计算（FFT），主要参数精度为 0.2 级。AI-6303 来实现母线开关及各出线线路开关的同期功能。

（三）同期系统

母线及各出线线路各个开关，均单独配置一个 AI-6303 作为同期使用。

主要同期参数：

（1）最大允许电压差为 5 V。

（2）最大允许频率差为 0.15 Hz。

（3）最大允许合闸相角 5 Deg。

（4）恒定越前时间为 130 ms。

（5）电压调节脉冲速度 6 s/10 V；脉冲间距 3 s。

（6）频率调节脉冲速度 60 s/10 Hz；脉冲间距 5 s。

三、公用系统现地控制单元 LCU7

LCU7 主要负责对全厂油、水、气等辅助系统以及厂用电 10 kV 和 400 V 系统的监视和控制。LCU7 负责采集全厂公用设备信息，并把上位机的操作命令传送给公用设备，该 LCU 只能远方控制，没有现地控制方式。在 LCU7 上，运行人员不能对设备直接操作。它主要由监控模板、工作电源、开入继电器、开出继电器组成。公用系统 LCU7 共有两块盘柜，其中：

AD01——机架控制屏;

AD02——电源控制屏。

(一)基本功能

(1)全厂油、气、水系统的监视和控制;

(2)全厂 10 kV、400 V 厂用电系统的监视和控制;

(3)地下厂房直流系统的监视和控制。

(二)系统硬件技术指标

公用系统的监控模板由一个 AK1703 ACP 机架及其模板组成。公用系统监控 AK1703 ACP 机架由 C0(CP-2010)、C1(CP-2017)、C2(CP-2017)、开关量模板(CP-2100)、模拟量模板(AI-2300)、温度量模板(AI-2301)、开出模板(DO-2201)组成。

C0 负责本框架内各模板间的通信、C1 与 C2 间的双机切换、与 10 kV 系统的通信。

C1 负责与双环以太网的通信、与 AX-BUS 总线的通信、执行公用系统的监控程序。

C2 与 C1 互为冗余模板。以热备用的冗余方式,切换时间为 0 s。

开关量模板(CP-2100):模板本身自带 CPU 处理器,模板的数据采集、数据处理和滤波等功能由其自身完成,不依赖 LCU 的中央处理器。每个模板带有 64 个单点,也可通过参数配置为 32 个双点。模板能产生带有实时时标的开关量通信报文上送上位机,数据分辨率为 10 ms,实时时标由模板本身保证。开关站开关量模板电压等级为 24 V DC。

模拟量模板(AI-2300):模板本身自带 CPU 处理器,模板的数据采集、数据处理和滤波等功能由其自身完成,不依赖 LCU 的中央处理器。每个模板带有 16 路 4~20 mA 模拟量输入,模板能产生带有实时时标的开关量通信报文,实时时标由模板本身保证。模板上可安装模拟量输出子板(SM-0572),带有 2 路 4~20 mA 模拟量输出。

温度量模板(AI-2301):模板本身自带 CPU 处理器,模板的数据采集、数据处理和滤波等功能由其自身完成,不依赖 LCU 的中央处理器。每个模板带有 32 路 RTD 输入,能产生带有实时时标的开关量通信报文,实时时标由模板本身保证。

开出模板(DO-2201):模板本身自带 CPU 处理器,每个模板的参数设置、数据处理输出等功能由其自身完成,不依赖 LCU 的中央处理器。每个模板带有 40 路 DO 输出。

四、模拟屏 LCU10

模拟屏 LCU 的作用为驱动模拟屏,在模拟屏显示的信号由 LCU10 提供,LCU10 不能进行任何现地操作,只能接受通信来的指示灯状态。模拟屏上的 6 台机组的紧急停机按钮,是通过硬接线直接作用于停机和机组落事故门。LCU10 主要由监控模板、工作电源、开入模板、开出模板组成。

(一)基本功能

(1)实时显示全厂主系统各开关、刀闸位置信号;

(2)实时显示机组状态;

(3)实时显示全厂系统主要的电流、电压和频率等;

(4)实现紧急停机和紧急落快门。

(二)系统硬件技术指标

监控模板:由 AK 框架和两块 AME 模板(AME1、AME2)组成。

AK 框架由一块 MCU(CP2000)、C2 及 7 块 AWA 模板组成。技术参数见机组现地控制单元。工作电源见机组现地控制单元。

五、系统应用软件日常维护及操作方法(TOOLBOX OPMII)

AK1703 ACP 的应用软件 TOOLBOXII 是所有现地控制级的开发、应用、维护工具,主要使用 CAEX PLUS、OPMII、PSRII 等工具箱,分别完成 LCU 逻辑应用程序的开发和监控点的定义、工程师管理、参数化和调试等功能。

OPMII 是数据库软、硬件编译软件,主要完成数据库结构、参数的编译、硬件板卡的配置,并将数据上传或下载到 CAE Server、CAExPlus 以及 SCADA Server 中,从而实现在上位机画面或事件表中显示数据信息,结构图见图 9-4。

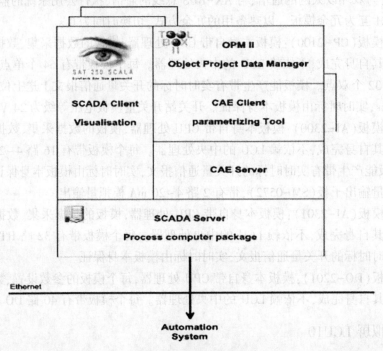

图 9-4　数据库结构图

(一)OPM II 图标及颜色定义

在 OPM II 的人机界面里面的类型(type)、对象(image)、缺省(default)、输入(input)、参数(parameter),以及信息类型(infotype),被定义成各种符号。具体定义如下所示。

1. Type

 表示 type。

表示所有只读域(range)中显示的用户类型(user type)。

表示所有的 infotype。

表示所有的 parameter type。

表示参数与当前选择的参数类别(category)不相符。

2. Defaults input

表示所有的缺省输入(default input)。

3. Image

表示所有尚未转换的带类型(typed image)的 image。

表示所有已经转换的带类型的 image。

表示带类型的 image 只有 1703 参数经过了转换。注:如果 image 中没有 CAEx 参数,转换之后,这个图标也会出现。

表示带类型的 image 只有 CAEx 参数已经转换。

表示无类型的的(typeless)image。

黑色:表示该参数没有使用公式或引用,也不是公式或引用的调用数据。
红色:该参数是引用的源。
绿色:该参数用了引用。
暗蓝色:该参数为连接地址的一部分。
灰色:该参数为只读。
粉红色:该参数用了公式。
浅蓝色:该参数是一个公式的输入。

(二)OPMII 视图
在视图菜单里有各种设置用来简化 OPM 的工作,列举如图9-5所示。
1. Referencne-& formular-mode
通过这个选项,OPM 可以进入引用和公式模式。公式和引用只能在该状态下定义。
2. Smarticons
通过这个选项,智能图标可以被激活或者隐藏。
3. Error output
通过这个选项,错误输出栏可以被激活或者隐藏。每次进行 image 转换时,错误输出窗口自动激活。
4. Read ranges
通过这个选项,可读 range 可以被显示或者隐藏。可读 range 可以添加到相应的 range,但是在这个选项中可设置为不可见。

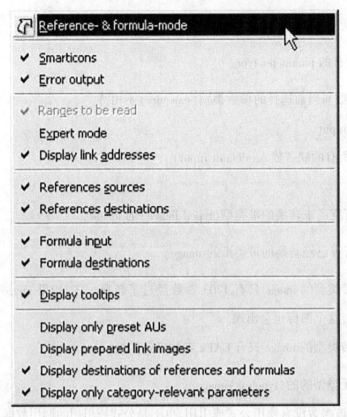

图 9-5 菜单栏

5. Display link address

通过这个选项可以显示或者隐藏连接地址。如果连接地址已经填好并不需要修改，这个选项可以使 OPM 的显示更加简捷。

6. Reference sources

该选项选中后，引用的源会显示颜色。

7. Reference destinations

该选项选中后，所有使用了引用的参数会显示颜色。

8. Foumula input

该选项选中后，公式的输入参数会显示颜色。

9. Fomula destinations

该选项选中后，使用了公式的参数会显示颜色。

10. Display tooltips

可以通过该选项来显示或隐藏参数工具提示(简单的帮助文件)。

11. Display only preset AUs

该选项可以选择在所有单元和预设单元之间切换显示。

12. Display prepared link images

在每个信号里面都可以将 link image 改为备用。为了使显示界面更加清晰明了，可对备用 link image 显示进行隐藏。

13. Display destinations of references and formulas

如果参数是通过公式来计算或者是通过引用链接得到的,这个参数可以使该参数从树型图中隐藏起来。

14. Display only category-relevant parameters

在 OPM 工具中,可以在一个 link image 分类显示诸如单点信息、双点信息等。如果选择单点信息的过滤器,所有不是单点信息分类的将会被过滤掉。要获得一个清晰的总览,这些过滤掉的信息将会隐藏。如果过滤器修改了,新过滤器下的数据将会显示。可以通过这种工作方式来极大提升 OPM 操作的便捷性。

(三)Image

Image 与 type 是一个结构化的对象模板相比,image 代表具体的对象,因此 image 就需要参数设定以及数值的修改。每个 image 代表一个具体的实物(如母线隔离刀等)。

1. 如何建立 Image

1)类型化 Image 的建立

点击 Tools/Images 和 Tools/Type Overview,将一个准备用来建立 image 的类型从 Type-Overview 窗口拖曳进 Image-processing 窗口的相应位置,一个具体实物的 image 就已建立。

2)非类型化 Image 的建立

(1)Image 目录建立。

右键点击所需建立 Image 的目录,在弹出窗口中选择 Insert new image/typeless,在 Name of image 中填写所创建的 image 目录的名称,点击 expand 可以打开高级选项进行填写(此高级选项是为了方便批量建立 Image 时所用)。

(2)Image 数据的建立。

右键点击所需建立 Image 的目录,在弹出窗口中选择 Insert new image/typefield,其中 Name of image 和 Type 项必须填写,Number of 则是可以同时新建几个 image 数据,点击 expand 可以打开高级选项进行填写。(此高级选项是为了方便批量建立 Image 时所用的)

2. 如何删除 Image

对于已经编译过的 Image,必须先将其 LK_Prep 修改为 Prepared,再编译一次,方可删除。

对于未经编译的 Image,可直接进行删除。

3. 如何复制、剪切 Image

对于已经编译过的 Image,必须先将其 LK_Prep 修改为 Prepared,再编译一次,方可进行复制或剪切操作,具体操作如下:

在需要进行操作的 Image 上点击右键,在弹出的菜单中选择 copy,然后右击目标 Image,在弹出的菜单中选择 paste,选择 copy 则是复制,选择 move 则是剪切,其中 Name of image 是复制或剪切后的 iamge 的名称,Number of 则是其数量。

(四)数据类型参数说明

对于所有的数据类型都具备一些共同属性的参数,主要描述了数据点的一些常规信息和传送服务器的信息。

LK_CaeID:标识数据在编译的时候将传到 CAE Server 中。

LK_TA:每个数据点的 TA 地址不一样,图形画面是通过 TA 地址来连接数据点的。

LK_DS:在数据点被建立的时候系统会自动填写,此属性标识了该数据点将被哪里调用。

LK_Cat:标识该数据点的数据类型。

LK_Prep:标识该数据点是否被激活。

SCADA_Systems:标识该数据点所传至多 SCADA 服务器的名称。

SCADA_Source:标识该数据点 SCADA 的源头,此处不必填写。

SCADA_Targets:标识该数据点 SCADA 的目标,此处不必填写。

Longtext:该数据点的中文描述。

Source:标识该数据点的源头。

Stat/GrNo:标识该数据点的站点号或者站组号。

LANSta/Gr:标识该数据点属于站组或者属于站点。

CASDU1_Reg:标识该数据点所属的电站代号。

CASDU2_Comp:标识该数据点所属的 LCU 代号。

IOA1_Bd:标识该数据点所属板卡代号。

IOA2_Value:标识该数据点所属板卡的点号。

IOA3_SA:标识该数据点的数据类型(用数字标识)。

Rem:标识该数据点所进的反映矩阵。

Archive1~3:标识该数据点所进的事件记录表(详细说明请参见《CAE 维护手册》)的类型。

ALM1~8:标识该数据点所进的报警信息表。

CAT1~8:标识该数据点所进的过滤器(详细说明请参见《CAE 维护手册》)。

1. Binary Information

此数据类型为 DI 量,分为单点信息(数据类型代码为 30)和双点信息(数据类型代码为 31),特有参数如下:

Manually corrected:标识该数据点的值是否取决于公式计算的结果。

Formula:标识该数据点是否参与公式计算。

TextOff:标识该数据点为 0 时的中文描述。

TextOn:标识该数据点为 1 时的中文描述。

TextIntermed:标识该数据点为 01 时的中文描述,只有当该点为双点信息时才需要填写。

TextFault:标识该数据点为 10 时的中文描述,只有当该点为双点信息时才需要填写。

Date format:标识该数据点的数据类型。

CurveDataArchive:标识该数据点所调用的曲线 Archive 名称。

CurveDataArchive_Def：标识该数据点是否使用曲线 Archive。

Invert：标识该数据点是否取反逻辑。

2. Measured Value

此数据类型为 AI 量,数据类型代码为 36,特有参数如下：

Format：标识该数据点的数据格式。

Unit：标识该数据点的单位。

ValR0：标识该数据点的最小值。

ValR100：标识该数据点的最大值。

Date format：标识该数据点的数据类型。

Adaptation：标识该数据点工程值计算的方式。

AdpOver：标识该数据点工程值的计算限值。

Curve：若 Adaptation 选择了曲线方式,这里就需要填写相应的曲线名称。

AdpX1：标识该数据点工程值计算的横坐标的起点。

AdpX2：标识该数据点工程值计算的横坐标的终点。

AdpY1：标识该数据点工程值计算的纵坐标的起点。

AdpY2：标识该数据点工程值计算的纵坐标的终点。

Limit1：标识该数据点的限值类型(静态、动态)。

Limit1Type：标识该数据点的限值种类(低限、低低限、高限、高高限)。

Limit1Value：标识该数据点的限值数值。

Limit1PV：若 Limit1 选择了动态,这里必须填写一个动态 TA 地址。

Gradient1：标识该数据点变位上送门槛值类型(静态、动态)。

Grad1Type：标识该数据点变位上送门槛值种类。

Grad1Value：标识该数据点变位上送门槛值的数值。

Grad1PV：若 Gradient1 选择了动态,这里必须填写一个动态 TA 地址。

Grad1Tb：对 Grad1PV 进行了值得限定,假如 Grad1Tb 填写为 1,则表示当 Grad1PV 所填写的 TA 地址的值为 1 时,该数据点变位上送。

由于 Limit2、3、4 和 Limit1 的参数含义一致,Grad2 和 Grad1 的参数含义一致,故在此处不再进行详细说明。

注意：在填写 AI 量限值时要遵守如下原则：①Limit1<Limit2；②Limit3<Limit4。

3. Command

此数据类型为 DO 量,数据类型代码为 45,特有参数如下：

ATime：标识该数据点开出后清零的时间。

Switching text1：标识该数据点开出后的中文描述。

Switching text2：标识该数据点开出复归后的中文描述。

Enable PV：标识该数据点开出限制条件,此处只能填写动态 TA 地址。

Enable status：标识该数据点开出限制条件的动作值。

Send：标识该数据点是否能开出。

Data format：标识该数据点的数据类型。

Command group：标识该数据点所属的命令组。

4. Setpoint Values

此数据类型为 AO 量，数据类型代码为 50，特有参数如下：

Format：标识该数据点的格式。

Unit：标识该数据点的单位。

Enable PV：标识该数据点开出限制条件，此处只能填写动态 TA 地址。

Enable status：标识该数据点开出限制条件的动作值。

Send：标识该数据点是否能开出。

PlausFrom：标识该数据点开出时的最小值。

PlausTo：标识该数据点开出时的最大值。

（五）在线维护和数据备份

1. 在线监视

第一步：连接下载光纤。

第二步：启用 CAEX PLUS 软件工具，并进入相应的 AU 单元。

第三步：打开要监视的程序界面。

第四步：在右侧菜单中点击 Online-Test 命令后，进入相应程序进行在线监视。

2. 故障诊断

第一步：连接下载光纤。

第二步：启用 Diagnosis 工具。

第三步：选择要诊断的 AU。

第四步：双击相应的 CPU 便可读到诊断信息（可载菜单中选择诊断内容）。

3. 数据备份

第一步：打开 Data distribution center 工具（长期备份应使用光盘刻录，临时备份，可以备份在硬盘上）。

第二步：启用 Import/Export Backup 工具。

第三步：选择要备份的相应的 AU 程序、备份路径、伴随参数。

第四步：点击 OK 监视备份状态；待显示 Successful 时完成备份。

六、日常维护

LCU 每年清扫一次，清扫 LCU 时应使用绝缘清扫工具，禁止使用产生静电的清扫工具。LCU 避免产生振动。LCU 正常运行时，禁止在其工作电源（交流和直流）回路上接入其他用电设备，禁止带电插拔 LCU 模板（插拔 LCU 模板应使用接地手环），禁止将强电（特别是交流电）串入 LCU 开关量输入模板、模拟量输入、温度量输入模板。禁止在机组正常运行时，对 LCU1~LCU6 下载参数或冷启动模板。发生事故后，在事故原因没有查清以前，禁止清除触摸屏、报警单元上的任何信号或复归任何模板。日常巡视项目包括：

（1）观察监控模板上的 LED 的状态是否正常（必要时可在线读取诊断信息）。

（2）环境温度和湿度是否在允许范围。

（3）盘柜是否清洁。

（4）SYN3000 是否工作正常（RY 绿色 LED 必须在亮状态）。

（5）电源单元是否工作正常（OK 绿色灯亮为正常）。

（6）触摸屏是否工作正常。

（7）盘柜上各指示灯检测（手动按试灯按扭）。

（8）盘柜其他设备的检测。

（9）LCU 停电。

（10）做好防误动措施，如先将开出继电器开关断电、将 LCU 切至检修位。

（11）停运相应的模板。

（12）非必要的情况下，机架不停运。

七、C 级检修的标准项目

（一）机组现地控制单元 LCU1～LCU6

（1）装置清灰、除尘。

（2）盘柜内各设备、元件的检查。

（3）模拟量测量输入值及限值缺陷的处理。

（4）温度量测量输入值及限值缺陷的处理。

（5）电气量回路及测量值缺陷的处理。

（6）开关量输入缺陷的处理。

（7）开关量输出缺陷的处理。

（8）模拟量输出缺陷的处理。

（9）上电检查项目：技术供水阀门及尾水补气系统阀门远控试验，要求动作可靠，信号返回正常。

（二）公用系统现地控制单元 LCU7

（1）装置清灰、除尘。

（2）盘柜内各设备、元件的检查。

（3）模拟量测量输入值及限值缺陷的处理。

（4）温度量测量输入值及限值缺陷的处理。

（5）电气量回路及测量值缺陷的处理。

（6）开关量输入缺陷的处理。

（7）开关量输出缺陷的处理。

（8）与上位机通信检测。

（9）与 10 kV 系统通信检测。

（三）开关站现地控制单元 LCU8

（1）装置清灰、除尘。

（2）盘柜内各设备、元件的检查。

（3）模拟量测量输入值及限值缺陷的处理。

（4）温度量测量输入值及限值缺陷的处理。

（5）电气量回路及测量值缺陷的处理。

(6)开关量输入缺陷的处理。

(7)开关量输出缺陷的处理。

(8)双机切换试验。

第三节　西霞院工程监控系统现地控制单元(LCU)设备检修规程

西霞院反调节水库是黄河小浪底水利枢纽配套工程,位于黄河干流中游河南省境内,上距小浪底工程 16 km,距洛阳 33 km,下距郑州 145 km。工程附近有陇海和焦枝铁路干线,南北两岸与郑州、洛阳等城市均有公路干线连通,交通条件较好。西霞院工程作为小浪底的配套工程,其工程开发任务以反调节为主,结合发电,兼顾供水、灌溉等综合利用。电站厂房内安装 4 台单机容量为 35 MW 竖轴贯流转桨式水轮发电机组,电站总装机容量 140 MW。多年平均年发电量 5.103 亿 kW·h。西霞院工程监控系统现地控制单元(LCU)共计 6 台,其中 LCU1~4 用于 7#~10# 机组的监控,LCU5 用于开关站设备,LCU6 用于公用设备,所有的现地 LCU 与上位机之间均通过星形光纤工业以太网进行通信。

一、机组现地控制单元 LCU1~LCU4

7#~10# 机组共 4 套 LCU 设备,其中每 LCU 的配置是完全相同的。它主要由监控模板、同期装置(SYN3000)、工作电源、触摸屏、开入继电器、开出继电器组成。每台 LCU 由 LCUA1、LCUA2、LCUA3 及水机保护屏组成。

(一)基本功能

(1)机组单元数据采集、处理和传输。

(2)机组流程控制。

(3)机组单元状态监视。

(4)机组有功、无功调整。

(5)机组单元开关、刀闸操作。

(6)机组同期的现地控制。

(7)实现机组紧急停机。

(8)按电力系统稳定装置的命令自动启动或切除机组负荷。

(二)系统硬件技术指标

机组监控模板是由 AK1703 ACP 机架、AI-6303 交采装置构成。机组监控 AK1703 ACP 机架由 C0(CP-2010)、C1(CP-2017)、C2(CP-2017)、开关量模板(CP-2110)、模拟量模板(AI-2300)、温度量模板(AI-6310)、开出模板(DO-2201)组成。

(1)C0 负责本框架内各模板间的通信、C1 与 C2 间的双机切换、与进口快速门 AMC 进行通信、与触摸屏的通信。

(2)C1 负责与双环以太网的通信、与 AX-BUS 总线的通信、执行机组的监控程序。

(3)C2 与 C1 互为冗余模板。以热备用的冗余方式,切换时间为 0 s。

(4)开关量模板(CP-2110):模板本身自带 CPU 处理器,模板的数据采集、数据处理和滤波等功能由其自身完成,不依赖 LCU 的中央处理器。每个模板带有 64 个单点,也可通过参数配置为 32 个双点。模板能产生带有实时时标的开关量通信报文上送上位机,数据分辨率为 1 ms,实时时标由模板本身保证。机组开关量模板电压等级为 24 V DC。

(5)模拟量模板(AI-2300):模板本身自带 CPU 处理器,模板的数据采集、数据处理和滤波等功能由其自身完成,不依赖 LCU 的中央处理器。每个模板带有 16 路 4~20 mA 模拟量输入,模板能产生带有实时时标的开关量通信报文,实时时标由模板本身保证。模板上可安装模拟量输出子板(SM-0572),带有 2 路 4~20 mA 模拟量输出。

(6)温度量模板(AI-6310):模板本身自带 CPU 处理器,模板的数据采集、数据处理和滤波等功能由其自身完成,每个模板带有 4 路 RTD 输入。

(7)开出模板(DO-2201):模板本身自带 CPU 处理器,每个模板的参数设置、数据处理输出等功能由其自身完成,不依赖 LCU 的中央处理器。每个模板带有 40 路 DO 输出。

(8)AI-6303 交采装置:AI-6303 智能交流采样装置能够直接接入 3 个电流、4 个电压的交流采样;采用双 CPU 结构(80C251+ADSP2185),每周波采样 128 点,采用快速傅里叶计算(FFT),主要参数精度为 0.2 级。AI-6303 具备同期功能。

(三)同期装置(SYN3000)

1. 技术参数

额定工作电压:110 V AC。

电压工作范围:0~150 V AC。

额定工作频率:50 Hz、60 Hz。

2. 同期装置的模式

SYN3000 同期装置运用微机技术将同期检侧单元、频率差控制单元、电压差控制单元、合闸信号控制单元融合在一起,提供了"5+1"的同期模式。

Mode1(模式一):发电机母线式双侧有压的同期。

Mode2(模式二):用于线路和母线间双侧有压的同期。

Mode3(模式三):主要应用于无压状态的合闸。根据不同的参数设置又可分出三种不同的子模式,即有压/无压、无压/有压、无压/无压。

Mode4(模式四):同期检测、人工合闸的同期方式。

Mode5(模式五):快速转移母线的同期方式。

Mode6(模式六):测量断路器合闸时间。

注:SYN3000 设置同期模式四。处于该模式四的 SYN3000 仅发出同期条件满足的信号而不是合闸命令,但是该信号用来闭锁手动合闸命令。操作人员通过监视同期表计和 SYN3000 发出的同期条件准备好信号来通过手动合闸。

(四)基本操作

通过触摸屏可完成对机组的现地集中监控,其机组控制画面是主画面,在此画面中显示了机组主接线中主要电气元件的分/合位置、机组重要的运行参数,在此画面中可以进行下列操作:

(1)电气元件的合闸、分闸控制操作,点按开关、刀闸的控制命令对应的合闸/分闸菜单,将弹出一个对话框供操作员进行二次确认,确认后命令下发。

(2)调速器、励磁系统的控制方式切换,导叶锁锭、导叶关断阀控制操作等。

(3)功率设定、无功设定等调节命令下发,在设定框弹出调节数值框,调整确认命令后下发。

(4)点按画面顶部的画面目录下拉菜单,可转入不同的子画面。

(5)机组控制画面:调速器、励磁、机组电气部分接线的运行方式、控制设定及各个电气参数等。

(6)顺控流程画面:机组开、停机操作及序列子画面。

(7)温度监视画面:机组各部温度显示及越复限报警。

(8)振摆系统画面:机组各部振动测点显示数值及报警信号。

(9)制动系统画面:机组电制动相关开关、刀闸操作及状态显示,解锁、闭锁等。

(10)冷却水系统画面:显示机组各部冷却水流量,各个技术供水阀门状态显示及控制操作。

(11)事件表信息框:显示机组各个反馈信号、触摸屏下发命令、报警信号。

(12)报警表信息框:系统有报警信号且未得到操作员确认时,该信息框为黄/红(故障/事故)闪烁,确认后复归的消失,未复归的在报警表显示。

(13)实时曲线:在触摸屏上可以选取固定曲线组显示,也可查看单一信号实时曲线。

(五)机组控制

1. 转换条件

机组共有四个稳态:停机稳态 ST(STAND－STILL),空转稳态为水轮机态 TO(TURBINE－OPERATION),空载稳态 TE(TURBINE－EXCITATION),并网稳态为并网发电态 LO(LINE－OPERATION)。

1)停机到空转的转换条件(开机条件)

(1)机组无机械事故。

(2)机组无电气事故。

(3)紧急停机电磁阀未动作。

(4)事故配压阀未动作。

(5)进水闸门全开。

(6)进水闸门无综合故障信号。

(7)机组在停机态。

(8)空气围带退出。

(9)风闸退出。

(10)调速器在远方自动。

(11)LCU 不在检修态。

(12)LCU 电源无故障。

2)空转到空载的转换条件

(1)机组无电气事故。

(2)电制动退出。

(3)制动断路器在远控。

(4)灭磁开关在远控。

（5）励磁系统在远控。

（6）GCB 在分闸位置。

（7）励磁系统无故障。

3）空载到并网的转换条件

（1）GCB 在远控。

（2）GCB 小车在运行位置。

（3）同期装置 SYN3000 准备好。

以上转换条件在触摸屏的顺控流程画面，点按各状态前的执行条件按钮，可查看。条件未满足时，其信息框为灰色，而条件满足时，为绿色。

2. 控制流程

1）机组开、停机流程控制

机组开、停机流程共有两种控制方式，分别为自动方式和单步方式，其中自动方式为正常的工作方式，单步方式适用于机组调试。这两种方式在机组 LCU 的远方控制下，在上位机进行选择；在机组 LCU 的现地控制方式下，在 LCU 触摸屏的顺控流程画面进行如下选择。具体方法是点按所需方式的按钮，画面上会弹出一个对话框，在此对话框上确认。此时，所选方式的按钮会变成绿色，选择完成。

自动方式：在顺控流程画面，选中欲使机组达到的四种稳态，当执行条件满足时，机组即从当前状态向选中状态按照流程自动进行，直至达到所选状态。

单步方式：在顺控流程画面，选中欲使机组达到的四种稳态，当执行条件满足时，机组即从当前状态向选中状态按照流程按步进行。每一步完成后，自动停止，等待操作员点按单步释放按钮，再进行下一步，直至达到所选状态。

正常运行方式下，在 GA01 屏上将控制层切换钥匙开关切至远方位置，同期装置的同期方式选择开关切至自动位置，同期检查开关切至 0 位置，机组 LCU 即进入远方控制工作方式。在这种工作方式下，只能由上位机控制机组，在 LCU 上只能对机组进行监视，不能进行任何控制。

在上位机进行开机时，在 LCU 的顺控流程画面，点按每一步的按钮，可监视每一步的执行情况，当一步没有完成时，其信息框为灰色，而完成后，为绿色。

（1）停机至空转流程第一步。

至空转第一步执行命令如下：①投技术供水；②投主轴密封水。

至空转第一步反馈信号如下：

限时 600 s 判断：①空冷器和推力下导冷却水示流信号；②主轴密封水压力信号；③循环供水投入或备用水源投入信号是否返回

以上 3 个反馈信号均满足时，流程第一步执行完毕。

（2）停机至空转流程第二步。

至空转第二步执行命令如下：退出导叶锁锭。至空转第二步反馈信号如下：限时 30 s 判断导叶锁锭在退出位置后，流程第二步执行完毕。

（3）停机至空转流程第三步。

至空转第三步执行命令如下：调速器开机令。

至空转第三步反馈信号如下:限时 300 s 判断机组转速>95%N_e 后,流程第三步执行完毕。此时机组在空转稳态。

(4)空转至空载流程第一步。

至空载第一步执行命令如下:合灭磁开关。

至空载第一步反馈信号如下:限时 10 s 判断灭磁开关在合闸位置后,流程第一步执行完毕。

(5)空转至空载流程第二步。

至空载第二步执行命令如下:励磁开机令。

至空载第二步反馈信号如下:限时 60 s 判断机端电压≥90%U_e 后,流程第二步执行完毕。此时机组在空载稳态。

(6)空载至并网流程第一步。

至并网第一步执行命令如下:合主变中性点地刀。

至并网第一步反馈信号如下:限时 20 s 判断主变中性点地刀在合闸位置后,流程第一步执行完毕。

(7)空载至并网流程第二步。

至并网第二步执行命令如下:合 GCB。

至并网第二步反馈信号如下:限时 300 s 判断 GCB 在合闸位置后,流程第二步执行完毕。

(8)空载至并网流程第三步。

至并网第三步执行命令如下:主变中性点地刀复位。

至并网第三步反馈信号如下:如果主变中性点地刀原来在分闸位置,发主变中性点地刀分闸令,判断主变中性点地刀原来在分闸后,流程第三步执行完毕。

如果主变中性点地刀原来在合闸位置,条件直接满足,流程第三步执行完毕。

(9)并网至空载流程第一步。

至空载第一步执行命令如下:①机组有功卸载;②机组无功卸载。

至空载第一步反馈信号如下:①机组有机械事故信号;②机组有电气事故信号;③有功功率<5 000 kW,同时无功功率<3 000 kvar。限时 90 s 判断以上 3 反馈信号任一个满足时,流程第一步执行完毕。

(10)并网至空载流程第二步。

至空载第二步执行命令如下:合主变中性点地刀。

至空载第二步反馈信号如下:限时 20 s 判断主变中性点地刀在合闸位、机组有机械事故信号、机组有电气事故信号,以上三个反馈信号任一个信号满足时,流程第二步执行完毕。

(11)并网至空载流程第三步。

至空载第三步执行命令如下:分 GCB。

至空载第三步反馈信号如下:限时 20 s 判断 GCB 在分闸位置后,流程第三步执行完毕。

（12）并网至空载流程第四步。

至空载第四步执行命令如下：主变中性点地刀复位。

至空载第四步反馈信号如下：

如果主变中性点地刀原来在分闸位置，判断主变中性点地刀原来在分闸后，流程第四步执行完毕。

如果主变中性点地刀原来在合闸位置，条件直接满足，流程第四步执行完毕。

机组有机械事故信号。

机组有电气事故信号。

（13）空载至空转流程第一步。

至空转第一步执行命令如下：退励磁。

至空转第一步反馈信号如下：限时 5 s 判断机端电压小于 $5\%U_e$ 后，流程第一步执行完毕。如果反馈信号不满足，则跳灭磁开关，限时 5 s 再判断机端电压小于 $5\%U_e$，若满足，流程第一步执行完毕。

（14）空转至停机流程第一步。

至停机第一步执行命令如下：调速器停机令。

至停机第一步反馈信号如下：限时 200 s 判断机组转速≤（50%～60%）N_e，流程第一步执行完毕。

（15）空转至停机流程第二步。

至停机第二步执行命令如下：投入电制动，退励磁。

至停机第二步反馈信号如下：①限时 30 s 判断电制动运行正常，否则发"电制动投入不成功"报警信号；②限时 480 s 判断机组转速<（25%～35%）N_e，否则发"电制动投入失败"报警信号；③限时 600 s 判断机组转速=0% N_e，流程第二步执行完毕。

（16）空转至停机流程第三步。

至停机第三步执行命令如下：转速为 0 后延时 25 s，退电制动令。

至停机第三步反馈信号如下：限时 120 s 判断电制动已退出，流程第三步执行完毕。

（17）空转至停机流程第四步。

至停机第四步执行命令如下：①投入导叶锁锭；②退技术供水令；③退主轴密封水令；

至停机第四步反馈信号如下：①导叶锁锭投入位置；②主轴密封水退出；③循环供水退出及备用水源退出。限时 360 s 判断以上信号均满足时，流程第四步执行完毕。此时机组处于停机稳态。

2）机组 LCU 事故停机流程

事故停机信号分为三类，分别为电气事故停机、机械事故停机以及紧急停机。

A. 电气事故停机

（1）无延时执行事故停机信号（DI）。

①发电机差动保护跳闸；

②转子接地保护跳闸；

③负序过负荷保护跳闸；

④励磁变过流保护跳闸；

⑤横差保护跳闸；

⑥失磁保护跳闸；

⑦定子接地保护跳闸；

⑧负压过流保护跳闸；

⑨过电压保护跳闸；

⑩励磁系统三套电源均故障；

⑪励磁系统两套调节器均故障；

⑫机组保护跳闸总出口（来自水机保护）。

（2）无延时执行事故停机的通信信号。

7/8#机组：

①1#主变保护差动保护跳闸（A套）；

②1#主变保护高压侧后备跳闸（A套）；

③1#主变保护接地后备跳闸（A套）；

④1#主变保护不接地后备跳闸（A套）；

⑤1#主变保护过励磁动作（A套）；

⑥1#主变低压侧后备跳闸（A套）；

⑦1#主变非全相跳闸；

⑧1#主变本体重瓦斯跳闸；

⑨1#主变保护差动保护跳闸（B套）；

⑩1#主变保护高压侧后备跳闸（B套）；

⑪1#主变保护接地后备跳闸（B套）；

⑫1#主变保护不接地后备跳闸（B套）；

⑬1#主变保护过励磁动作（B套）；

⑭1#主变低压侧后备跳闸（B套）；

⑮1#主变断路器第一组出口跳闸；

⑯1#主变断路器第二组出口跳闸；

⑰220 kV 母线保护 1 母差动作；

⑱220 kV 母线保护 1 失灵动作；

⑲220 kV 母线保护 2 母差动作。

9/10#机组：

①2#主变保护差动保护跳闸（A套）；

②2#主变保护高压侧后备跳闸（A套）；

③2#主变保护接地后备跳闸（A套）；

④2#主变保护不接地后备跳闸（A套）；

⑤2#主变保护过励磁动作（A套）；

⑥2#主变低压侧后备跳闸（A套）；

⑦2#主变非全相跳闸；

⑧2#主变本体重瓦斯跳闸；

⑨2#主变保护差动保护跳闸(B 套)；

⑩2#主变保护高压侧后备跳闸(B 套)；

⑪2#主变保护接地后备跳闸(B 套)；

⑫2#主变保护不接地后备跳闸(B 套)；

⑬2#主变保护过励磁动作(B 套)；

⑭2#主变断路器第一组出口跳闸；

⑮2#主变断路器第二组出口跳闸；

⑯220 kV 母线保护 1 母差动作；

⑰220 kV 母线保护 1 失灵动作；

⑱220 kV 母线保护 2 母差动作；

⑲220 kV 母线保护 2 失灵动作。

(3)延时执行事故停机信号。

励磁整流柜 1#功率柜风机停风 & 励磁整流柜 2#功率柜风机停风 &(机组发电态或空载态)。

以上条件同时满足时,延时 600 s 出口事故停机。

(4)电气事故停机动作执行命令。

①跳 GCB；

②动作紧急停机电磁阀；

③退励磁；

④跳灭磁开关；

⑤执行停机流程。

B.机械事故停机

(1)机械事故停机动作信号。

①机组转速>115%Nr 且主配拒动；

②推力轴承温度过高(相邻两块瓦均温度过高)；

③下导轴承温度过高(相邻两块瓦均温度过高)；

④水导轴承温度过高(相邻两块瓦均温度过高)；

⑤水机保护事故停机；

⑥事故停机按钮；

⑦调速器事故；

⑧主轴密封水中断(机组在非停机态+压力过低+阀门全关)延时 20 min。

(2)机械事故停机动作执行命令。

①动作紧急停机电磁阀。

②执行停机流程。

C.紧急停机

(1)紧急停机动作信号。

①纯机械液压保护转速≥157%N_r；

②机组转速>153%N_r；

③导叶臂错位 & 机组机械或电气事故;

④LCU 紧急停机按钮。

在机组非检修态或非停机态时,以上条件有任一个满足时,执行紧急停机流程。

(2)紧急停机动作执行命令。

①动作紧急停机电磁阀;

②关事故门;

③执行停机流程。

3)水机保护柜事故停机流程

A.水机保护柜机械事故停机

(1)机械事故停机动作信号。

①事故低油压;

②顶盖水位过高;

③推力轴承温度过高(来自测量屏);

④下导轴承温度过高(来自测量屏);

⑤水导轴承温度过高(来自测量屏);

⑥机组转速>115%N_r 且主配拒动延时 2 s;

⑦紧急事故停机;

⑧主轴密封水中断(机组在非停机态+压力过低+阀门全关)延时 20 min。

以上条件有任一个满足时,执行水机保护机械事故停机流程。

(2)机械事故停机动作执行命令。

①开出事故停机信号至机组 LCU;

②动作紧急停机电磁阀;

③在导叶关到空载开度时跳 GCB;

④在导叶关到空载开度时跳灭磁开关;

⑤其中"机组转速>115%N_r 且主配拒动"信号延时 2 s 动作事故配压阀并触发机械事故停机流程。

B.电气事故停机

(1)电气事故停机信号。

保护柜跳闸动作信号,当该信号动作时,执行水机保护电气事故停机流程。

(2)电气事故停机动作执行命令。

①开出事故停机信号至机组 LCU;

②动作紧急停机电磁阀;

③跳 GCB;

④跳灭磁开关。

C.紧急事故停机

(1)紧急事故停机信号。

①纯机械液压保护装置动作;

②机组转速>153%N_r;

③紧急停机按钮动作(通信);

④导叶臂错位 & 机组机械事故停机。

以上条件有任一个满足时,执行水机保护紧急停机流程。

(2)紧急事故停机动作执行命令。

①开出事故停机信号至机组 LCU;

②落快门;

③动作紧急停机电磁阀;

④在导叶关到空载开度时跳 GCB;

⑤在导叶关到空载开度时跳灭磁开关。

二、开关站现地控制单元 LCU5

LCU5 主要负责 220 kV 开关站设备的监控,主要由监控模板、同期装置(SYN3000)、工作电源、触摸屏、开入继电器、开出继电器组成。

(一)基本功能

(1)开关站系统数据的采集、处理和传输。

(2)开关站线路电量统计。

(3)开关站各断路器的分/合操作。

(4)开关站各隔离开关的分/合操作。

(5)开关站各接地开关的分/合操作。

(6)开关站各断路器的自动准同期和手动准同期合闸操作。

(二)监控模板

开关站控制单元的监控模板由 AK1703 ACP 机架、AI-6303 交采装置构成。开关站监控 AK1703 ACP 机架由 C0(CP-2010)、C1(CP-2017)、C2(CP-2017)、开关量模板(CP-2111)、模拟量模板(AI-2300)、开出模板(DO-2201)组成。

(1)C0 负责本框架内各模板间的通信、C1 与 C2 间的双机切换、与触摸屏的通信。

(2)C1 负责与双环以太网的通信、与 AX-BUS 总线的通信、执行开关站的监控程序。

(3)C2 与 C1 互为冗余模板。以热备用的冗余方式,切换时间为 0 s。

(4)开关量模板(CP-2111):模板本身自带 CPU 处理器,模板的数据采集、数据处理和滤波等功能由其自身完成,不依赖 LCU 的中央处理器。每个模板带有 64 个单点,也可通过参数配置为 32 个双点。模板能产生带有实时时标的开关量通信报文上送上位机,数据分辨率为 1 ms,实时时标由模板本身保证。开关站开关量模板电压等级为 220 V DC。

(5)模拟量模板(AI-2300):模板本身自带 CPU 处理器,模板的数据采集、数据处理和滤波等功能由其自身完成,不依赖 LCU 的中央处理器。每个模板带有 16 路 4~20 mA 模拟量输入,模板能产生带有实时时标的开关量通信报文,实时时标由模板本身保证。模板上可安装模拟量输出子板(SM-0572),带有 2 路 4~20 mA 模拟量输出。

(6)开出模板(DO-2201):模板本身自带 CPU 处理器,每个模板的参数设置、数据处理输出等功能由其自身完成,不依赖 LCU 的中央处理器。每个模板带有 40 路 DO 输出。

(7)AI-6303 交采装置:AI-6303 智能交流采样装置能够直接接入 3 个电流、4 个电压的交流采样;采用双 CPU 结构(80C251+ADSP2185),每周波采样 128 点,采用快速傅里叶计算(FFT),主要参数精度为 0.2 级。AI-6303 来实现母线开关及各出线线路开关的同期功能。

(三)同期系统

主变高压侧开关及各两条线路开关,均单独配置一个 AI-6303 作为同期使用。

三、公用系统控制单元 LCU6

LCU6 主要负责对全厂油、水、气等辅助系统及厂用电 10 kV 和 400 V 系统的监视和控制。LCU6 负责采集全厂公用设备信息,并把上位机的操作命令传送给公用设备。它主要由监控模板、工作电源、开入继电器、开出继电器组成。

(一)基本功能

(1)全厂高压系统的监视和控制。

(2)全厂事故油源控制系统的监视和控制。

(3)机组技术供水系统的监视和控制。

(4)全厂检修排水系统的监视和控制。

(5)全厂渗漏系统的监视和控制。

(6)水库上下游水位监测及全厂渗漏点水位的监测。

(7)全厂 10 kV、400 V 厂用电系统的监视和控制。

(8)直流系统的监视和控制。

(二)系统硬件技术指标

公用系统的监控模板由一个 AK1703 ACP 机架及其模板组成。公用系统监控 AK1703 ACP 机架由 C0(CP-2010)、C1(CP-2017)、C2(CP-2017)、开关量模板(CP-2100)、模拟量模板(AI-2300)、开出模板(DO-2201)组成。C0 负责本框架内各模板间的通信、C1 与 C2 间的双机切换、与 10 kV 系统的通信。C1 负责与双环以太网的通信、与 AX-BUS 总线的通信、执行公用系统的监控程序。C2 与 C1 互为冗余模板。以热备用的冗余方式,切换时间为 0 s。

四、各 LCU 日常维护

(一)日常巡视项目

(1)观察监控模板上的 LED 的状态是否正常(必要时可在线读取诊断信息)。

(2)环境温度和湿度是否在允许范围。

(3)盘柜是否清洁。

(4)SYN3000 是否工作正常(RY 绿色 LED 必须在亮状态)。

(5)电源单元是否工作正常(OK 绿色灯亮为正常)。

(6)触摸屏是否工作正常。

(7)盘柜上各指示灯检测(手动按试灯按扭)。

(8)盘柜其他设备的检测。

(二)LCU 维护注意事项

(1)LCU 维护工作开始前,要按照规程相关规定办理工作票、对相关设备停电,确保安全措施完备正确。

(2)机组正常运行时,一般不对 LCU1~LCU4 下载程序和模板参数。极其特别的情况下,必须确认冗余模板工作正常时,方可进行。

(3)新程序和参数必须会同有关技术部门试验正确后,才能投入运行。

(4)更换模板必须型号、物理位置及地址旋钮位置完全一致。带有副插板的,应注意副插板完全并插接良好,并采取防静电措施。

(5)应定期备份 PLC 程序及配置,防止程序丢失。

(三)常见故障及对策

1. CPU 模板故障

对策:由于采用双 CPU 配置,单个 CPU 故障一般会自动切换到备用 CPU 工作,因此单个 CPU 故障不会影响设备正常运行。发现 CPU 模板故障后,应立即查看主用 CPU 是否切换到备用模板,如果备用 CPU 切换为主用,说明 CPU 切换成功,设备可以继续运行,待机组停机后可以再进行深入检查处理。

2. 通信故障

对策:先检查网线接口是否有松动现象,进一步检查网卡配置,IP 地址是否配置正确,网络交换机、路由器等网络设备是否工作正常等。

3. 输入模板故障

对策:重启故障模板,如果故障仍未复归,可尝试重新下载参数及固件。

4. 触摸屏无反应

对策:重启触摸屏客户端。

5. 测温点数据跳变

对策:检查测温回路,端子是否松动,测量测温回路阻值,查看阻值是否正常。

6. 无法正常操作设备

对策:检查程序是否对应的开出接点是否动作,检查开出继电器是否动作,检查端子是否松动。

7. 同一个信号反复刷屏

对策:查看现地设备运行情况,如果设备工作正常,则检查信号回路端子是否松动,回路是否有干扰。

8. 模拟量显示无数据

对策:测量该通道输入端子电流量,观察有无 4~20 mA 电流量,如果没有,则检查现地设备有无电流量输出。否则应检查模拟量输入模板。

(四)检修周期

(1)LCU1~LCU4 小修间隔:随机组小修时间而定,一般 1 年 1 次。

(2)LCU1~LCU4 大修间隔:随机组大修时间而定。

(3)LCU5、LCU6 不进行大修工作,小修工作随主设备检修周期而定。

(五)检修标准项目

1.LCU1~LCU4 检修标准项目

(1)装置清灰、除尘。

(2)盘柜内各设备、元件的检查。

(3)模拟量测量输入值及限值缺陷的处理。

(4)温度量输入测量值及限值缺陷的处理。

(5)电气量回路及测量值缺陷的处理。

(6)开关量输入缺陷的处理。

(7)开关量输出缺陷的处理。

(8)模拟量输出缺陷的处理。

(9)重要回路的检查与试验。

2.LCU5 检修标准项目

(1)装置清灰、除尘。

(2)盘柜内各设备、元件的检查。

(3)模拟量测量输入值及限值缺陷的处理。

(4)电气量回路及测量值缺陷的处理。

(5)开关量输入缺陷的处理。

(6)开关量输出缺陷的处理。

(7)与上位机通信检测。

3.LCU6 检修标准项目

(1)装置清灰、除尘。

(2)盘柜内各设备、元件的检查。

(3)模拟量测量输入值及限值缺陷的处理。

(4)温度量输入测量值及限值缺陷的处理。

(5)电气量回路及测量值缺陷的处理。

(6)开关量输入缺陷的处理。

(7)开关量输出缺陷的处理。

(8)双机切换试验。

(9)与上位机通信检测。

第十章 励磁系统的检修维护技术

本章阐述了励磁系统的组成、技术参数、检修项目和要求、检修工艺和质量要求、励磁试验、注意事项等方面的内容。

第一节 小浪底工程励磁系统的检修维护技术

本节阐述了小浪底工程发电机励磁系统的组成、技术参数,并规定了检修维护的周期、检修项目和要求、检修工艺和质量要求、励磁试验方法。

小浪底水利枢纽 1#~6#机组励磁装置由 ABB 公司生产,型号为 UNITROL 5000,包括励磁调节器单元、整流单元、灭磁及电制动单元,主要由接自主变低压侧的励磁变压器、晶闸管整流装置、自动电压调节器、灭磁开关、起励装置和过电压保护装置、励磁设备的冷却、监测、保护、报警辅助装置等组成。

现地盘柜包括:1 个励磁调节器柜、2 个晶闸管整流桥柜、1 个灭磁开关柜、1 个非线性电阻柜和 1 个极性转换开关柜、1 个电制动整流柜和 1 个电制动开关柜。

励磁系统主要技术参数如表 10-1 所示。

表 10-1 励磁系统主要技术参数

项目	参数	
工作方式	自并励晶闸管静止整流励磁 远方/现地控制	
电压	空载励磁电压 U_{fo}	198 V
	额定励磁电压 U_{fn}	400 V
电流	空载励磁电流 I_{fo}	1 112 A
	额定励磁电流 I_{fn}	1 904 A
强励	强励顶值电压 U_{fp}	800 V
	强励顶值电流 I_{fp}	3 808 A

定期检修项目、要求和周期如表 10-2 所示。

表 10-2 定期检修项目、要求和周期

序号	检修项目	检修要求	检修周期
1	励磁盘柜内部吹扫	停机停电时进行;柜门打开	6个月
2	盘柜滤网及格栅全面清扫	停机停电时进行;柜门打开	6个月
3	整流桥外观检查	停机时进行;整流柜门打开	6个月
4	励磁主备用调节通道切换	停机时进行	6个月

C 级检修项目、要求和周期如表 10-3 所示。

表 10-3 C 级检修项目、要求和周期

序号	检修项目	检修要求	检修周期
1	励磁、电制动系统所属各盘柜卫生清扫、盘柜孔洞封堵	盘柜内元器件干净、整洁;盘柜孔洞封堵完好	12个月
2	励磁、电制动系统所属电气元器件检查、端子紧固	盘柜内电气元器件、把手、按钮、指示灯等正常	12个月
3	励磁、电制动系统各操作、控制、信号回路功能检查、试验,定值检查及信号核对	各回路能正确动作;定值准确;信号能正常显示	12个月
4	可控硅、非线性电阻检查、清扫	元器件干净整洁;测值正常	12个月
5	灭磁开关检查、处理	灭磁开关二次回路正常,能正常操作,分、合正常	12个月
6	阳极电源回路、转子回路、汇流母线检查处理	阳极电源回路、转子回路各部接头、电缆头、汇流母线绝缘良好	12个月
7	励磁风机检查、清扫、试验	外观检查、清扫,风机运行正常	12个月
8	励磁变送器、表计检查	指示正确	12个月
9	励磁、电制动系统继电器检查	继电器能正常动作	12个月
10	电制动系统表计检查	指示正确	12个月
11	励磁系统保护回路检查	保护设定值正确,保护能正常动作	12个月
12	励磁、电制动系统外部信号回路检查	与监控系统对点,检查开入开出信号是否正确动作	12个月
13	检查励磁调节器工作电源	双套辅助电源切换正常,信号显示正常	12个月

A 级检修项目、要求、周期如表 10-4 所示。

表 10-4 A 级检修项目、要求、周期

序号	检修项目	检修要求	检修周期
1	设备清扫	所有励磁盘柜内、外清洁,无灰尘,特别是励磁功率柜内	每隔 6 年
2	设备机械结构检查	检查紧固柜内所有连接螺丝的接触情况	每隔 6 年
3	各表计和继电器检查校验	1. 检查各表计显示是否正常。 2. 检查继电器中所有常开、常闭接点的动作及接触情况是否正常。 3. 校验继电器线圈和触点阻值,检验是否有损坏、断裂现象	每隔 6 年
4	负载电阻测量	测量 A、B 两套各电压电源的输出回路电阻各等级电压电源负载电阻应正常	每隔 6 年
5	电源电压测量及调整	通过万用表测量电源电压	每隔 6 年
6	模拟量测量校验及调整	检查模拟量显示值与实际值是否一致	每隔 6 年
7	开关量检查	1. 在开关量输入端子上模拟开关量闭合信号,观察触摸屏显示是否正常。 2. 模拟故障信号,观察监控系统信号显示是否正确	每隔 6 年
8	小电流试验	做小电流波形校验和小电流调节检验,并做好试验记录	每隔 6 年
9	励磁主回路绝缘检查及交流耐压试验	励磁主回路绝缘值不低于 5 MΩ,主回路绝缘通过 1 min 交流耐压值	每隔 6 年
10	操作回路模拟试验和电气联动试验	各元器件动作正确无误、与外回路联动逻辑正确无误、励磁装置处于正常工作状态	每隔 6 年
11	空载试验	包括短路升流、空载升压、零起升压、灭磁试验、阶跃试验、V/Hz 试验、通道切换试验、整流桥切换试验等	每隔 6 年
12	负载试验	包括 P/Q 试验、PSS 试验等	每隔 6 年

一、检修维护工艺及质量要求

(一)整流桥晶闸管快熔保险检查

1. 试验仪器

万用表、短接线、螺丝刀。

2. 试验方法

用螺丝刀拧开晶闸管快熔保险盖板,短接接点,检查触摸屏上应出现报警信号,通过复归按钮 S02 复归该报警,然后恢复。

(二)整流桥冷却风压开关检查

1. 试验仪器

万用表、螺丝刀。

2. 试验方法

检查风压测量管道通畅,若内部有积尘,取下风管进行吹扫。向风管内吹气,检查风压开关是否动作。可启动风扇检查风压开关及设定值是否合理。当风扇停转时,检查风压开关位置正确。可根据实际情况打开盖板调整风压检测的上限值和下限值。

(三)励磁二次回路断电清扫

1. 试验目的

全面彻底清扫励磁系统二次回路。

2. 试验仪器

吸尘器、电吹风、毛刷、螺丝刀、万用表。

3. 安全措施

断开机旁直流配电屏到励磁控制柜 1# 控制电源开关,并悬挂"禁止合闸,有人工作!"标示牌;

断开机旁直流配电屏到励磁控制柜 2# 控制电源开关,并悬挂"禁止合闸,有人工作!"标示牌;

断开机旁直流配电屏到励磁控制柜 3# 控制电源开关,并悬挂"禁止合闸,有人工作!"标示牌;

断开机旁配电盘刀励磁电气屏的灭磁电阻及附属设备 1# 电源开关,并悬挂"禁止合闸,有人工作!"标示牌;

断开机旁配电盘刀励磁电气屏的灭磁电阻及附属设备 2# 电源开关,并悬挂"禁止合闸,有人工作!"标示牌;

断开机旁配电盘到励磁电气屏的励磁控制调节屏 1# 电源开关,并悬挂"禁止合闸,有人工作!"标示牌;

断开机旁配电盘到励磁电气屏的励磁控制调节屏 2# 电源开关,并悬挂"禁止合闸,有人工作!"标示牌;

断开机旁配电盘到电气制动盘电源开关,并悬挂"禁止合闸,有人工作!"标示牌;

断开机旁直流配电盘到发电机电气制动控制电源开关,并悬挂"禁止合闸,有人工作!"标示牌;

断开电制动柜上制动交流控制开关 DK,并悬挂"禁止合闸,有人工作!"标示牌;

断开电制动柜上制动直流控制开关 ZZK,并悬挂"禁止合闸,有人工作!"标示牌。

4. 试验方法

将励磁盘柜内防护罩取下,先用吹风机对励磁和电制动盘柜进行吹扫,然后逐个盘柜进行端子紧固,再用酒精将灭磁开关的动、静触头清洗干净。由于励磁盘柜在下部整体是相通的,所以必须等全部吹完后,再用抹布和刷子抹去柜内元件浮灰。

5.注意事项

进行电气盘柜清扫时,由于电制动开关柜交流开关进线侧始终带电,应做好防止误碰电制动交流开关进线侧带电部位的措施。工作结束后,应按规定填写工作记录。

(四)励磁系统绝缘检查

1.试验目的

测量励磁系统的绝缘电阻,有助于发现励磁系统影响绝缘的异物、绝缘受潮和脏污、绝缘击穿和严重热老化等缺陷。

2.试验方法

机组退备,检查励磁交直流开关在分位,确认励磁系统主回路和控制回路不得带电。

测量励磁系统的交流主回路的绝缘电阻:分别测量 A、B、C 三相交流母线绝缘,使用 1 000 V 绝缘电阻表测量交流主回路对地绝缘电阻,绝缘电阻不得低于 1 MΩ,测量完毕,对测量回路充分放电。

测量励磁直流输出回路的绝缘电阻:注意解开转子接地测量装置 A32(X2/IPG2A)的端子 9B、10B;解开发电电动机顶罩内集电环上的转子引线,将每一极的电缆(共 6 根)连接在一起,将绝缘电阻表一端连接在电缆的其中一根上,另一端接地。调节绝缘电阻表的试验电压至 500 V DC。按下按钮开始测量并保持 1 min。记录绝缘电阻值大小(不小于 1 MΩ,参考值 10 MΩ)。测量完毕,对测量回路充分放电。

测量二次交流回路的绝缘电阻:首先确认二次交流回路都已断电,断开二次交流回路的连接,然后用 500 V 绝缘电阻表依次测量对地绝缘值,测量完毕,对测量回路充分放电。

测量非线性电阻的绝缘电阻:首先解开每组非线性电阻的外部连接,使用 2 500 V 绝缘电阻表分别测量 4 组非线性电阻的对地绝缘值,测量值与上次测量值相比不应有明显区别,测量完毕应对测量回路充分放电。

(五)励磁调节器调节参数检查及备份

1.试验目的

防止日常操作、试验、维护过程中误操作引起的参数更改,确保设备正常工作。

2.试验仪器

调试电脑、网线。

3.试验方法

在触摸屏上登录,密码 test5,依次检查两个励磁调节单元内的参数设定,并下载保存到 U 盘。

4.注意事项

主备调节通道的参数配置应保持一致。若参数有修改,应注意更新定值单。

(六)励磁系统故障信号检查及传动测试

1.试验目的

检查励磁系统故障信号和保护功能正常。

2.试验仪器

万用表、螺丝刀。

3. 试验方法

励磁系统内部故障信号包括三种:设定值越限、报警或一级故障、跳闸或二级故障。

当存在内部故障时,触摸屏上的"ALARM"字体变红;所有当前内部故障信号均可通过按下 EVENT 事件页中的报警在触摸屏上查看。

如果引起报警的故障被清除,将励磁控制方式切至"现地",按下 EVENT 事件页下方的复归按钮进行手动复归,确认触摸屏上事件页上的报警信息清除,励磁系统恢复正常备用。

进行励磁系统内部故障信号的传动测试时,应注意检查从模拟故障源到继电器、输入输出板卡、LCP、相关保护装置等各相关设备动作一致且正确。

励磁系统与机组控制及保护系统的传动正确。

机组单元电气故障或励磁内部故障跳闸信号均直接跳灭磁开关。

(七)更换故障卡件

1. 试验目的

通过更换故障卡件来恢复励磁系统正常可靠运行。

2. 试验仪器

万用表、螺丝刀、调试电脑及网线。

3. 试验方法

更换卡件前,应确认机组退出运行,灭磁开关均断开;在更换前应检查柜内接线良好且正确;更换卡件时,要注意拔出卡件上的连接端子或接线,并特别注意与其他系统或部分的电气连接;更换板卡时,应注意检查跳线设置一致。

更换完毕后,开机至空载态测试励磁系统工作是否正常。

(八)整流桥冷却风扇启动试验

1. 试验目的

检查冷却风扇工作正常可靠。

2. 试验仪器

万用表、螺丝刀。

3. 试验方法

(1)机组在停机状态;

(2)检查冷却风扇供电电源工作正常,用万用表检查三相电压约为 380 V AC;

(3)检查调节通道和整流桥选择正常;

(4)检查主用整流桥冷却风扇运行正常后切至备用风扇并检查风扇运行情况。

4. 注意事项

注意查看触摸屏上是否有故障指示,检查风压信号正常。

(九)晶闸管导通测试

1. 试验目的

检查晶闸管是否已损坏,工作特性是否满足要求。

2. 试验仪器

万用表、直流电源、单极开关、滑线电阻、灯泡、螺丝刀。

3.试验方法

(1)把滑线电阻阻值调到最小。

(2)合上开关,这时灯泡应点亮,同时直流电流表有电流流过并读取电流值,电流值应大于厂家提供的维持电流。

(3)断开开关,晶闸管应维持导通,如不能维持导通,则晶闸管有问题。

(4)逐步增大滑线电阻值,直到晶闸管关断,记录下晶闸管瞬间关断时的电流值,与厂家提供的数值及脉冲变压器的工作输出值相比较。如小许多,则表明晶闸管有问题,因为维持电流太小,晶闸管关断可能有问题,会造成短路。

(十)小电流试验

1.试验目的

检查阻性负载时的整流桥的工作特性和励磁调节单元的调节特性。

2.试验仪器

万用表、示波器、相序表、螺丝刀、扳手、滑线变阻器、调试电脑、网线及三相电缆。

3.试验方法

(1)断开发电机出口断路器并合上接地开关。

(2)断开励磁极性转换开关,并悬挂"禁止合闸,有人工作!"标示牌。

(3)励磁三路直流电源和四路交流电源均已投入。

(4)拆下励磁功率联络柜后盖板,断开励磁联络柜可控硅整流桥阳极侧去励磁变的三相电缆并固定牢靠,记录原安装位置,以便进行回装。

(5)断开机旁交流配电盘到励磁电气屏的灭磁电阻及附属设备 2# 电源开关,即起励电源。将励磁 6# 柜+6.B1.X1 端子:8#、9#、10# 的外部接线拆除,换上临时三相电缆并将其引至励磁联络柜,在可控硅整流桥阳极侧接好并挂好标志牌。

(6)将 500 Ω 滑线变阻器接到极性转换开关柜内直流母排上,即整流桥直流输出端,电阻选在 500 Ω 位置。

(7)将示波器接到电阻两端,以便观看直流电压波形。

(8)试验接线连接好后,要认真检查其是否正确无误,确认正确后,合上机旁交流配电盘到励磁电气屏的灭磁电阻及附属设备 2# 电源开关,即起励电源。使用相序表测量整流桥阳极侧三相电缆相序,相序应为正序。

(9)在励磁调节器触摸屏上将励磁系统控制方式切至"现地"位置。

(10)修改调节器 1 通道参数 901(SUPPLY MODE)→LINE or PE,使系统处于他励方式。

(11)修改调节器 1 通道参数 504,使得 Usyn = 100%(10503 同步电压相对值),此值应为试验机组励磁变副边电压值。

(12)修改 1 通道参数 3308 由 0 改为-10 000,参数 5502 由 12 110→3 308,使门极控制器处于开环模式;

(13)修改 1 通道参数 5902 由 10 712→12 502,闭锁"Aux. AC Fail"报警信号。

(14)按照 1 通道参数修改方法修改 2 通道参数,保证两个通道参数一致。

(15)在励磁调节器触摸屏上选择通道1(CH 1,合上灭磁开关,并投入励磁。

(16)逐步修改参数 3308 由 -10 000、-5 000、-2 000、0、1 000、2 000、…、10 000、9

000,8 000,…−5 000,−1 0000,核实输出电压线性度和六相波头。记录参数 3308(控制信号给定)、10591(移相角)及 10505(励磁电压)的值在小电流试验记录表。

(17)修改 1 通道参数 515、516,即触发角限制,检验限制情况。

(18)1#功率柜运行试验结束后,选择 2#功率柜运行,在励磁调节器触摸屏上选择通道 2,合上灭磁开关,并投入励磁。重复上面步骤再做一次。

(19)修改 2 通道参数 515、516,即触发角限制,检验限制情况。

(20)试验完成后,断开灭磁开关,并应将所有参数改回原值或将两套调节器断电重启。

(21)断开机旁交流配电盘到励磁电气屏的灭磁电阻及附属设备 2#电源开关,即起励电源。

(22)拆下励磁装置非线性电阻柜内+6.B1.X1 的 8、9 和 10 端子至功率联络柜的三相临时电缆,并将原励磁变至功率联络柜三相母排的电缆恢复(如需做短路升流试验可不恢复)。

(23)合上机旁交流配电盘到励磁电气屏的灭磁电阻及附属设备 2#电源开关,即起励电源。

(24)在励磁调节器柜上将励磁调节方式选为"自动",再将励磁系统控制方式切至"远方"。

(25)将试验所记录的数据记录下来,并绘制成图形,观察图形是否为斜率为正的线性关系,如为线性变化,则合格,如果为非线性变化,则可能存在可控硅损坏或部分可控硅没有触发等原因,需要就故障原因进行查找。

4.注意事项

试验前检查核实负载电阻阻值及容量。试验中注意防止短路、人员触电和假负载烫伤试验人员。

5.励磁小电流试验记录

励磁小电流试验记录如表 10-5 所示。

表 10-5　励磁小电流试验记录

控制信号给定 (3308)	移相角(°) (10591)	1#(U_f) (V)	2#(U_f) (V)
−10 000	148		
−5 000	120		
−2 000	101		
0	90		
2 000	78		
4 000	66		
6 000	53		
8 000	36		
10 000	15		

(十一)发电机短路升流试验(发电机的短路特性)

1.试验条件

投入发电机、变压器差动及低阻抗保护、匝间保护信号。

发电机出口母线人孔处短路母排安装完毕,做好安全措施。

　　断开励磁变压器至励磁功率柜阳极电缆两端的引线,保证引线与带电设备有足够的安全距离。

　　将制动变压器的一次分接头调至Ⅰ档,并将其接至励磁功率柜的进线侧,作为他励临时电源。

　　发电机特性试验记录仪接线,连接励磁电流和定子电流测量回路。

　　励磁极性转换开关在合位。

　　在 X21:1 和 X21:51 并接紧急跳灭磁开关按钮。

2. 准备措施

　　修改 1 通道参数 402(励磁电流过流瞬动跳闸启动值)为 30%,减少励磁电流瞬间过流保护动作值为 1 200 A;(根据经验,励磁电流在 990 A 时,定子电流能达到 10 700 A 左右)。

　　修改 1 通道参数 901(SUPPLY MODE)→LINE or PE,使系统处于他励方式。

　　修改 1 通道参数 504,设定数值为施加的整流器阳极电源电压,使得内部信号 10503 的数值保持在 100%左右。

　　关闭起励电源或退出起励回路。

　　修改 1 通道参数 3308 初值为−10 000,改变参数 5502 的值由 12 110 改为 3 308,使门极控制器处于开环模式。

　　修改 1 通道参数 5902 的值由 10 712→12 502,闭锁“Aux. AC Fail”报警信号。

　　修改参数 515、516,即触发角限制,防止误操作。将参数 515 的值由 15 改为 40。

　　按照 1 通道修改参数方法修改 2 通道参数,保证两个通道参数一致。

　　在励磁触摸屏上选择 1 通道运行。

　　核实发电机定子过流保护能够无延时动作跳闸。

　　保证发电机转速处于额定转速。

　　监视励磁电流,保证试验期间不得超过限制值。

3. 试验方法

　　机组达到额定转速,检查机组运行正常后,手动闭合灭磁开关并投入励磁系统。逐步修改 3308 直至 I_g = 25%(根据经验,参数 3308 的值每次增加 100,当增加到 800 时,励磁电流开始大于 0,3308 为 1 300 时对应 10%额定定子电流和 4.8%的额定励磁电流,当 3308 的值为 1 950 时,I_g = 2 160 A,I_f = 197 A,以上经验值可做参考,但每台机组可能会略有不同),核实 I_f 和 I_g 的测量值;观察发电机短路电流、转子电压、转子电流的变化是否正常;观察励磁装置中的可控硅整流装置工作是否正常,冷却系统是否正常;检查两套励磁调节器是否有故障、报警信号发出;如无异常,跳灭磁开关,观察参数 10929(灭磁电流)的值有无变化。

　　将励磁控制方式切至手动 FCR 方式,给发电机增加励磁,直至定子短路电流达到 10%、20%、30%、40%、50%、60%、70%、80%、90%、100%额定定子电流,并记录励磁电流和定子电流数据;待发电机定子电流达到额定,再次核实 I_f 和 I_g。

　　时刻监测发电机出口短路母排,测量其温度,防止过热。

　　采用手动 FCR 方式,减少励磁电流至 0。记录定子电流在 90%、80%、70%、60%、

50%、40%、30%、20%、10%额定电流下的励磁电流值;最后退出励磁系统。

试验完成后,应将所有参数改回原值或将两套调节器断电重启。

观察定子短路电流和励磁电流之间的关系曲线应为斜率为正的直线。

4.短路升流试验记录

短路升流试验记录如表 10-6 所示。

表 10-6　短路升流试验记录

控制信号给定 (3308)	移相角 (10591)	励磁电流(I_f) (A)	定子电流(I_g) (A)
−10 000	148		
−5 000	120		
−2 000	101		
0	90		
2 000	78		
4 000	66		
6 000	53		
8 000	36		
10 000	15		

(十二)发电机升压试验(发电机的空载特性)

1.试验条件

(1)投入发电机差动,匝间短路,定子绕组过电压保护。定子接地(80%和100%)投出口;

(2)黄 * 甲刀闸,黄 * 开关在断开状态;

(3)恢复励磁变压器至励磁功率柜阳极电缆两端的接线;

(4)发电机特性试验记录仪接线,连接励磁电流和定子电压测量回路;

(5)开机至水轮机状态,机组转速达到额定转速;

(6)励磁极性转换开关在合位。

2.准备措施

(1)修改 1 通道参数 402 为 40%,减少励磁电流瞬间过流保护动作值为 1 600 A;查看参数 1911(REF V/Hz LIM AVR)为 106%;

(2)修改 1 通道参数|90|(SUPPLY MODE)→SHUNT,使系统处于自并励方式;

(3)修改 1 通道参数 504 为 830,设定数值为施加的整流器阳极电源电压,使得内部信号 10503 的数值保持在 100%左右;

(4)修改 1 通道参数 1902(LL REF AVR)为 0%,改变参数 1903(PRESET1 REF

AVR)为10%;

（5）修改1通道参数515的值为40;

（6）按照1通道修改参数方法修改2通道参数,保证两个通道参数一致;

（7）在励磁触摸屏上选择1通道运行。

3.试验方法

机组达到额定转速,检查机组运行正常后,手动闭合发电机灭磁开关FB,投入励磁系统,此时机端电压应稳定在$10\%U_g$。

观察励磁装置中的可控硅整流装置工作是否正常,冷却系统是否正常(机端电压升至80%额定电压,风机启动);两套励磁调节器是否有故障,报警信号发出;检查发电机灭磁开关,极性转换开关是否正常;观察发电机定子电压、转子电压、转子电流的变化是否正常。

在励磁触摸屏上点击增磁按钮给发电机增加励磁,直至定子电压达到50%额定电压,解开X16:1、X16:5、X16:12(送给外部的跳闸信号),以防跳灭磁开关时停机;然后分灭磁开关,观察灭磁电流10929的数值变化。再次升压至额定电压,分灭磁开关,灭磁电流10929的值大约为600 A(如果参数10929的值大于参数925=150 A,会报crowbar fail信号,会有励磁事故信号送监控和保护,导致停机)。

待一切正常后,在励磁触摸屏上点击增磁按钮给发电机增加励磁,直至定子电压达到25%、50%、75%、100%、110%额定电压,并记录相应数据。

在励磁触摸屏上点击减磁按钮给发电机减少励磁,直至定子电压降到15%额定电压,并记录相应数据;最后退出励磁系统。

试验完成后,应将所有参数改回原值或将两套调节器断电重启。

观察发电机定子电压和励磁电流之间的关系曲线。

4.空载升压试验记录

空载升压试验记录如表10-7所示。

表 10-7　空载升压试验记录

控制信号给定 （3308）	移相角 （10591）	励磁电流(I_f)（A）	定子电压(U_g) （V）
−10 000	148		
−5 000	120		
−2 000	101		
0	90		
2 000	78		
4 000	66		
6 000	53		
8 000	36		
10 000	15		

二、设备检修总结、评价阶段工作及要求

（一）检修总结

（1）在设备检修结束后应在规定期限内完成检修总结。

（2）设备有异动的应及时按设备异动程序完成对异动设备图纸资料的修改。

（3）与检修有关的检修文件和检修记录应按规定及时修改设备台账。

（4）由外包单位、检修公司、咨询服务企业负责的检修文件和记录，由各单位负责整理，并移交电站。

（5）根据实际的检修费用信息，统计分析各级别检修中设备检修人工、材料、备品备件、机械/特殊工器具使用、外包试验等费用情况，逐渐形成电站内部检修实物消耗量标准，为下一年度检修计划和材料、备品备件采购的申报做准备。

（二）检修评价

（1）对照检修评价标准和办法，评价本次检修管理过程是否得到识别和规定、职责是否明确、程序是否得到执行、实施过程是否有效、目标是否实现。

（2）对本次检修涉及的质量、安全、环境保护等是否达到预定要求进行评价，肯定检修工作中的成绩和亮点，找出问题和不足，提出以后改进的要求。

（3）通过检查、对比、验证等方式，对检修目标、进度、安全、质量、费用、现场管理、技术监督管理等检修管理过程进行评分，对不合格（不符合）的，应制订纠正和预防措施，并跟踪实施和改进。

第二节　西霞院工程发电机励磁系统的检修维护技术

本节阐述了西霞院工程励磁系统的组成、技术参数，并规定了检修维护的周期、检修项目和要求、检修工艺和质量要求、励磁试验方法、总结和评价等要求。

西霞院工程 1#~4# 机组励磁装置由国电南瑞电控公司生产，型号为 SAVR2000，它是以经典和现代控制理论与数字信号处理器 DSP 技术相结合的第二代微机励磁调节器。包括励磁调节器单元、整流单元、灭磁及过电压保护单元、电制动单元，主要由接自主变低压侧的励磁变压器，晶闸管整流装置，自动电压调节器，灭磁开关，起励装置和过电压保护装置，励磁设备的冷却、监测、保护、报警辅助装置等组成。现地盘柜包括 1 个励磁调节器柜、2 个晶闸管整流柜、1 个灭磁及过电压保护柜、1 个电制动柜。

励磁系统主要技术参数如表 10-8 所示。

表 10-8　励磁系统主要技术参数

工作方式	自并励晶闸管静止整流励磁 远方/现地控制
空载励磁电压 U_{fo}	123 V
额定励磁电压 U_{fn}	264 V

续表 10-8

工作方式	自并励晶闸管静止整流励磁 远方/现地控制
空载励磁电流 I_{fo}	620 A
额定励磁电流 I_{fn}	992 A
整流柜阳极侧额定电压(输入电压)	525 V
励磁变压器(变比和容量)	10 500 V/525 V　800 kVA
制动变压器(变比和容量)	380 V/115 V　170 kVA
强励倍数	1.9 倍额定电压,持续 10 s
初励电流	24.5 A

定期检修项目、要求和周期如表 10-9 所示。

表 10-9　定期检修项目、要求和周期

序号	检修项目	检修要求	检修周期
1	励磁盘柜内部吹扫	停机停电时进行;柜门打开	6 个月
2	盘柜滤网及格栅全面清扫	停机停电时进行;柜门打开	6 个月
3	整流桥外观检查	停机时进行;整流柜门打开	6 个月
4	励磁主备用调节通道切换	停机时进行	6 个月

C 级检修项目、要求和周期如表 10-10 所示。

表 10-10　C 级检修项目、要求和周期

序号	检修项目	检修要求	检修周期
1	励磁、 电制动系统所属各盘柜卫生清扫、 盘柜孔洞封堵	盘柜内元器件干净、整洁;盘柜孔 洞封堵完好	12 个月
2	励磁、 电制动系统所属电气元器件检查、 端子紧固	盘柜内电气元器件、把手、按钮、指 示灯等正常	12 个月
3	励磁、电制动系统各操作、 控制、信号回路功能检查、试验、 定值检查及信号核对	各回路能正确动作;定值准确;信 号能正常显示	12 个月
4	可控硅、非线性电阻检查、清扫	元器件干净整洁;测值正常	12 个月
5	灭磁开关检查、处理	灭磁开关二次回路正常,能正常操 作,分、合正常	12 个月

续表 10-10

序号	检修项目	检修要求	检修周期
6	阳极电源回路、转子回路、汇流母线检查处理	阳极电源回路、转子回路各部接头、电缆头、汇流母线绝缘良好	12 个月
7	励磁风机检查、清扫、试验	外观检查、清扫,风机运行正常	12 个月
8	励磁变送器、表计检查	指示正确	12 个月
9	励磁、电制动系统继电器检查	继电器能正常动作	12 个月
10	电制动系统表计检查	指示正确	12 个月
11	励磁系统保护回路检查	保护设定值正确,保护能正常动作	12 个月
12	励磁、电制动系统外部信号回路检查	与监控系统对点,检查开入、开出信号是否正确动作	12 个月
13	励磁调节器工作电源、脉冲电源检查	双套辅助电源切换正常,信号显示正常;脉冲电源正常	12 个月

A 级检修项目、要求、周期如表 10-11 所示。

表 10-11　A 级检修项目、要求、周期

序号	检修项目	检修要求	检修周期
1	设备清扫	所有励磁盘柜内、外清洁,无灰尘,特别是励磁功率柜内	每隔 6 年
2	设备机械结构检查	检查紧固柜内所有连接螺丝的接触情况,包括柜内端子螺丝、同步背板端子螺丝	每隔 6 年
3	各表计和继电器检查校验	1. 检查各表计显示是否正常。 2. 检查继电器中所有常开、常闭接点的动作及接触情况是否正常。 3. 校验继电器线圈和触点阻值,检验是否有损坏、断裂现象	每隔 6 年
4	负载电阻测量	测量 A、B 两套各电压电源的输出回路电阻各等级电压电源负载电阻应正常	每隔 6 年
5	电源电压测量及调整	通过工控机观察电源电压测量值,电源电压通过万用表测量	每隔 6 年
6	模拟量测量校验及调整	检查模拟量显示值与实际值是否一致	每隔 6 年

续表 10-11

序号	检修项目	检修要求	检修周期
7	开关量检查	1. 在开关量输入端子上模拟开关量闭合信号，观察工控机显示是否正常。 2. 检查 A、B 两套能正常切换。 3. 模拟 A、B 套调节器故障信号，观察监控系统信号显示是否正确	每隔 6 年
8	小电流试验	做小电流波形校验和小电流调节检验，并做好试验记录	每隔 6 年
9	励磁主回路绝缘检查及交流耐压试验	励磁主回路绝缘值不低于 5 MΩ，主回路绝缘通过 1 min 交流耐压值	每隔 6 年
10	操作回路模拟试验和电气联动试验	各元器件动作正确无误、与外回路联动逻辑正确无误、励磁装置处于正常工作状态	每隔 6 年
11	励磁装置与发电机的空载试验	励磁装置正常调节励磁输出、发电机正常启动建压	每隔 6 年
12	逆变灭磁回路工作性能检查	能正常逆变灭磁	每隔 6 年
13	空载下跳灭磁开关试验	灭磁开关能正常动作、非线性电阻能可靠灭磁，灭磁时间在允许范围内	每隔 6 年
14	励磁装置与发电机的负载试验	励磁装置的辅助功能可靠，实现正常的调节、限制功能与发电机运行稳定	每隔 6 年

临时检修：凡发生危及设备正常安全运行的情况而导致励磁系统设备出现异常情况或事故的项目，均可使励磁系统进行临时检修。

事故检修：凡发生励磁系统事故不能切换排除，造成发电机被迫停机时所进行的励磁系统设备检修工作均为励磁系统设备的事故检修。

一、检修前的准备要求

励磁设备检修前，要求做到以下几点：

(1)明确检修人员及其职责。

(2)准备好检修所需的工器具和材料。

(3)准备好工作票和操作票，安全措施必须符合现场实际需要。

(4)准备好检修工作所需的标准化作业指导书。

二、设备解体阶段的工作和要求

励磁设备检修期间原则上不进行解体,如果设备改造期间需要对设备解体,则需要在做好以下措施的情况下进行解体工作:

(1)确认工作所需的安全措施完备且已执行到位,对于不能停电的电缆,要做好绝缘防护措施,防止人员触电。

(2)做好进出励磁设备的电缆标记。

(3)保存好每根外部接线的号头,如果号头丢失,则需要做好标记。

三、设备检修阶段的工作和要求

(一)整流桥晶闸管快熔保险检查

1. 试验仪器设备

万用表、短接线、螺丝刀。

2. 试验方法

用螺丝刀拧开晶闸管快熔保险盖板,短接接点,检查触摸屏上应出现报警信号,通过复归按钮复归该报警,然后恢复。

(二)整流桥冷却风压开关检查

1. 试验仪器设备

万用表、螺丝刀。

2. 试验方法

检查风压测量管道通畅,若内部有积尘,取下风管进行吹扫。向风管内吹气,检查风压开关是否动作。可启动风扇检查风压开关及设定值是否合理。当风扇停转时,检查风压开关位置正确。可根据实际打开盖板调整风压检测的上限值和下限值。

(三)励磁二次回路断电清扫

1. 试验仪器设备

吸尘器、电吹风、毛刷、螺丝刀、万用表。

2. 试验方法

将励磁盘柜内防护罩取下,先用吹风机对励磁盘柜进行吹扫,然后逐个盘柜进行端子紧固。由于励磁盘柜在下部整体是相通的,所以必须等全部吹扫完后,再用抹布和刷子抹去柜内元件浮灰。

3. 注意事项

进行电气盘柜清扫时,由于电制动柜内电制动交流开关 S2 进线侧始终带电,应做好防止误碰电制动交流开关进线侧带电部位的措施。工作结束后,应按规定填写工作记录。

(四)励磁系统绝缘检查

1. 试验目的

测量励磁系统的绝缘电阻有助于发现励磁系统影响绝缘的异物、绝缘受潮和脏污、绝缘击穿和严重热老化等缺陷。

2.试验方法

机组退备,检查励磁交直流开关在分位,确认励磁系统主回路和控制回路不得带电。

测量励磁系统的交流主回路的绝缘电阻:分别测量 A、B、C 三相交流母线绝缘,使用 1 000 V 绝缘电阻表测量交流主回路对地绝缘电阻,绝缘电阻不得低于 1 MΩ,测量完毕,对测量回路充分放电。

测量励磁直流输出回路的绝缘电阻:注意解开转子接地测量装置的接地点;解开发电机顶罩内集电环上的转子引线,将每一极的电缆连接在一起,将绝缘电阻表一端连接在电缆的其中一根上,另一端接地。调节绝缘电阻表的试验电压至 500 V DC。按下按钮开始测量并保持 1 min。记录绝缘电阻值大小(不小于 1 MΩ,参考值 10 MΩ)。测量完毕,对测量回路充分放电。

测量二次交流回路的绝缘电阻:首先确认二次交流回路都已断电,断开二次交流回路的连接,然后用 500 V 绝缘电阻表依次测量对地绝缘值,测量完毕,对测量回路充分放电。

(五) 励磁调节器调节参数检查及备份

1.试验目的

防止日常操作、试验、维护过程中误操作引起的参数更改,确保设备正常工作。

2.试验仪器设备

调试电脑、网线、U 盘。

3.试验方法

在触摸屏上登录,依次检查两个励磁调节单元内的参数设定,并下载保存到 U 盘。

4.注意事项

主备调节通道的参数配置应保持一致。

(六) 励磁系统故障信号检查及传动测试

1.试验目的

检查励磁系统故障信号和保护功能正常。

2.试验仪器设备

万用表、螺丝刀。

3.试验方法

励磁系统故障信号包括两种:告警、故障。

当存在故障时,触摸屏上相对应的故障名称的"无"字体变成"有";所有当前故障信号均可通过点击故障名称在触摸屏上查看。

如果引起报警的故障被清除,按下报警窗下方的复归按钮进行手动复归,确认触摸屏上的报警信息清除,励磁系统恢复正常备用。

进行励磁系统内部故障信号的传动测试时,应注意检查从模拟故障源到继电器、输入输出板卡、相关保护装置等各相关设备动作一致且正确。

励磁系统与机组控制及保护系统的传动正确。机组单元电气故障或励磁内部故障跳闸信号均直接跳灭磁开关。

(七)更换故障卡件

1.试验目的

通过更换故障卡件来恢复励磁系统正常可靠运行。

2.试验仪器设备

万用表、螺丝刀、调试电脑及网线。

3.试验方法

更换板件前应确认机组退出运行,灭磁开关均断开;在更换前应检查柜内接线良好且正确;更换板件时要注意与其他系统或部分的电气连接;更换板卡时应注意检查跳线设置一致。

更换完毕后,开机至空载态测试励磁系统工作是否正常。

(八)整流桥冷却风扇启动试验

1.试验目的

检查冷却风扇工作正常可靠。

2.试验仪器设备

万用表、螺丝刀。

3.试验方法

(1)机组在停机状态。

(2)检查冷却风扇供电电源工作正常,用万用表检查三相电压约为 380 V AC。

(3)手动启动两套功率柜风机,并检查风扇运行情况。

4.注意事项

查看触摸屏上是否有故障指示,检查风压信号正常。

四、静态试验

(一)确定发电机机组参数

确定励磁系统的励磁方式,并记录。

根据现场的发电机参数定值单确定发电机的机组参数,并记录。

注意:额定功率和额定容量的差别。前者是指发电机额定的有功功率,后者是指发电机的视在功率。

请根据额定定子电压和额定定子 PT 变比,计算出 PT 二次侧额定输出电压。通常情况下,输出电压为 100 V;特殊情况下,输出电压为 105 V。

(二)装置通电前检查

安装工控机,并将电源线配好。电源线可直接配线至端子,也可以将调节器背部电源插座配线至端子,而将工控机电源线接至电源插座。

注意:不论是工控机的电源线还是电源插座的线,都要将地线接地。

确保励磁系统所有电源在断电状态。检查装置内部。检查装置的外观有无严重碰伤。检查机械结构,框架有无扭曲、变形,前后门有无合不上、锁不上的情况。拽端子内部线,检查装置内部端子配线是否有松动或脱落的现象。将松动或脱落线的情况写在投运记录中,如数量等。

检查装置内部焊点是否有明显的脱落或短路。SAVR 主要是插箱内部焊点和输出继电器座的焊点;FLZ 主要是阻容吸收部分、同步变压器及脉冲盒内的焊点,其中脉冲盒内的焊点需要打开脉冲盒才能检查;FLM 主要是触发板、计数板和分压电阻板(970105)上的焊点。将脱落或短路焊点的情况写在投运记录中,如位置、数量等。

将 SAVR 插件拔出,检查插件有无明显损坏。注意:主 CPU 板和脉冲放大板上的散热片有无脱落。检查系统电源板和模拟量板的屏蔽板是否安装。

检查柜内所有元器件,包括电源开关、继电器、接触器、保险、表计、变送器、指示灯等有无明显的损坏,检查元器件上的配线有无松动或脱落的现象。用万用表测量保险是否完好。保险包括回路中的保险、表计的保险和端子保险等。注意:当阳极电压大于 800 V 或过压设计值大于 1 600 V 时,过压触发回路中的 5.1 kΩ 电阻需改为 10.2 kΩ(5.1 kΩ 两只串联)。

检查所有柜体螺丝,并紧固。包括端子排上内外部端子的螺丝,SAVR 插箱 DZ1、DZ2 内外部端子的螺丝,模拟量块内电流端子,以及所有元器件上的螺丝(包括有配线和没有配线的)。

注意:端子之间的连接片是否缺少,整流柜脉冲盒上的端子接线是否松动。将螺丝松动的情况写在投运记录中,如端子号、数量等。

(三) 装置外围回路检查

根据系统图检查端子外部接线,确认外部接线有没有多接、少接或错接等,将改动处记录在系统图上。注意:对于 SAVR2000 型励磁调节器,需要将两路 PT 交叉接线,两套开入量 24 V 和 0 V 需短接。

确认励磁回路中各电源的类别、容量及直流电源的正负等,包括 SAVR 的交直流电源、FLZ 的交直流电源、FLM 的直流电源等。

确认 SAVR 开关量输入 1003 端子输入的节点为无源干节点。用万用表电压挡在节点上测量,应无电压。

确认 SAVR 开关量输出节点正确,外部信号电源无串电。用万用表电压挡在节点上测量,电压应正常。

确认同步变压器原边线接至 FLZ 刀闸(开关)下端口,副边线接至端子排。确认两套 SAVR 分别对应的同步变压器与图纸一致。

打开 PT 回路和 CT 回路的短接片,测量外部 PT 应不短路。确认 CT 应不开路。注意:和现场人员确认 CT 在端子上的同名端是否正确。

检查励磁系统一次回路。主要是可控硅交流侧从进线开始到灭磁开关出线为止。其中,交流进线包括永磁机来的接线、交流励磁机定子来的接线、励磁变压器副边来的接线等;直流出线包括到励磁机转子的接线、到发电机转子的接线等。这些接线包括铜排和电缆。交流需检查 A、B、C 三相的相序是否正确,直流需检查正负极性是否正确。

应检查封闭母线中 A、B、C 三相和整流柜中 A、B、C 三相的接口是否一致。确认灭磁回路接线是否正确。非线性灭磁回路中灭磁电阻需接在转子侧,且反顶二极管方向正确。通常情况下,反顶二极管的 K 极和灭磁电阻直接连接,而 A 极需要连接到转子负极。遇到灭磁开关单串在直流回路负(正)极的情况,需要确认正(负)极接线柱是否已连接正确。如果灭磁开关为 DM4,则需要将灭弧罩铜鼻子接地;如果灭磁开关为 DMX,则需要确认电流的方向。

确认过压保护回路接线是否正确。注意:确认过压回路在正负极和电源侧、转子侧的接线。

检查脉冲回路接线是否正确。注意:当 SAVR 和 FLZ 相距较远(超过 150 m)时,脉冲线的线径需放大。

对于非三机系统,需检查初励回路是否正确。注意:确认起励电源和输出电流的极性。初励需加在灭磁开关前。

根据各个工程的特殊性,对相关的回路进行必要的检查。

(四)电源负载阻值测量

合上 SAVR 背后上侧 DK1 开关,用电阻挡测量交流电源 1 负载电阻。对于标准的 AC 220 V 电源通常该电阻值为 5~10 Ω;对于中频整流 DC 110 V 的电源 1 负载电阻为 10 kΩ;对于中频整流 DC 220 V 的电源 1 负载电阻为 38 kΩ。

合上 SAVR 背后上侧 DK2 开关,用电阻挡测量交流电源 2 负载电阻。一般情况下,对于标准的 AC220 V 电源通常该电阻值为 5~10 Ω;对于中频整流 DC 110 V 的电源 1 负载电阻为 9~11 kΩ;对于中频整流 DC 220 V 的电源 1 负载电阻为 37~39 kΩ。

合上 SAVR 背后上侧 DK3 开关,用电阻挡测量直流电源负载电阻,对于 DC 220 V 的直流电源负载电阻一般为 18~40 kΩ;对于 DC 110 V 的直流电源负载电阻一般为 9~11 kΩ。

在 1003 端子上测量两路 24 V 开关量输入电源负载电阻。通常一路是测量 1003-1 和 1003-34,另一路是测量 1003-19 和 1003-35。一般情况下,标准 SAVR 测量值为 0.6~0.9 kΩ;SAVR-Z 测量值为 1.2~1.6 kΩ。

在 SAVR 的 DZ2-9 和 DZ2-10 上测量继电器电源负载电阻,标准 SAVR 测量值为 60~90 Ω;SAVR-Z 测量值为 250~400 Ω。

在 SAVR 的 DZ2-11 和 DZ2-12 上测量脉冲电源负载电阻,标准 SAVR 测量值为 0.6~1 kΩ;SAVR-Z 测量值为 1.5~2 kΩ。

合上 FLZ 柜脉冲开关。在 SAVR 的 1104 脉冲端子上测量脉冲电源对六相脉冲的电阻值。通常该值为 12~15 kΩ。

测量同步变压器输入、输出电阻。通常输入侧电阻值很小(5 Ω 以下),输出侧电阻值为 50~100 Ω。

测量同步背板输入、输出端电阻。通常输入端电阻为 30~60 Ω,输出端电阻为 0.6~1 kΩ。

测量其他电源的负载电阻,并记录。

(五)装置通电及通电后的检查

1. 装置通电

在所有负载电阻测量完毕后,首先断开装置的电源开关。对于使用保险而没有设置电源开关的,首先应断开保险。测量外部输入电源电压等级是否与要求一致。在确认无误的情况下,可以合上相应的电源开关或保险。

对于 SAVR，送入的电源通常是交流（AC 110 V、AC 220 V）和直流（DC 110 V、DC 220 V）。送电后，观察双路供电板对应的 AC、DC 指示灯亮。对于有些三机励磁系统，会使用中频交流电源经过整流后得到的直流电源代替交流电源。此时，只有当对应的中频交流电源送入后，中频电源指示灯才会亮。合上双路供电板、脉冲电源板和系统电源板上的小开关。观察 SAVR 应无故障。

对于整流柜，送入的电源通常是交流（AC 380 V、AC 220 V）。送电后，风机分、合闸或故障指示灯亮。

对于灭磁柜，送入的电源通常是直流（DC 110 V、DC 220 V）。送电后，操作电源指示灯亮。

2. 电源回路测量电压值

测量交流、直流电源电压，并记录。

在工控机界面—信息窗—模拟量栏—第 2 页，观察 +5 V 和 ±12 V 电源测量值，并记录。

在 SAVR 的 1003 端子测量两路 24 V 开关量输入电源电压，并记录。

在 SAVR 的 DZ2 端子上测量继电器电源电压和脉冲电源电压，并记录。

在 SAVR 的 1104 端子上测量脉冲电源对六相脉冲的电压值，并记录。

3. 下装程序

打开工控机，首先进入 WINDOWS 操作系统，在 C 盘根目录下建立以"电厂名称首字母+机组号"为名的文件夹（如西霞院 9 号机组：xxy#9，下面以其为例）。将准备好的程序拷入该目录下。确认".doc"文件第一行的"电厂名称、机组号、修改时间和修改人员"与实际情况保持一致。重新启动工控机，进入纯 DOS 系统。

确认 SAVR 主机板电源未上电。

打开主机板前侧小盖板，将主机板拨码开关打在监控位置，SAVR 上电。执行以下步骤：

（1）进入 C：\xxy#9 目录下，键入"dspcl"，回车；在此过程中可能会出现"Press any key to continue"，按回车即可，直至再次出现"C：\xxy#9\"。

（2）键入"romlnk sd"，回车，直至出现"goto end2"。

（3）键入"romhex sd"，回车，直至出现"Convert complete"。

（4）确认程序编译过程无误，键入"dsp"，回车，出现"心"形。

（5）按"u"键，在出现"."后，键入"cl3000，420000"；键入"sdr.b1"，回车。

（6）在"Load Success"后，回车，至"MOVE TO FLASH FINISH"；按回车，直到结束。

（7）在"."后键入"dl3000，408000，410000，418000"，回车；键入"sd00.bin"，7 次回车，直至数据传送完毕，本套程序下载结束。

（8）按"F3"选择另一个串口，重复步骤（3）~（5）；以下载另一套程序。

（9）当两套程序都下载完毕，在"."后键入"q"，回车；按"F7"键退回纯 DOS 系统。

（10）关闭系统电源板电源，将主机板拨码开关拨回至运行位置，重新上电运行。

（11）重新启动工控机，进入 Windows 操作系统。一般情况下，监控界面程序已安装在 C：\Program Files\SAVR2000 目录下。核对"机组参数.txt"和"开关量.txt"是否和现场对应的一致。确认"机组参数.txt"第一行的"电厂名称和机组号"与实际情况保持一致。

可以根据现场需要进行修改。

注意："油开关常开"：用常开节点为"1"，常闭节点为"0"。修改完后，双击"参数转换.exe"文件。

以上操作完成了调试所需程序的准备。

将调节器 A、B 套"调试/运行"开关打在"调试"位置。

(六) 小电流试验

小电流试验原理图如图 10-1 所示。

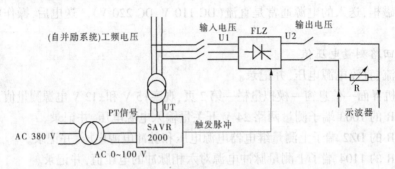

图 10-1 小电流试验原理图

1. 试验目的

检查阻性负载时的整流桥的工作特性和励磁调节单元的调节特性。

2. 试验仪器设备

万用表、示波器、相序表、螺丝刀、扳手、调压器、滑线变阻器及三相电缆。

3. 试验方法

断开励磁整流柜中的 QS1、QS2 开关。

断开厂用起励电源，即断开 FLM 灭磁及过压保护柜内 K2 开关。

在 QS2 开关的触点 1、3 上连入负载电阻，电阻选在最大值。

在调压器一次侧接入三相 380 V 电源，二次侧的 U、V、W 三相分别接到 QS1 的 2、4、6 上。接线完成后，用相序表检查相序是否和输入励磁调节器柜的 PT 相序一致。

试验接线完成后，要认真检查其是否正确无误。

在励磁调节器柜内调节器触摸屏上，选择"控制使能""定角度"，A，B 两套都置为"1"。

调节调压器输出电压，使输出电压为 100 V。手动调节增减磁，在示波仪中观察直流输出是否随之平滑无阶跃变化，用示波器观测负载两端直流输出波形，在增减磁调节过程中观察其波形是否随之平滑无阶跃变化以及脉冲触发情况，记录下两个功率柜在不同移相角的输出电压值，详见表 10-12。

试验结束后，拆除临时接线，恢复设备的永久接线并确保正确无误。

4. 注意事项

试验前确保机组退出运行，试验前检查核实负载电阻阻值及容量。试验中注意防止短路、人员触电和负载电阻过热导致烫伤试验人员。

5. 小电流试验记录

小电流试验记录见表 10-12。

表 10-12　小电流试验记录

移相角(°)	1#功率柜输出电压值(U_{f1})	2#功率柜输出电压值(U_{f2})
130		
120		
110		
90		
80		
70		
60		
50		
40		
30		
15		

(七)发电机励磁调节器模拟量校验

1. 试验方法

在发电机励磁调节器 1001 端子上送入三相电压,1002 端子上送入三相电流,模拟发电机励磁专用 PT、仪用 PT、发电机定子 CT、发电机转子 CT 二次侧输出。其中,发电机定子 CT 二次侧输出额定值为 0.754 6 A;可控硅交流三相 CT 二次侧输出额定值为 2.698 A。当加入定子电压、定子电流为二次侧额定值时,电压电流相位角为 0°时,励磁调节器检测机端电压(U_{f1}、U_{f2})为 100%,定子电流为 100%,有功为额定视在值,无功为 0。当加入发电机转子电流为二次额定值(模拟可控硅交流三相副边 CT 二次侧输出),励磁调节器检测转子电流为 100%。通过工控机监控界面观测定子三相电压测量值、定子三相电流测量值及发电机转子测量值,显示正确。模拟量校验表见表 10-13。

表 10-13　模拟量校验表

工控机显示	A 套	B 套	工控机显示	A 套	B 套
A 相定子电压(%)			A 相定子电流(%)		
B 相定子电压(%)			B 相定子电流(%)		
C 相定子电压(%)			C 相定子电流(%)		
定子电压(%)			定子电流(%)		
A 相有功(MW)			PT2 电压(%)		
B 相有功(MW)			A 相转子电流(%)		
C 相有功(MW)			B 相转子电流(%)		
有功功率(MW)			C 相转子电流(%)		

续 10-13

工控机显示		A 套	B 套	工控机显示		A 套	B 套
$\cos\varphi = 1$	$P_{有功}$（MW）			$\cos\varphi = 0$	$P_{有功}$（MW）		
	$Q_{无功}$（Mvar）				$Q_{无功}$（Mvar）		

2. 安全措施

加入电压、电流时，应将端子上的短接片打开，严禁加到外回路。

加入电压、电流时，电压最大值不能超过 150 V，电流最大值不能超过 5 A。

（八）发电机励磁调节器开关量校验

1. 开关量开入校验

通过远方发信号（不具备条件时可以通过端子短接），模拟现场开关量输入，工控机界面开关量窗观测输入显示正确。就地增磁、就地减磁、就地建压、就地逆变须通过本柜按钮实现。需要注意"就地/远方控制"切换。

2. 开关量开出校验

关闭 A 套系统电源板电源，将 A 套主机板"运行/监控"拨码开关打至"监控"位，打开 A 套系统电源板电源。在 MS-DOS 下，进入"C：\xxy#9\"，键入"dsp"。按"F3　1"。键入"oe00008　FFFE"，观察 Y1 输出是否正确、对应继电器动作是否正确、在 1103 端子测量输出节点是否正确、远方收到的信号是否正确。

注意：如果远方 DCS 已送电，要用万用表"电压挡"测量 1103 端子输出节点。

根据表 10-14 所示输入命令，依次检查开出回路。

表 10-14

oe00008,FFFE	Y1	oe00008,FFFD	Y2	oe00008,FFFB	Y3	oe00008,FFF7	Y4
oe00008,FFEF	Y5	oe00008,FFDF	Y6	oe00008,FFBF	Y7	oe00008,FF7F	Y8
oe00008,FEFF	Y9	oe00008,FDFF	Y10	oe00008,FBFF	Y11	oe00008,F7FF	Y12
oe00008,EFFF	Y13	oe00008,DFFF	Y14	oe00008,BFFF	Y15	oe00008,7FFF	Y16

注意：通常情况下，标准 SAVR 的 15ZJ（16ZJ）为 A（B）套故障继电器，该继电器不是由 Y15（Y16）信号驱动。对于这些继电器，无法通过输入命令使其动作，可以通过模拟调节器+5V，±12V 电源故障，主从切换，或者分合电动开关，来检查这些信号开出回路是否正确。

关闭 A 套系统电源板电源。

恢复 A 套主机板"运行/监控"拨码开关至"运行"位。

根据现场需要，模拟 B 套对应的开关量输出，观察开关量输出是否正确。

记录最终的开关量名称。

注意：通常情况下，Y15 应为"调节器自检错误"，Y16 应为"预留"。

开关量校验见表 10-15。

表 10-15　开关量校验

开关量输入	信号名称	开关量输出	信号名称
X1	远方增磁	Y1	调节器告警
X2	远方减磁	Y2	调节器综合限制
X3	电制动开机	Y3	风机控制
X4	远方开机	Y4	投直流起励
X5	远方停机	Y5	触发角打开
X6	95%转速令	Y6	触发角关闭
X7	负荷开关辅助节点	Y7	定子电压<5%
X8	电制动停机	Y8	PT 断线
X9	备用	Y9	制动电流>100%
X10	1#功率柜故障	Y10	制动电流<5%
X11	2#功率柜故障	Y11	起励失败
X12	PSS 投入	Y12	预留
X13	手动增磁	Y13	制动电流>70%
X14	手动减磁	Y14	功率柜故障
X15	手动开机	Y15	调节器 A 套故障
X16	手动停机	Y16	调节器 B 套故障

（九）调节器功能模拟试验

1. 电压闭环功能

确保 SAVR 在电压闭环控制方式。

通过 1001 端子模拟加入发电机 PT 二次侧额定电压。

通过主控窗观察机端电压测量值。

在机端电压小于电压给定时,通过减磁令使得机端电压大于电压给定,此时应该观察到触发角度从空载最小角逐渐变化到空载最大角。

在机端电压大于电压给定时,通过增磁令使得机端电压小于电压给定,此时应该观察到触发角度从空载最大角逐渐变化到空载最小角。

2. 电流闭环功能

确保 SAVR 在电流闭环控制方式。

通过 1002 端子模拟加入发电机转子 CT 二次侧额定电流。

通过主控窗观察转子电流测量值。

在转子电流小于电流给定时,通过减磁令使得转子电流大于电流给定,此时应该观察到触发角度从空载最小角逐渐变化到空载最大角。

在转子电流大于电流给定时,通过增磁令使得转子电流小于电流给定,此时应该观察到触发角度从空载最大角逐渐变化到空载最小角。

3. 切换功能

分别在电压闭环和电流闭环下,进行 A、B 套主从切换,观察触发角度和直流输出电压应无明显波动。

分别对 A、B 套进行电压闭环/电流闭环切换,观察触发角度和直流输出电压应无明显波动。

4. PT 断线

通过断开 PT1 电压输入接线,可以模拟 PT 断线故障。通常情况下,对 A 套而言,PT1 为励磁 PT,PT2 为仪表 PT;对 B 套而言,PT1 为仪表 PT,PT2 为励磁 PT。

同时满足以下条件时,报 PT 断线故障:

(1)PT2 采样值大于 $50\% U_{FN}$(U_{FN} 代表额定机端电压,对应 PT 二次侧值,一般为 100 V 或 105 V);

(2)PT2 减去 PT1 的结果要大于 PT2 电压值的 1/16;

(3)PT1 电压值小于 $50\% U_{FN}$,或者三相线电压之差大于 $20\% U_{FN}$;

(4)以上条件同时满足,持续时间大于工控机的"参数窗"中"限制参数"栏"PT 动作时间"的设置值,通常该值为 0.06 s。

在已报 PT 断线故障的情况下,同时满足以下条件时,退出 PT 断线:

(1)PT2 减去 PT1 的结果不大于 PT2 电压值的 1/16,或者 PT2 电压值小于 $20\% U_{FN}$;

(2)以上条件同时满足,持续时间大于 30 s。

5. 逆变停机

只加 PT 电压和转子电流,不加定子电流,按 SAVR 就地逆变按钮,此时观察触发角度应为逆变角,可控硅直流输出波形为逆变波形,动作正确。

6. 过励限制

通过调整定子电流、定子电压的功角,调整定子电流值,或者修改有功、无功的系数,可以模拟过励限制。

同时满足以下条件时,报过励限制:

(1)控制方式为电压闭环自动方式;

(2)电压测频正常;

(3)无强励限制信号;

(4)工控机的"参数窗"中"其他"栏的"过励限制退出"为 0;

(5)无功值大于对应有功下的过励限制无功值,具体值可以在工控机的"试验窗"中"上送限制曲线"里查询;

(6)以上条件同时满足,持续时间大于工控机的"参数窗"中"限制参数"栏的"过励动作时间"的设置值,通常该值为 20 s。

在已报过励限制的情况下,同时满足以下条件,主套退出过励限制:

(1)电压给定值不大于(机端电压+a-20/3931),a 为工控机的"信息窗"中"模拟量"栏的"附加控制"值;或者无功值不大于对应有功下的过励限制无功值的 1/2。

（2）以上条件满足,持续时间大于工控机的"参数窗"中"限制参数"栏的"过励返回时间"的设置值,通常该值为 1 s。

在已报过励限制的情况下,同时满足以下条件,从套退出过励限制:

（1）无功值不大于对应有功下的过励限制无功值。

（2）以上条件同时满足,持续时间大于工控机的"参数窗"中"限制参数"栏的"过励返回时间"的设置值,通常该值为 1 s。

7. 欠励限制

通过调整定子电流、定子电压的功角,调整定子电流值,或者修改有功、无功的系数,可以模拟欠励限制。

同时满足以下条件时,报欠励限制:

（1）控制方式为电压闭环自动方式。

（2）电压测频正常。

（3）无强励限制信号。

（4）工控机的"参数窗"中"其他"栏的"欠励限制退出"为 0。

（5）无功值小于对应有功下的欠励限制无功值,具体值可以在工控机的"试验窗"中"上送限制曲线"里查询。

（6）以上条件同时满足,持续时间大于工控机的"参数窗"中"限制参数"栏的"欠励动作时间"的设置值,通常该值为 0.06 s。

在已报欠励限制的情况下,同时满足以下条件,主套退出欠励限制:

（1）电压给定值不小于（机端电压$+a+20/3931$）,a 为工控机的"信息窗"中"模拟量"栏的"附加控制"值;或者无功值不小于（对应有功下的欠励限制无功值$+20\%$额定有功对应的数据码值）。

（2）以上条件满足,持续时间大于工控机的"参数窗"中"限制参数"栏的"欠励返回时间"的设置值,通常该值为 1 s。

在已报欠励限制的情况下,同时满足以下条件,从套退出欠励限制:

（1）无功值不小于对应有功下的欠励限制无功值。

（2）以上条件满足,持续时间大于工控机的"参数窗"中"限制参数"栏的"欠励返回时间"的设置值,通常该值为 1 s。

8. 强励限制（强励反时限限制）

通过改变发电机转子电流输入值或修改励磁电流系数,可以模拟强励限制。

同时满足以下条件时,报强励限制:

（1）控制方式为电压闭环自动方式。

（2）无功率柜故障信号。

（3）转子电流大于工控机的"参数窗"中"限制参数"栏的"强励电流最小值",根据电流的大小,反时间限制。具体时间可以在工控机的"试验窗"中"上送限制曲线"里查询。

在已报强励限制的情况下,同时满足以下条件,主套退出强励限制:

（1）电压给定值不大于（机端电压$+a-7/3931$）,a 为工控机的"信息窗"中"模拟量"栏的"附加控制"值;或者转子电流不大于工控机的"参数窗"中"限制参数"栏的"强励电流最小"值的 1/2。

（2）以上条件满足，持续时间大于工控机的"参数窗"中"限制参数"栏的"强励返回时间"的设置值，通常该值为 1 s。

在已报强励限制的情况下，同时满足以下条件，从套退出强励限制：

（1）转子电流不大于工控机的"参数窗"中"限制参数"栏的"强励电流最小值"–7/3276。

（2）以上条件满足，持续时间大于工控机的"参数窗"中"限制参数"栏的"强励返回时间"的设置值，通常该值为 1 s。

9. 空载 V/F 限制

一般通过调整同步电压输入信号频率的方法模拟 V/F 限制动作，也可采用通过修改工控机"参数窗"中"限制参数"栏的"V/F 最小（大）频率"的方法进行模拟 V/F 限制动作的简单模拟。

同时满足以下条件时，报 V/F 限制：

（1）机端电压 $\geqslant 20\% U_{FN}$。

（2）无远方停机令。

（3）工控机"主控窗"中机组频率值小于 V/F 最大频率值。

（4）以上条件同时满足，持续时间大于工控机的"参数窗"中"限制参数"栏的"V/F 动作时间"的设置值，通常该值为 1 s。

在已报 V/F 限制的情况下，修改工控机"参数窗"中"限制参数"栏的"V/F 最小（大）频率"，使得"主控窗"中机组频率值大于（V/F 最大频率值+V/F 频率步长），V/F 限制应立即退出。

10. 功率柜故障限制

通过模拟功率柜故障和调整增加转子电流输入值，可以模拟 SCR 限制动作。

同时满足以下条件时，报 SCR 限制：

（1）调节器判断出现功率柜故障信号。

（2）转子电流大于工控机"参数窗"中"给定限制"栏的"限负荷 1（2/3）"的最小值。

（3）以上条件同时满足，持续时间大于 1 s。

在已报 SCR 限制的情况下，同时满足以下条件，退出 SCR 限制：

（1）转子电流小于（工控机"参数窗"中"给定限制"栏的"限负荷 1（2/3）"的最小值+16/3276）。

（2）以上条件满足，持续时间大于 10 s。

11. 空、负载电压、电流、角度上下限检查

加入 PT 电压、转子电流，模拟发电机空载状态，分别在电压闭环和电流闭环方式下，观察空载下电压给定、电流给定、角度的上下限值，并记录。

加入 PT 电压、转子电流和定子电流，模拟发电机负载状态，分别在电压闭环和电流闭环方式下，观察负载下电压给定、电流给定、角度的上下限值，并记录。

12. 最大励磁电流限制

对于无刷励磁系统，通常会有该限制功能。该限制是强励反时限在功能上的增强。通过改变发电机转子电流输入值或修改励磁电流系数，可以模拟该功能。在"参数窗"的

"其他"栏有"退反时限1""退反时限2""退反时限3"。将其置"1"可以退出对应的反时限限制功能。在需要模拟限制功能时,对应的"退反时限"必须为"0"。

同时满足以下条件时,报反时限Ⅱ段故障:

(1)控制方式为电压闭环自动方式;

(2)无功率柜故障信号;

(3)本套调节器为主套;

转子电流大于工控机的"参数窗"中"限制参数"栏的"强励电流最小值",根据电流的大小和反时间限制曲线,具体时间可以在工控机的"试验窗"中"上送限制曲线"里查询。("参数窗"的"采样系数"栏中"数据显示"为"2")

在已报反时限Ⅱ段故障的情况下,同时满足以下条件,退出反时限Ⅱ段故障:

(1)转子电流不大于工控机的"参数窗"中"限制参数"栏的(强励电流最小值-7/3 276);

(2)以上条件满足,持续时间大于20 s。

同时满足以下条件时,报反时限Ⅲ段告警:

(1)控制方式为电压闭环自动方式;

(2)无功率柜故障信号;

(3)转子电流大于工控机的"参数窗"中"限制参数"栏的"强励电流最小值",根据电流的大小,反时间限制。具体时间可以在工控机的"试验窗"中"上送限制曲线"里查询。("参数窗"的"采样系数"栏中"数据显示"为"4")

在已报反时限Ⅲ段告警的情况下,同时满足以下条件,退出反时限Ⅲ段告警:

(1)转子电流不大于工控机的"参数窗"中"限制参数"栏的(强励电流最小值-7/3 276);

(2)以上条件满足,持续时间大于工控机的"参数窗"中"限制参数"栏的"强励返回时间"的设置值,通常该值为1 s。

13.瞬时过流限制和保护

对于无刷励磁系统,通常会有该功能。通过改变发电机转子电流输入值或修改励磁电流系数,可以模拟该功能。在"参数窗"的"其他"栏有"退瞬时电流1""退瞬时电流2""退瞬时电流3"。将其置"1"可以退出对应的瞬时过流功能。在需要模拟功能时,对应的"退瞬时电流"必须为"0"。

当转子电流测量值与转子电流负载额定值之比大于工控机的"参数窗"中"采样系数"栏的"瞬时电流Ⅰ段"设定值时,报瞬时过流Ⅰ段限制,该值通常为1.7。

在已报瞬时过流Ⅰ段限制的情况下,同时满足以下条件,退出瞬时过流Ⅰ段限制:

(1)转子电流测量值与转子电流负载额定值之比小于"瞬时电流Ⅰ段"设定值;

(2)以上条件满足,持续时间大于工控机的"参数窗"中"限制参数"栏的"强励返回时间"的设置值,通常该值为1 s。

当同时满足以下条件时,报瞬时过流Ⅱ段故障:

本套调节器为主套;

转子电流测量值与转子电流负载额定值之比大于工控机的"参数窗"中"采样系数"栏的"瞬时电流Ⅱ段"设定值,该值通常为1.78。

在已报瞬时过流Ⅱ段故障的情况下,同时满足以下条件,退出瞬时过流Ⅱ段故障:

(1)转子电流测量值与转子电流负载额定值之比小于"瞬时电流Ⅱ段"设定值;

(2)以上条件满足,持续时间大于工控机的"参数窗"中"限制参数"栏的"强励返回时间"的设置值,通常该值为1 s。

当转子电流测量值与转子电流负载额定值之比大于工控机的"参数窗"中"采样系数"栏的"瞬时电流Ⅲ段"设定值时,报瞬时过流Ⅲ段告警,该值通常为1.87。

在已报瞬时过流Ⅰ段告警的情况下,同时满足以下条件,退出瞬时过流Ⅰ段告警:

(1)转子电流测量值与转子电流负载额定值之比小于"瞬时电流Ⅲ段"设定值;

(2)以上条件满足,持续时间大于工控机的"参数窗"中"限制参数"栏的"强励返回时间"的设置值,通常该值为1 s。

14.负载V/F限制与保护

对于无刷励磁系统,通常会有该功能。通过调整机端电压输入信号频率,或者调整机端电压测量值,可以模拟该功能。在"参数窗"的"其他"栏有"退VF限制1""退VF保护2""退VF保护3"。将其置"1"可以退出对应的VF功能。在需要模拟功能时,对应的"退VF"必须为"0"。

当同时满足以下条件时,报VF限制Ⅰ段限制:

(1)当前机端电压测量值与机端电压频率比值的标幺值大于"参数窗"的"采样系数"栏的"VF限制1段"设定值,通常该值为1.05。

(2)以上条件同时满足,持续时间大于工控机的"参数窗"中"限制参数"栏的"V/F动作时间"的设置值,通常该值为1 s。

在已报VF限制Ⅰ段限制的情况下,同时满足以下条件,退出VF限制Ⅰ段限制:

(1)当前机端电压测量值与机端电压频率比值的标幺值小于["VF限制Ⅰ段"设定值-(7/3931/当前机端电压频率)的标幺值];

(2)以上条件同时满足,持续时间大于工控机的"参数窗"中"限制参数"栏的"V/F动作时间"的设置值,通常该值为1 s。

当同时满足以下条件时,报VF保护Ⅰ段告警:

(1)当前机端电压测量值与机端电压频率比值的标幺值大于"参数窗"的"采样系数"栏的"VF保护Ⅰ段"设定值,通常该值为1.1;

(2)以上条件同时满足,持续时间大于55 s。

在已报VF保护Ⅰ段告警的情况下,同时满足以下条件,退出VF保护Ⅰ段告警:

(1)当前机端电压测量值与机端电压频率比值的标幺值小于["VF限制Ⅰ段"设定值-(7/3931/当前机端电压频率)的标幺值];

(2)以上条件同时满足,持续时间大于工控机的"参数窗"中"限制参数"栏的"V/F动作时间"的设置值,通常该值为1 s。

当同时满足以下条件时,报VF保护Ⅱ段告警:

(1)当前机端电压测量值与机端电压频率比值的标幺值大于"参数窗"的"采样系数"栏的"VF保护Ⅱ段"设定值,通常该值为1.2;

(2)以上条件同时满足,持续时间大于6 s。

在已报 VF 保护Ⅱ段告警的情况下,同时满足以下条件,退出 VF 保护Ⅱ段告警:

(1)当前机端电压测量值与机端电压频率比值的标幺值小于["VF 限制Ⅰ段"设定值-(7/3931/当前机端电压频率)的标幺值];

(2)以上条件同时满足,持续时间大于工控机的"参数窗"中"限制参数"栏的"V/F 动作时间"的设置值,通常该值为 1 s。

15. 欠励保护

对于无刷励磁系统,通常会有该功能。该保护是欠励限制在功能上的增强。通过调整定子电流、定子电压的功角,调整定子电流值,或者修改有功、无功的系数,可以模拟欠励保护。在"参数窗"的"其他"栏有"退欠励保护"。将其置"1"可以退出欠励保护功能。在需要模拟功能时,"退欠励保护"必须为"0"。

同时满足以下条件时,报欠励保护告警:

(1)当前转子电流小于"参数窗"的"限制参数"栏的"主励电流最小值"设定值;

(2)无功值小于[对应有功下的欠励限制无功值×("参数窗"的"采样系数"栏的"欠励保护"设定值+1)];

(3)以上条件同时满足,持续时间大于 4 s。

在已报欠励保护告警的情况下,同时满足以下条件,退出欠励保护告警:

(1)无功值大于[对应有功下的欠励限制无功值×("参数窗"的"采样系数"栏的"欠励保护"设定值+1)];

(2)以上条件同时满足,持续时间大于 0.5 s。

16. 整流柜风机回路功能测试

通常整流柜风机回路分为手动/自动两种状态。在送上风机电源后,置手动状态时,风机启动,风机停风和整流柜故障灯应该消失。置自动状态时,如果"机端电压>20%U_{FN}",或者有"油开关合"信号,风机启动;否则,风机停风。检查端子节点信号是否正确。

对于有主、备用风机电源切换回路的,需要做两路电源相互切换的试验。切换逻辑应正确,对应的输出信号应正确。

对于有双风机的整流柜,应分别检查每台风机的操作回路,并做两台风机相互切换的试验。

通过外部接线送至整流柜,驱动整流柜内的风机控制继电器。整流柜内风机控制继电器用常开节点去启动风机控制回路。

17. 整流柜快熔熔断模拟功能测试

通过触动整流柜快熔熔断器辅助节点,模拟快熔熔断信号,观察整流柜报出相应信号,端子节点信号正确。

18. 整流柜电动开关操作功能测试

检查整流柜电动开关分、合闸应正常,输出辅助节点应正确动作。

19. 灭磁柜灭磁开关操作功能测试

检查灭磁柜灭磁开关分、合闸应正常,输出辅助节点应正确动作。

注意:MM74 灭磁开关,合闸回路电流较大,在现场需要单独接一路直流动力电源,而不能和直流操作电源直接并接。否则,合闸时会使得直流操作电源电压降低。当电压下降到约80%时,合闸会失败。

20. 初励动作功能测试

确保灭磁开关在分闸状态,并确认初励回路与转子断开。

送上起励电源,点击手动起励按钮,在灭磁开关电源侧可以测量到起励电压输出。DC 220 V 起励的,输出电压为 DC 220 V;交流起励的,根据设计值有所不同,通常在几伏到十几伏不等。

注意:交流起励在测量二极管整流模块输入端用的是交流电压挡,在测量二极管整流模块输出端用的是直流电压挡。

静态试验做完后,恢复所有接线、临时短接或解开的端子。包括 PT、CT 接线,灭磁开关常闭节点停机令,水电的转速令和 ABB 跳灭磁开关软、硬件封脉冲的节点等。

有条件的情况下,在现场相关人员的笔记本电脑或台式机上安装 SAVR2000 界面程序。将对应的"机组参数"和"开关量"拷入界面安装目录中。

五、空载试验

(一)发电机短路升流试验

1. 试验器具

滑线变阻器、两相空气开关、导线若干、扳手、对讲机。

2. 试验条件

投入发电机、变压器差动及低阻抗保护、匝间保护信号。

发电机出口母线人孔处短路母排安装完毕,做好安全措施。

断开励磁变压器至发电机机端的引线,保证引线与带电设备有足够的安全距离。

将制动变压器的一次分接头调至 I 档,并将其接至励磁变压器的原边,作为他励临时电源。

电量记录分析仪接线,连接励磁电流和定子电流测量回路。

灭磁开关在合位。

电制动控制方式切至"机械制动"方式。

将主机板"调试/运行"拨码开关打在"调试"位置。

3. 准备措施

关闭备用通道调节器电源。

将两个功率柜的风机切到"手动"位(因为机端没有电压且 GCB 未合,风机在自动方式下不会启动)。

待他励电源送电后,在整流柜阳极可以测量到一定的电压值,记录该电压值。通过工控机"信息窗"的"测频"栏,可以观察到"同步频率"的测量是否正确,应为 50 Hz;通过"其他"栏可以观察到"同步相序"的测量是否正确,主套应为 E635,从套应为 4635。同步信号应为 AC 100 V 左右。

在"频率"和"相序"都正确的情况下,可以合上整流柜交流侧和直流侧的刀闸(开关)。

合上脉冲投切开关。

分合一次灭磁开关,确保灭磁开关分合均正常的情况下,合上灭磁开关。

通过工控机"设置窗"将调节器置"定角度"控制方式。检查定角度初值在90°以上。建议设置95°。

需要在转子上并联一个50~200 Ω 相应功率的电阻(可以用空气开关将它与转子隔离开),使得可控硅在一开始就续流导通。

4.试验过程

在满足开机条件后,调节器给出开机令,此时转子电流应为零。

确认出现转子电流后,将并联在转子两端的电阻解开,然后继续做升流试验。(当有转子电流后,一定要将电阻解开,否则继续升流可能会烧毁电阻。)

通过增磁按钮减小角度。当角度减小到90°以下时,逐渐有转子电流输出。观察工控机"信息窗"定子电流随着转子电流的增加而增加。根据现场试验方案的要求,增减定子电流到相应的值,并记录相关数据。

当定子电流达到最大(约2 264 A)时,根据实际的转子电流值(来自于监控系统,或者灭磁柜上分流计测量计算)校核工控机"主控窗"指示的转子电流值。在有偏差时,通过"参数窗"的"采样系数"栏,对"A 相转子电流""B 相转子电流""C 相转子电流"进行调整。

然后通过减磁增大角度,逐渐减小励磁电流至0。

5.注意事项

试验整个过程中,均安排人员在灭磁开关前把守。当调节器给出开机令后,密切关注转子电流值,若超过正常值时(空载额定电流的50%,约300 A),直接分灭磁开关,或同时直接关闭调节器电源,确保机组和设备的安全。

6.短路升流试验记录

短路升流试验记录见表10-16。

表10-16　短路升流试验记录

转子电流	定子电流	转子电流	定子电流

(二)发电机升压试验

1.试验条件

投入发电机差动保护连片、匝间短路保护连片、定子绕组过电压保护连片。定子接地(80%和100%)投出口。

发电机出口甲刀闸,发电机出口开关在断开状态。

恢复励磁变压器至励磁功率柜阳极电缆两端的接线。

试验仪器电量记录分析仪接线,连接励磁电流和定子电压测量回路。

开机至水轮机状态,机组转速达到额定转速。

电制动控制方式切至"机械制动"方式。

将主机板"调试/运行"拨码开关打在"调试"位置。

2. 准备措施

关闭备用通道调节器电源。

将两个功率柜的风机切到"手动"位置。

通过工控机"设置窗"将调节器置"电压闭环"控制方式。

起励电压给定值设为15%额定定子电压($15\%U_g$)。

3. 试验过程

机组达到额定转速,检查机组运行正常后,手动闭合发电机灭磁开关 FB,投入励磁系统,此时机端电压应稳定在$15\%U_g$。

试验整个过程中,均安排人员在灭磁开关前把守。当调节器给出开机令后,密切关注机端电压值,若超过正常值(约 5 kV),直接分灭磁开关或同时直接关闭调节器电源,确保机组和设备的安全。

通过增磁按钮增大电压给定值,观察工控机"主控窗"机端电压随着转子电流的增加而增加的情况。根据现场试验方案的要求,增加定子电压到相应的值,并记录相关数据。

通过减磁按钮减小机端电压给定值,逐渐减小机端电压至$15\%U_g$。

观察发电机机端电压和励磁电流之间的关系曲线。

4. 发电机升压试验记录

发电机升压试验记录见表10-17。

表 10-17　发电机升压试验记录

转子电流	机端电压	转子电流	机端电压

(三) A 套零起升压试验

零起升压试验是针对调节器性能的第一个试验,只有在零起升压试验正确的基础上,才能进行后续相关试验。

1.试验前的设置和检查

将非三机系统的励磁方式由他励恢复成正常运行的励磁方式。通过工控机"设置窗"将调节器置"电压闭环"控制方式。

检查初励继电器在插入位置,初励电源已送。

检查所有主回路的开关已合。

检查脉冲开关已合。

检查电压给定值,应在(5%~10%)U_{FN}。当机组残压过高,或者出现机端电压上升后又回到零,起励失败的情况,可以根据需要调高电压给定值。

在调节器具备"就地、远方切换"功能时,需要置"就地控制"位置。

2.试验过程

注意:请关闭 B 套调节器双路供电板输出电源。在灭磁开关前安排人员把守,当调节器给出开机令后,观察转子电流值超过正常值(空载额定电流的 50%)时,直接分灭磁开关,或者关闭 A 套调节器电源,确保机组和设备的安全。

在具备开机条件的情况下,点调节器"现地开机"令。

当机端电压稳定后,通过调节器"现地增磁"令,升压至 25%U_{FN}。

打开 B 套调节器电源,在工控机的"主控窗"观察,显示 B 套为从、B 套等待、B 套正常、电压闭环控制方式。调节器无其他异常显示。

注意:再次点调节器"现地开机"令。

观察并确认"B 套等待"变为"B 套空载"。

在"信息窗"的"模拟量"栏观察两套调节器测量的机端电压和转子电流值应基本相同。在"测频"栏观察两套的机端频率和同步频率应在 50 Hz±0.5 Hz 内。在"其他"栏观察两套的同步相序和机端相序应为 635H(635H 是代码)。

确认以上信息正确的情况下,通过调节器"现地增磁"令,使得机端电压升高,每上升10%记录一次。记录内容为当前机端电压值、当前电压给定值、当前励磁电压、当前触发角度和当前励磁电流。

注意:一般情况下,火电机组端电压最高不超过 1.05 倍 U_{FN},水电机组不超过 1.3 倍 U_{FN}。

(四) A 套机端电压阶跃响应试验

1.试验原理

机端电压阶跃试验是通过在电压给定上叠加阶跃量来实现的,目的是校验当前电压闭环的 PID 参数是否满足机组动态特性的要求。例如,当前电压给定为 90%,机端电压为90%,阶跃量为 5%,阶跃方式为下阶跃,开始阶跃试验后,电压给定立即置85%,此时调节器根据采样的机端电压值和电压给定值之差,通过 PID 参数计算出触发角度,调节机端电压,使其达到 85%。录波观察机端电压上升的时间、振荡的次数、达到稳定的时间,可以评测励磁系统的动态响应特性。

由 DL/T 650—1998 可知,发电机空载时阶跃响应:阶跃量为发电机额定电压的 5%,超调量不大于阶跃量的 30%,振荡次数不大于 3 次,上升时间不大于 0.6 s,调节时间不大于 5 s。

在做阶跃试验前,首先需要预设一组定子电压 PID 参数。该参数可以来自于该电厂同样型号的机组,可以来自于其他电厂类似的机组,或者来自于经验参数。

2. 试验过程

通过就地增磁、就地减磁按钮,使得机端电压稳定在 90%U_{FN}。

在"设置窗"将"B 套"前面的"X"取消,将控制使能"和"阶跃使能"置 1。

在试验窗,将阶跃量修改为 5%。

确认"阶跃响应试验"处显示:A 套为主,A 套下阶跃试验;确认"录波控制"处显示:A 套正在录波,单选框选择 A 套。选择"上送、显示标准变量"。

点击"阶跃响应试验"处的"开始"按钮。下发参数后,弹出对话框"A 套阶跃试验开始,可以按<结束>键返回,否则请等待 20 s。"。点击"确认"按钮。

此时可以通过调节器上方的电压表观察机端电压的变化趋势。

20 s 后,录波会自动停止,并询问是否上传。或者在点击"确认"按钮 10 s 后,点击"结束"按钮。再过 10 s,录波会自动停止,但不会询问是否上传,而需要手动点击"上送录波曲线"。

上送保存录波曲线后,可以观察并评价动态响应特性是否满足国家标准。在不满足国家标准的情况下,可以修改 PID 参数,重新进行阶跃试验,直至满足国家标准。

每次阶跃试验的参数需记录,并且记录对应录波文件的名称。

后续的试验都需要录波,在录波后需要把文件的名称写在投运记录对应的"录波"栏中。录波文件名称的格式为:电厂名称首字母+机组号+顺序号,如西霞院电厂 9 号机组第 1 个录波:xxy0901。

注意:在录波停止后,需要手动重新启动录波。点击"A 套录波停止",弹出警告窗口"想要刷新 A 套录波数据吗? 注意:以前保存的录波数据将被破坏!"。单击"确定",A 套录波重新启动。

通过多次的阶跃试验,确定最终的定子电压 PID 参数。

(五)A 套电压闭环/电流闭环切换的试验

在"主控窗"观察 A 套状态为 A 套为主、A 套空载、A 套正常,控制方式在电压闭环。A 套机端电压值基本等于电压给定值,电流给定值等于转子电流值。在工控机"设置窗"将两套"控制使能"和"电流闭环"置"1"。观察"主控窗",A 套控制方式已改变为"电流闭环"。在"主控窗"单击"停止录波",该字样变为"启动录波"。至"试验窗",观察 A 套录波停止。上送标准录波并保存。观察录波中机端电压波动值 ΔU_f,并记录。

(六)A 套转子电流阶跃试验

在"主控窗"观察 A 套为主、A 套空载、A 套正常,控制方式在电流闭环。A 套电压给定值等于机端电压值,转子电流值基本等于电流给定值。

在"试验窗"设置阶跃量为 5%。做 A 套下阶跃,先下后上。上送录波曲线后,可以观察并评价动态响应特性。

通过多次的阶跃试验,确定最终的转子电流 PID 参数。

(七)电流闭环下 A/B 套切换的试验

在"主控窗"观察 A 套为主、B 套为从、A/B 套空载、A/B 套正常,A/B 套控制方式在电流闭环。

注意:在"信息窗"观察两套转子电流值差别小于 0.5%,可以进行主从切换。当差别大于 0.5%时,在"参数窗"的"采样系数"栏,调整转子电流系数。

记录修改的参数。

按 B 套主机板上红色的"主从切换"按钮。在"主控窗"观察 B 套为主。单击"录波停止",该字样变为"启动录波"。至"试验窗",观察 B 套录波停止,上送标准录波并保存。观察机端电压波动值 ΔU_f,并记录。

(八)B 套转子电流阶跃试验

操作步骤请参考:空载试验第六项——A 套转子电流阶跃试验。

(九)B 套电压闭环/电流闭环切换的试验

在"主控窗"观察 B 套为主、B 套空载、B 套正常,控制方式在电流闭环。B 套电压给定值等于机端电压值,转子电流值基本等于电流给定值。在工控机"设置窗"将两套"控制使能"和"电流闭环"置"0"。观察"主控窗",B 套控制方式已改变为"电压闭环"。在"主控窗"单击"停止录波",该字样变为"启动录波"。至"试验窗",观察 B 套录波停止。上送标准录波并保存。观察录波中机端电压波动值 ΔU_f,并记录。

(十)电压闭环下 A/B 套切换的试验

在"主控窗"观察 B 套为主、A 套为从、A/B 套空载、A/B 套正常,A/B 套控制方式在电压闭环。

注意:在"信息窗"观察两套机端电压实际值差别小于 30 V,可以进行主从切换。当实际值差别大于 30 V 时,在"参数窗"的"采样系数"栏,调整定子电压系数。定子电压对精度要求较高,可通过修改码值调整。

注意:码值为 16 进制,实际值 1 对应码值 400 H,码值减小 1 后,为 3FF。

记录修改的参数。

按 A 套主机板上红色的"主从切换"按钮。在"主控窗"观察 A 套为主。单击"录波停止",该字样变为"启动录波"。至"试验窗",观察 A 套录波停止,上送标准录波并保存。观察机端电压波动值 ΔU_f,并记录。

(十一)空载 PT 断线试验

将机端电压调整为 U_{FN}。

在"主控窗"观察 A 套为主、B 套为从、A/B 套空载、A/B 套正常,A/B 套控制方式在电压闭环。

通过断开 A 套 A 相机端电压在 1001 输入端子的联片,模拟 A 套 PT 断线故障。在"主控窗"观察"A 套故障"已报出,A 套为从、B 套为主。

注意:在"试验窗"手动停止 B 套录波,上送并保存。

观察机端电压波动值 ΔU_f,当波动值较大时,可以考虑将 PT 断线判断时间减少。在"参数窗"的"限制参数"栏的"PT 动作时间",该值通常为 0.06 s,修改为 0.02 s 后,可以减小 PT 断线带来的波动。

恢复 A 套 A 相机端电压在 1001 输入端子的联片。

30 s 后,A 套 PT 断线故障消失。在"报警窗"点击"调节器限制、故障和告警复归"按钮,复归故障,启动录波。

在确认两套都正常的情况下,以 B 套为主、A 套为从,通过断开 B 套 A 相机端电压在 1001 输入端子的联片,模拟 B 套 PT 断线故障。

注意:在"试验窗"手动停止 A 套录波,上送并保存。

(十二) A 套自动升压、逆变灭磁试验

将调节器控制方式置为"电压闭环"。

按调节器"就地逆变"按钮。

在"主控窗"观察机端电压下降至 $10\%U_{FN}$ 时,单击"停止录波",该字样变为"启动录波"。至"试验窗",观察 A 套录波停止,上送标准录波并保存。

在"主控窗"观察 A 套为主、A 套空载、A 套正常,控制方式在电压闭环。

注意:对于三机系统,标准的自动升压方式为软起励升压方式。

软起励升压方式只对"远方升压"令有效,对"就地升压"令无效。在调节器具备"就地、远方切换"功能时,需要暂时置"远方控制"位。

软起励升压的参数为:软起励初值(通常为 93°~95°),软起励最小角(通常为 70°~80°),软起励电压给定(通常为 80%~95%)。

当软起励开始后,触发角度由软起励初值往下减,机端电压往上升。当角度减小到软起励最小角度,或者机端电压上升到软起励电压给定值时,软起励完成,转为电压闭环运行。

注意:当软起励过程中有进行增磁或减磁操作时,软起励过程停止。

对于非三机系统,影响自动升压的参数为:起励电压给定值(80%~95%),起励最小角度(30°~40°),积分角度初值(85°~120°),空载最小角度(30°~60°)。

起励开始后,当机端电压小于 50% 时,调节器输出为起励最小角度;当机端电压大于 50% 后,调节器输出角度为空载最小角度;当机端电压和电压给定之差小于 10% 时,调节器输出角度为 PID 计算角度。此时,自动升压试验完成。

对自动升压过程进行录波,并保存。

注意:自动升压试验做完后,逆变停机,在"A 套等待"状态下,在"参数窗"将 A 套参数写入 FLASH。

(十三) B 套自动升压、逆变灭磁试验

操作步骤请参考:空载试验第十三项——A 套自动升压、逆变灭磁试验。

注意:对于三机系统,标准的自动升压方式为软起励升压方式。

注意:自动升压试验做完后,逆变停机,在"B 套等待"状态下,在"参数窗"将 B 套参数写入 FLASH。

(十四) 空载 V/F 限制试验

将机端电压调整为 U_{FN}。

降低机组转速,使得机组频率逐步降低到 45 Hz。

在从 50 Hz 降低到 47.5 Hz 的过程中,机端电压和电压给定保持不变,转子电流逐渐上升;到达 47.5 Hz 时,调节器报出 V/F 限制,机端电压下降;在 47.5 Hz 降低到 45 Hz 的过程中,机端电压持续下降;在到达 45 Hz 时,调节器自动逆变停机。

记录试验过程中的相关数据,录波并保存。

机组转速恢复后,在"报警窗"点击"调节器限制、故障和告警复归"按钮,复归限制,启动录波。

(十五) 空载额定跳灭磁开关试验

重新开机,将机端电压调整为额定 U_{FN}。

由中控或 DCS 发出"灭磁开关分闸"指令,灭磁开关分闸。

在机端电压下降至 $10\% U_{FN}$ 时,在"试验窗"停止主套录波,上送并保存。

六、并网试验

(一) 校验 P、Q 测量

退出过励限制、欠励限制功能(通过修改工控机界面参数窗内"过励、欠励退出"参数,使之为"1"),机组并网后,带一定负荷下,校验 P、Q 采样值,与实际值相符。试验完成后,恢复发电机励磁调节器过励限制、欠励限制功能。

(二) 运行方式切换试验

在调节器面板上做手动切换(A 套切至 B 套和 B 套切至 A 套),切换过程中机端电压和无功功率无波动。调节器由电压闭环切换至电流闭环控制方式,切换过程中机端电压和无功功率无波动。在电流闭环控制方式下增、减磁,无功功率平滑变化,无摆动;在电流闭环下,做 A/B 套切换试验,机端电压和无功功率无波动。

(三) 过励、欠励限制模拟试验

机组带负荷 12 MW,通过增磁按钮增加无功至 9 Mvar(若临时设定过励值为 8 Mvar,则试验完成后恢复),20 s 后,调节器过励限制动作,此时增磁按钮无效。通过减磁按钮减小无功功率,过励限制返回,增磁按钮功能恢复,记录试验波形。机组带负荷 12 MW,通过减磁按钮减小无功功率至-1 Mvar(若临时设定欠励值为 0 Mvar,则试验完成后恢复),调节器欠励限制动作,此时减磁按钮无效。通过增磁按钮增加无功功率至欠励限制返回,减磁按钮功能恢复,记录试验波形。

七、设备检修总结、评价阶段工作及要求

(一) 检修总结

(1) 在设备检修结束后应在规定期限内完成检修总结。

(2) 设备有异动的应及时按设备异动程序完成对异动设备图纸资料的修改并整理设备台账。

(3) 与检修有关的检修文件和检修记录应按规定及时整理设备台账。

(4) 由外包单位、检修公司负责的检修文件和记录,由各单位负责整理,并移交开发公司。

(5) 根据实际的检修费用信息,统计分析各级别检修中设备检修人工、材料、备品备

件、机械/特殊工器具使用、外包试验等费用情况,逐渐形成电站内部检修实物消耗量标准,为下一年度检修计划和材料、备品备件采购的申报做准备。

(二)检修评价

(1)对照检修评价标准和办法,评价本次检修管理过程是否得到识别和规定、职责是否明确、程序是否得到执行、实施过程是否有效、目标是否实现。

(2)对本次检修涉及的质量、安全、环境保护等是否达到预定要求进行评价,肯定检修工作中的成绩和亮点,找出问题和不足,提出以后改进的要求。

(3)通过检查、对比、验证等方式,对检修目标、进度、安全、质量、费用、现场管理、技术监督管理等检修管理过程进行评分,对不合格的,应制订纠正和预防措施,并跟踪实施和改进。

第十一章　调速器电气部分检修维护技术

本章主要阐述了水轮机调速器系统电气设备(设施、系统)技术规范、检修标准项目、检修前的准备、检修工序及要求、试运行和验收、检修总结和评价等要求。

第一节　调速器电气部分简介

一、设备概述

原小浪底工程水轮机调速器系统是 VOITH 公司生产的 VGCR211 型双微机调速器,2014 年底开始更新改造为 VOITH 公司生产的 HyCon™ GC414R 数字式调速器,新系统对调速器控制盘柜部分进行了整体更换,电液转换单元采用双比例阀替换原单动圈阀结构,采用 PID 调节方式。该套调速器系统有多种控制方式和工况方式可供选择,控制方式有现地自动、手动和远方、自动方式,有转速控制、功率控制和开度控制方式。

二、可编程控制器(PLC)

采用两套软硬件配置完全相同的 SIMENS S7-400 系列 PLC。PLC 中 CPU 和 I/O 模块之间相互独立,采用 PROFIBUS 通信环网连接,两套 CPU 通过冗余光纤实时冗余,两套 I/O 模板又与两套 CPU 通过西门子 PEOFIBUS 通信交叉冗余,真正实现 1 台 PLC 故障时,另 1 台 PLC 无扰切换,如图 11-1 所示。每套 ET200M I/O 模块接收来自测量单元的信号,以通信方式同时向两套 CPU 传输,对于每套 CPU 而言,以“或”门同时接收两套 I/O 模块信号。两套 CPU 输出信号同时向两套 I/O 模块传输,两套 I/O 模块的开关量信号以“或”门输出,模拟量信号经 PLC“看门狗”电路选择输出。

每套 ET200M 采用 SM323 模板 3 块,16 点输入、16 点输出,每组皆有电气隔离,一共提供 48 点输入和 48 点输出。每套 ET200M 采用 SM331 模板 1 块,4 个通道组中 8 点输入,分辨率为 15 位+符号位,通道类型可组态输入电压或电流。每套 ET200M 采用 SM335 模板 2 块,每块模板集成 4 路模拟量输入通道,(AI4×14Bits)、4 路模拟量输出通道(AO4×12Bits)以及 1 路间隔计数输入通道,同时为了满足高速信号采集的需要。4 路模拟量输入通道中 2 路电压输入,2 路可组态输入电压或电流;4 路模拟量输出通道为电压型 0~10 V 或±10 V。SM335 模块支持 1 路间隔计数输入,这个计数通道来实现对输入脉冲信号的计数(计数值从 0 ~ 255)功能,用于接收齿盘测速和 PT 测频信号。

三、电液转换单元

(一) 比例阀

由双套比例阀并联运行,为德国力士乐(Rexroth)公司生产,设备型号为 4WRPEH 6

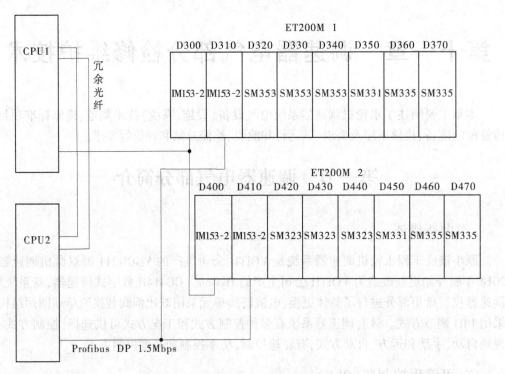

图 11-1　PLC 冗余及 I/O 结构示意图

C3B24L-2X/G24K0/A1M。两套比例阀同时接收来自 PLC 冗余输出±10 V 控制信号,两套比例阀正常情况下根据控制信号以同样的开关方向和开度工作,在切换阀进行切换操作时可以基本实现无扰切换。

(二) 比例阀切换阀

比例阀切换阀位于双比例伺服阀后端,用于控制比例伺服阀压力油的输出通道,采用力士乐 3WE6A6X/OFEG24N9K4QSABG24W 型号电磁阀。使两路比例阀输出油压仅保持一路输出至主配压阀,在 PLC 判断导叶闭环控制故障或人工进行切换操作时对比例阀输出油路进行切换,处于备用状态的比例阀输出油路接通至主配压阀。

(三) 开停机阀

新调速器系统将原单线圈保持型的开停机阀(又叫导叶关断阀或紧急停机电磁阀)更换为双线圈开停机阀,采用力士乐 4WE6D6X/OFEG220N9K4QSABG24W 型号电磁阀。安装于主配压阀和比例阀切换阀之间,正常开机运行期间开机阀线圈励磁,接通油路使比例阀控制油路接入主配压阀控制主配开度,正常停机或事故停机时停机阀线圈励磁,断开油路。开机线圈和停机线圈控制命令无须保持,降低因线圈长时间带电引发故障的风险。

四、人机界面

调速器柜面安装有西门子 PLC 配套的 TP1500 型 15 寸触摸屏,用以替代原柜面上各种数显表、指示灯、按钮及把手等设备。可根据运行人员、维护人员、厂家等分配不同等级的用户名和密码,触摸屏根据所登录的用户名开放不同的界面和权限,可以在保证安全的前提下供各类使用人员完成各种操作。

(一)数据显示

可以显示功率、开度、转速设定值及实际值,实时水头、网频、开度限制值、报警信息等。

(二)现地操作

触摸屏上可以实现现地手自动开停机、模式切换、一次调频功能投退,开度限制调整、报警信息复归等操作。

(三)参数修改及试验

在登录高等级用户名后,可在参数修改界面修改调速器系统运行相关参数,维护人员可以实时方便地对调速器系统所有参数进行在线修改。触摸屏可方便地进行导叶开度阶跃试验、空载转速阶跃响应试验、过速试验,以及一次调频试验等。同时,检修模式中可以方便地进行导叶位置传感器校正、主配压阀位置传感器校正及导叶开关机时间检查等工作。

(四)曲线显示及故障录波

在触摸屏"Online Trend"画面可以方便地查看实时数据曲线,且显示曲线的数据可以自行调整设定;故障录波画面可以选择设定触发条件、需要录波的数据以及录波时间选定等。所录波形可以通过触摸屏查看分析,并可以通过屏后的 SD 卡插槽和 SD 卡方便地导出导入。

(五)水轮机仿真

通过调速器程序内置的混流式水轮机基本模型,可以在触摸屏人机界面打开或关闭仿真功能。仿真功能可以模拟机组启动、停止、功率控制、开度控制、甩负荷及一次调频等各种运行方式。通过修改主要参数可以模拟水轮机控制的变化过程,这些主要参数包括导叶开关速率、空载开度、网频、转动惯量等。

五、测速和测频单元

(一)齿盘测速

齿盘测速传感器采用 3 个 Balluff 8mm 非接触式接近传感器。1#齿盘测速传感器信号为调速器系统主用信号,直接接入 PLC 高速计数模块,用于调节器转速控制。2#齿盘测速传感器信号接入转速开关单元,转速开关应采用 AITEK 公司生产的 TACHPAK 30 设备,提供 4 路过速开关量信号和 1 路 4~20 mA 模拟量信号,其中模拟量信号进入 PLC 作为 1#齿盘测速传感器和残压测频信号的备用,开关量信号送至机组 LCU 和水机保护系统各两路用于过速停机,开关量动作值和模拟量可以在 PC 上通过 USB 连接线方便地进行参数设置。3#齿盘测速传感器信号仅用于蠕动监测。

(二)PT 测频

机频:从机端 PT 端子箱引入的机端 PT 信号,经残压测频模块 VFU1 处理后再由 PLC 高速计数模块计算机组频率。残压信号作为直接送给调节器的 1#齿盘测速信号备用。

网频:从发变组保护柜引入母线 PT 信号经网频测频模块 VFU2 处理后送给 PLC 高速计数模块。

(三)切换逻辑

1#齿盘测速信号为调速器系统主用信号,当调节器判断 1#齿盘测速信号故障时,将新增的 PT 残压测频信号切为主用用于调节控制；当 PT 残压测频信号再出现故障时，将转速开关接收的 2# 齿盘测速信号转换为 4~20 mA 信号作为主用用于调节控制，如图 11-2 所示。

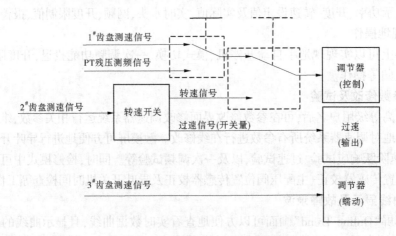

图 11-2　测速和测频单元切换逻辑

六、导叶位置反馈

使用两套 BALLUFF 直线位移传感器分别送给两套 I/O 模块，增强了导叶位移反馈信号的冗余度。两套导叶位移反馈偏差大于 2% 时，延时 1 s 报警。

七、控制模式

调速器具备转速控制、功率控制、开度控制 3 种控制模式，机组开机并网前采用转速控制，并网后自动切换到功率控制模式，3 种控制模式可以在调速器面板和远方任意切换（远方指计算机监控系统上下位机），如图 11-3 所示。

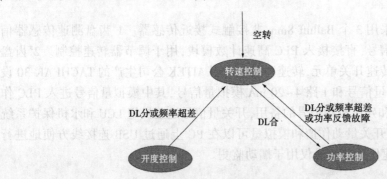

图 11-3　控制模式转换示意图

(一) 转速控制

转速控制分空转运行方式、孤网运行方式和并网运行方式 3 种，转速设定值可通过现地和远方 2 种方式输入，其中远方设定时可以通过 4~20 mA（对应 90%~110% 转速）模拟量输入，并能接收现地 LCU 同期装置增减速脉冲。

在程序中空转运行方式、孤网运行方式和并网运行方式分别对应一组 PID 参数，以适应不同工况。机组在并网运行时,转速大于额定转速的102%或者小于额定转速的98%时,自动切换到孤网运行方式,也可以由运行人员人为操作切换到孤网运行方式,如表11-1所示。

表11-1　转速控制参数

模式	永态转差系数 (B_p)	比例系数 (K_p)	积分时间 (T_i)	微分增益 (KID)	微分时间 (TID)
空转转速控制模式	0	2.3	15	3	3
孤网转速控制模式	5	2.86	15	2	1
并网转速控制模式	5	2.86	15	2	1

(二)功率控制

功率控制方式是机组并网后的主要运行方式。在该控制方式下采用PI调节。PI调节参数是与导叶开度有关的适应性的5组参数,5个基准开度之间的PI参数值采用插值计算得到(见表11-2)。并网后,在功率模式下预设15 MW负荷。

表11-2　功率控制PID参数

导叶开度	比例系数 (K_p)	积分时间 (T_i)	微分增益 (KID)	微分时间 (TID)
0%	0.33	4	—	—
20%	0.29	4	—	—
50%	0.25	4	—	—
65%	0.2	5	—	—
100%	0.2	5	—	—

由于功率控制方式下没有微分环节,因此在PI调节上叠加了一个先导函数,这个函数输出的导叶开度与当前水头和功率设定值有关。正常调节时,先将导叶粗调至相应位置,然后由PI环节进行精调,以便机组带负荷时的迅速响应。

功率控制方式下同时具有一次调频功能,即Frequency Influence功能。当电网频率升高且大于一次调频设定死区时,一次调频根据网频和永态转差系数B_p计算出应减少的功率值,并叠加到功率设定值上。电网频率降低且大于频率死区时,同理。

一次调频参数:B_p为4%,死区为±0.05 Hz。

第二节　调速器设备检修项目和要求、检修周期

一、巡检项目

巡检项目见表11-3。

表 11-3　巡检项目

序号	项目	要求
1	调速器数值显示	调速器数值显示(功率、开度、水头、转速、功率设定值、开度设定值、转速设定值、网频等信号)是否正常
2	调速器电气控制柜面板报警检查及复归	调速器电气控制柜面板报警检查及复归是否正常
3	调速器主配压阀、紧急停机阀	位置反馈是否正常
4	调速器电气控制柜盘内继电器状态检查	调速器电气控制柜盘内继电器状态是否正常
5	调速器电气控制柜内电源	调速器电气控制柜内电源是否正常
6	调速器电气控制柜内 PLC 运行情况	CPU 冗余及运行是否正常,输入、输出模板冗余及工作是否正常
7	导叶反馈传感器及主配反馈传感器检查	传感器固定稳固,引线接触良好
8	卫生检查	电调柜内外清洁,无明显积灰

二、C 级检修标准项目

调速器电气设备 C 级检修项目见表 11-4。

表 11-4　调速器电气设备 C 级检修项目

序号	质量控制项目	质量标准
1	清扫检查	清扫干净无尘土、孔洞封堵标准
2	盘柜端子紧固	端子紧固无松动
3	电源回路检查	电压正常、绝缘合格、切换正常
4	PLC 检查	PLC 运行正常、CPU 冗余正常无故障
5	柜内元器件检查	盘柜内电气元器件、把手、按钮、指示灯等正常,触摸屏显示正常
6	比例阀检查	插头牢固、控制及反馈信号正常
7	电磁阀检查	锁锭电磁阀、开停机、切换阀等线圈阻值正常,插头牢固、可靠动作,反馈信号正常
8	导叶位置传感器检查	连杆连接螺栓紧固,无松动破损;传感器接线牢固,反馈值正常
9	测速装置检查	PLC 测速及转速开关测速准确,各继电器模拟量动作正确
10	调速器功能检查	调速器开停机正常、各调节功能正常

三、A 级检修标准项目

调速器电气设备 A 级检修项目见表 11-5。

表 11-5　调速器电气设备 A 级检修项目

序号	质量控制项目	质量标准
1	所有 C 级检修项目	见 C 级检修质量标准
2	调速器参数检查	与检修前定值单一致
3	信号传动	传动正常,动作正确可靠
4	检查调整测速传感器	传感器和齿盘距离为 1~1.5 mm
5	位置反馈传感器校验与量程调试	1. 导叶全关时调速器反馈值与设定值一致。 2. 导叶全开时调速器反馈值与设定值一致。 3. 导叶在稳定状态下,主配压阀位置传感器输出应为 12 mA
6	整机静态调试	1. 录制主配及导叶阶跃响应曲线,率定导叶最快全开启和全关闭时间都应在 16 s 左右。 2. 调整闭环控制回路参数使主配及导叶阶跃响应良好。 3. 调节器的设定值与显示相吻合,偏差不应超过 0.2%。 4. 导叶稳定状态下,比例阀控制控制信号电压和反馈信号正常
7	机组静特性试验	其指标符合国标要求
8	机组整机动态特性试验	1. 各项指标符合国标要求。 2. 转速开关输出准确可靠。 3. 各转速继电器动作正常可靠

四、检修周期

巡回检查项目为每周一次;C 级检修为一年一次;A 级检修为四年至六年一次。设备检修工序及技术要求

第三节　调速器设备的检修维护技术要求

一、检修前准备(开工条件)

检修计划和工期已确定,检修计划已考虑非标准项目和技术监督项目,电网调度已批准检修计划。上述检修项目所需的材料、备品备件已到位。检修所用工器具(包括安全工器具)已检测和试验合格。检修外包单位已到位,已进行检修工作技术交底、安全交

底。检修单位定在机组停机检修前对调速器部分做全面检查和试验。根据其存在的缺陷,需改造的项目等准备好必要的专用工具、备品备件、技术措施、安全措施及检修场地。特种设备检测符合要求。涉及重要设备吊装的起重设备、吊具完成检查和试验。特种作业人员(包括外包单位特种作业人员)符合作业资质的要求。检修所用的作业指导书已编写、审批完成,有关图纸、记录和验收表单齐全,已组织检修人员对作业指导书、施工方案进行学习、培训。检修环境符合设备的要求(如温度、湿度、清洁度等)。已组织检修人员识别检修中可能发生的风险和环境污染因素,并采取相应的预防措施。已制定检修定置图,规定了有关部件检修期间存放位置、防护措施。已准备好检修中产生的各类废弃物的收集、存放设施。已制定安全文明生产的要求。必要时,组织检修负责人对设备、设施检修前的运行状态进行确认。

二、设备解体阶段的工作和要求

(一)调速器电调柜做好防护工作

检修期间应使用干净的塑料布将调速器电气盘柜整体防护,检修期间因检修工作可以临时打开防护,在工作结束后应立即恢复防护。

(二)拆除设备

要拆除的设备有导叶位置反馈传感器、齿盘测速传感器,做好安装标记、接线标记。

三、设备检修阶段工作及要求

(一)清扫检查

(1)清扫调速器控制柜。用吹风机和擦布对设备进行全部清扫,使机柜内整洁干净无灰尘。

(2)检查调速器内部器件有无破损、过热等异常现象。

(3)控制柜内封堵情况正常。

(二)端子紧固及接线检查

检查端子内部外部接线无松动,用小螺丝刀将调速器接线端子紧固,同时检查接线可靠无松脱。

(三)继电器校验

利用校验仪模拟24 V、220 V直流电压,记录继电器的导通压降、接点导通情况,和上次校验记录无明显变化。利用保护校验仪进行继电器校验,记录启动返回值、接点接触电阻、线圈电阻。

四、调速器液压控制部分检查

(一)比例阀检查

(1)检查比例阀外观清洁,无碰撞痕迹。

(2)检查比例阀插头组件是否老化、接触不良。

(二)其他电磁阀检查

(1)测量开机阀线圈直流阻值、绝缘阻值。

（2）测量停机阀线圈直流电阻、绝缘阻值。

（3）测量切换阀线圈直流电阻、绝缘阻值。

（4）测量导叶锁锭阀线圈直流电阻、绝缘阻值。

五、复装、调整、验收阶段工作及要求

（一）调速器电气控制部分复装检查

电气控制盘柜内整洁，各盘柜清扫干净，无尘土、孔洞封堵。

（二）齿盘测速传感器复装

测速传感器的安装。测速传感器采用 Balluff 电感式接近开关，其与齿盘边缘距离应保持在 1~1.5 mm，并与齿盘边缘垂直，传感器接线连接正确。

（三）调速器液压控制电气部分复装检查

检查所有机械元件回装完毕并符合相关标准，完成验收工作。检查主配压阀位置反馈电缆外观完好无破损，且其与主配压阀端盖之间用橡胶隔板固定牢靠，打开主配压阀端盖，检查主配压阀位置反馈传感器二次组合插头安装正确，组合插头各部件连接紧密无松动。检查电液转换器二次插头连接紧密无松动，电缆外观完好无破损。检查开停机阀、切换阀、锁锭阀等控制二次插头与信号二次插头固定牢靠，阀体上线盒固定牢靠，线盒内部端子无松动，无进水进油。检查 1#、2# 导叶位置传感器外观有无破损，连杆连接螺栓有无松动，二次电缆无破损，二次线盒内端子无松动，线盒内无进水进油。

六、机组启动、试运行阶段要求

（一）电源回路检查

待调速器系统检修结束后，检查机旁盘至调速器电气屏 1#、2# 电源开关已合闸，检查机旁直流配电屏至调速器电气屏直流电源开关已合闸。对调速器系统的电源进行检查，共包括以下电压等级：220 V AC、220 V DC、24 V DC。检查相应的电压应符合以下标准：24 V DC 电压范围为 ±10%，纹波系数 <5%；220 V DC 电压范围为 +10%~-15%，纹波系数 <5%；220 V AC 电压范围为 +10%~-15%，频率范围为 50 Hz±2.5 Hz。

检查柜内电源回路无短路、接地等情况，合上柜内 F01、F02 及 F11 进线开关。确认 G01、G02 电源模块工作正常，输出 DC 24 V 电压正常。模拟交流、直流电源失电。分别拉下小开关 F01 和 F02，调速器柜内 DC 24 V 无异常，继电器 K020、K019 动作正常，查看计算机监控上相应报警信息正常无误。

（二）调速器系统参数检查

检查调速器系统所有参数正确无误。

（三）调速器电气控制柜与其他系统、设备接口检查

1. 检查条件

（1）监控系统及其他附属系统接口具备测试条件。

（2）与液压系统接口断开。

（3）紧急停机电磁阀投入。

2.检查内容

（1）PLC 检查：检查 CPU 及 I/O 模板运行正常无故障指示。

（2）开关量输入测试：根据信号来源在计算机监控系统及其他附属系统强制信号至调速器电气盘柜，调速器触摸屏或调试笔记本连接 PLC 查看所有信号继电器动作正常，两套输入模板接收正常。

（3）开出量输出测试：调速器触摸屏上逐个强制输出开关量输出点，开出继电器动作正常，根据信号所送至的系统在计算机监控系统及其他附属系统查看接收信号正常。

（4）模拟量输入测试：根据信号来源在计算机监控系统及其他附属系统强制模拟量信号至调速器电气盘柜，调速器触摸屏或调试笔记本连接 PLC 查看所有信号接收正常。

（5）模拟量输出测试：调速器触摸屏上逐个强制输出模拟量输出点，根据信号所送至的系统在计算机监控系统及其他附属系统查看接收信号正常。

（6）通信量检查：调速器触摸屏上逐个强制输出开关量输出点，在计算机监控系统查看接收信号正常。

（四）转速测量回路检查

1.测速单元检查条件

（1）机组 LCU 切至"检修"位，并断开水机保护盘电源。

（2）紧急停机电磁阀投入。

2.测速单元检查及校验内容

（1）使用频率信号发生器，接入 1#转速传感器输入端子 X70:3(+)、X70:2(-)。

（2）改变频率信号发生器的频率输出，检查校验 PLC 输出和开出继电器，将测值填入表 11-6 中。

表 11-6　1#转速传感器测量回路校验表

元件(继电器)	PLC 输出	检查
Speed Limit 1 <1% -K029.1/11,14；-K029.2/11,14	Q 3.5 / Q 13.5	
Speed Limit 2 <10% -K030.1/11,14；-K030.2/11,14	Q 3.6 / Q 13.6	
Speed Limit 3 <20% -K031	Q 3.7 / Q 13.7	
Speed Limit 4 <65% -K032.1/11,14；-K032.2/11,14	Q 4.0 / Q 14.0	
Speed Limit 5 >90% -K033/11,14	Q 4.1 / Q 14.1	
Speed Limit 6 >95% -K034/11,14	Q 4.2 / Q 14.2	
Speed Limit 7 >115% -K035/11,14	Q 4.3 / Q 14.3	
Speed Limit 8 >148% -K036/11,14	Q 4.4 / Q 14.4	

（3）使用频率信号发生器，接入 2#转速传感器输入端子 X70:7(+)、X70:6(-)。

（4）改变频率信号发生器的频率输出，检查校验转速开关模拟量输出和开出继电器，将测值填入表 11-7 中。

表 11-7　2#转速传感器测量回路校验表

对象	单位							
Speed Sensor 2 Input -X70:7+ / 6-输入	Hz							
继电器输出	-k061 >115%		-k062 >115%		-k063 >148%		-k064 >148%	
	ON		ON		ON		ON	
	-k061<110%		-k062<110%		-k063<140%		-k061 <140%	
	OFF		OFF		OFF		OFF	

第四节　调速器电气部分相关试验

一、调速器带液压系统调试

（一）检查条件

调速器液压系统正常。导叶位置传感器已安装到位并接线无误。导叶接力器液压和机械锁锭退出。油压装置工作正常。

（二）导叶位置传感器检查校正

导叶全关，紧急停机电磁阀投入，测量调整两套导叶传感器位置使输出为 4 mA，参数校正导叶开度信号为 0%。紧急停机电磁阀退出，触摸屏维护模式将导叶全开，测量传感器输出，参数校正两套导叶位置传感器开度信号为 100%。

（三）主配压阀位置传感器中位检查校正

触摸屏维护模式将导叶开到 30%，测量调整主配压阀传感器位置使输出为 12 mA。参数校正主配压阀位置信号为 0。

（四）位置控制闭环参数检查校正

打开触摸屏导叶控制画面，选择主配压阀控制回路阶跃响应试验，根据需要调整参数 Kp_Valve。

选择导叶控制回路阶跃响应试验，根据需要调整参数 Kp_Servo。

选择触摸屏维护模式，操作导叶，检查给定值与实际值偏差，根据需要调整参数 Offset _Valve。

（五）导叶开度阶跃响应测试

使用录波装置记录导叶开度设定、导叶开度、主配压阀开度信号。在触摸屏导叶控制画面，导叶控制回路阶跃给定为 1%、2%、5%、10%、20%，开方向和关方向分别测试一次。

（六）导叶开关机时间检查

使用录波装置记录导叶开度设定、导叶开度、主配压阀开度信号。触摸屏维护模式操作导叶，给定斜率设为 100，给定值设为 100，按下 Maintenance mode ON 按钮，录波记录开机时间。按下紧急停机按钮，录波记录导叶关闭曲线。根据录波曲线，计算导叶全关时间、直线关闭时间、拐点及缓冲时间等。

二、调速器静特性试验

（一）试验目的

绘制调速器整机静特性，确定调速器的转速死区 i_x 线性度误差 ε，校验永态转差系数 B_p，借以综合鉴别调速器及其检修或安装质量。

（二）试验条件

（1）进水口事故闸门、尾水闸门均已落下，压力钢管尾水管内无水。

（2）水轮机已检修完毕，导水机构检修完毕并可投入运行。

（3）调速系统机械部分检修完毕，油压系统正常并可投入运行。

（4）关闭蜗壳进人门。

（5）机组转动部件无人工作。

（6）导叶位置反馈回路已校准。

（7）锁锭拔出。

（三）调速器静特性试验步骤

（1）将导叶位置反馈信号接入 GTS3 型水轮机调速系统测试仿真仪（后文简称仿真仪）输入通道，并校准通道参数。

（2）将仿真仪频率输出通道接入 VFU1-1（频率转换器）输入端子（1 和 2），以仿真仪输出频率替换机组转速信号，采用默认设定即可。

（3）为缩短调速器调节稳定时间，加快试验进程，需在调速器触摸屏修改并网转速控制模式下 PID 参数如下：

　158　SpeedPIDParNetPar1. Kp 修改为 8（默认 2.86）

　159　SpeedPIDParNetPar1. Ti 修改为 3（默认 15）

　160　SpeedPIDParNetPar1. K1D 修改为 1（默认 2）

（4）调速器触摸屏导叶打开上限至 100%，并修改并网模式导叶开度下限限值：

　199　NoLoadOpeningPts. No_of_Points 修改为 2（默认 5 个水头）

　211　NoLoadOpeningOpening. Opening1 修改为 0（默认 24.2）

　212　NoLoadOpeningOpening. Opening2 修改为 0（默认 17）

（5）接线完成及参数修改完毕后，将液压系统开机阀励磁后，在调速器触摸屏点击"START"按钮开机，导叶开始打开后将仿真仪频率输出设置为 50 Hz 送入 VFU1-1，在调速器 PLC 判断 1# 转速传感器无频率信号后自动将 VFU1-1 输入信号切换为主用。

（6）从机组 LCU GA03 柜强制继电器 K0021 和 K0023，使调速器接收到并网信号。如试验时无网频信号，则需在调速器触摸屏内将网频信号强制为 100%，随后将调速器切至开度控制模式，将导叶开度设定为 50% 后，将控制模式切换为转速控制模式。

（7）打开仿真仪静特性试验窗口，设置初始 B_p 值为 5%，设置步距为 120 s。

（8）点击"启动"，开始试验。大概采集 30 个点，总时间 1 h 左右（步距为 120 s 时），采集完成后仿真仪会自动停止试验。此过程中要保证仿真仪电脑不能断电或休眠。试验自动停止后可自动分析并保存数据、静特性图形等。

（9）上述试验至少应做 2 次，测点应不少于 12 点，如有 1/4 测点不在同一直线上，则应予重做。

（10）计算非线性度，其最大非线性度不得超过 5%。

（11）计算转速死区 i_x 不超过 0.02%。

（12）校正 B_p 值，与设置值偏差不得超过 5%±0.5%。

（13）全部试验结束后在调速器触摸屏恢复各项参数。

三、调速器有水调试试验

（一）调速器有水调试条件

压力钢管及尾水已充水，进水口事故闸门、尾水闸门均已全开。调速器无水调试已经完毕。检查机组主辅机其他设备处于正常状态。检查油压装置至调速器主油阀阀门已开启，油压装置处于自动运行状态。检查调速器的专用滤油器位于工作位置。

（二）手动开机

检查调速器处于"现地"控制位置。检查调速器的导叶开度限制位于全关位置。通过调速器触摸屏观察机组 1#、2# 齿盘测速信号及残压测频信号，以监视机组转速，用机械转速测速装置校验转速继电器的工作情况。励磁极性转换开关置断开位置。退出检修密封，投入机组技术供水及主轴密封水，提筒阀至全开位置，拔出接力器锁锭，确定筒阀及锁锭信号正常。将机组开机阀励磁，在调速器电气柜现地"手动开机模式"开启导叶，待机组开始转动后，立即将导叶关回，并投入风闸，在机组停下后视主轴密封漏水情况投入检修密封。检查和确认机组转动与静止部件之间无摩擦和碰撞情况。

（三）自动开、停机

检修工作全部完成，机组具备自动开机条件。退出检修密封，监控系统自动开机至空转，升速过程中校验转速继电器的动作情况（K029.1/K029.2<1%、K030.1/K030.2<10%、K031<20%、K032.1/K032.2<65%、K033>90%、K034>95%），全面检查有无异常情况；当机组达到额定转速时，记录当前水头下空载开度。具备停机条件后，机组 LCU 发停机令，调速器自动停机。

四、空载扰动试验

（一）试验目的

通过对调节系统外加大幅度扰动，检验机组在各种调节参数组合方式下的稳定情况，最终选择最佳参数；检测机组处于空载运行工况时，转速的摆动值。

（二）试验准备与试验条件

（1）开/停机电磁阀应能可靠动作，以保证机组在事故时可靠停机。

（2）开限应放在空载开度以上大约 10% 处。

（3）当机组转速曲线不能较快收敛时应采取可靠措施立即停机，保证机组安全。

（三）试验步骤

（1）按表11-8所示，将"导叶开度""主配反馈""转速信号""转速设定"接入录波仪并设置好相应参数。

表 11-8 空载扰动试验接线表

信号名称	接线正端	接线负端	信号类型	对应上下限
导叶开度	N840.1:5 或 K204:11	N840.1:6 或 X06:26	0~10 V	0~100%
主配反馈	X70:12	X70:12	4~20 mA	−100%~100%
转速信号	N850.1:5 或 K204:21	N850.1:6 或 X06:28	0~10 V	0~100%
转速设定	N820:5 或 K202:21	N820:6 或 X06:22	0~10 V	90%~110%

（2）机组 LCU 自动开机至空转状态，检查机组转速平稳，接力器应无明显摆动。

（3）频率给定的调整范围应符合设计要求。

（4）将调速器切至现地控制。

（5）触摸屏修改参数 539 Step Response Delta Setpoint，分别设定阶跃给定参数±1%、±2%、±4%、±8%（扰动量±8%时，建议先给定扰动量+4%，再给定扰动量−4%，避免过速过多）。

（6）触摸屏主控制画面触发 setpoint step，观察实际转速响应，校正空载 PID 参数，实验过程中，使用录波装置记录试验过程。

（7）扰动量一般在±8%以内。

（8）转速最大超调量不应超过转速扰动量的30%。

（9）超调次数不超过 2 次。

（10）从扰动开始到不超过机组转速摆动规定值为止的调节时间应符合设计规定。

（11）选取最优一组调节参数，提供空载运行使用。在该组参数下，机组转速相对摆动值不应超过额定转速的±0.15%。

五、空载运行下其他试验

交、直流供电开关分别断开，检查单路电源供电时调速器的运行状态，恢复正常。CPU1与CPU2分别停止运行，检查单路 CPU 工作时调速器的运行状态，恢复正常。比例阀1与2分别断电（注意复归信号），检查单路比例阀工作时调速器的运行状态，恢复正常。

1#、2#导叶位置传感器分别断线（注意复归信号），检查单路导叶位置传感器工作时调速器运行状态，恢复正常。

水头信号断线，检查水头信号故障时调速器运行状态，恢复正常。

六、过速试验

(一)试验目的

(1)检查机组在115%、148%额定转速运行时各部位的振动、摆度值。

(2)考验机组过速状态下机械部分的结构强度和安装质量。

(3)检查齿盘测速装置及转速开关动作的正确性。

(4)测量机组过速时各部瓦温的上升情况。

(二)试验条件

转速开关各转速开关量已调试完毕,转速开关及调速器柜盘内各115%n_r、148%n_r转速继电器工作正常。

(三)试验步骤

(1)按表11-9所示,将"导叶开度""主配反馈""转速信号""转速设定"信号测值输入录波仪并设置好相应参数。

表 11-9　过速试验接线表

信号名称	接线正端	接线负端	信号类型	对应上下限
导叶开度	N840.1:5 或 K204:11	N840.1:6 或 X06:26	0~10 V	0~100%
主配反馈	X70:12	X70:12	4~20 mA	−100%~100%
转速信号	N850.1:5 或 K204:21	N850.1:6 或 X06:28	0~10 V	0~100%
转速设定	N820:5 或 K202:21	N820:6 或 X06:22	0~10 V	90%~110%

(2)机组LCU以自动方式使机组达到额定转速,待机组运行正常后,将调速器控制方式切至"现地",转速控制模式。

(3)将转速设定值限制值和给定值斜坡打开,调速器触摸屏修改参数:

103　Speed Step Ramp Max Val 为150%　(默认110%)

104　Speed Step Rate1 为5　(默认0.5)

(4)启动录波仪后触摸屏逐步增大转速设定值,使机组转速达到额定转速的115%,观察测速装置触点的动作情况,立即调整到额定转速。

(5)如果机组运行无异常,将调速器盘柜输出至LCU,并将水机保护回路的115%过速保护触点断开(将K35、K61、K62继电器线圈拔出)。

(6)触摸屏逐步增大转速设定值,继续将转速升至148%的过速保护整定值,监视测速装置触点的动作情况,达到148%转速后紧急停机动作,导叶全关,快门关闭,机组停机。若出现关机失灵,应立即下令操作紧急停机按钮,落筒阀和进口快速闸门。

(7)试验结束后恢复触摸屏参数及拔除的继电器。

七、调速器并网甩负荷试验

(一)试验目的

(1)机组引水系统在带甩不同负荷时各部位的机械强度。

(2)算出甩负荷时机组转速上升率、蜗壳水压升高率,记录调速器关机时间和接力器不动时间,并求取机组实际运行的调差率。

(3)观察并调整调节器动态调节品质。

(二)试验准备与试验条件

(1)按正常方式投入发电机保护、主变保护、18 kV 厂变保护、励磁变保护、220 kV 母线保护、220 kV 厂变保护、线路保护等各项保护。

(2)调速器做好带负荷准备,负载 PID 参数设定完毕;开限设在 95%。

(3)励磁系统做好准备。

(4)油压系统调试完毕并能正常运行。

(5)机旁与进水口做好事故门下闸准备。

(6)机组水头应满足带负荷要求。

(7)测量机组振动与摆度的测试工具与仪表准备完毕。

(8)转速开关各转速接点已调整完毕。

(三)试验步骤

(1)按表 11-10 所示,将"导叶开度""转速信号""功率信号""蜗壳进口压力""蜗壳尾部压力"接入录波仪并设置好相应参数。

表 11-10　甩负荷试验接线表

信号名称	接线正端	接线负端	信号类型	对应上下限
导叶开度	N840.1:5 或 K204:11	N840.1:6 或 X06:26	0~10 V	0~100%
转速信号	N850.1:5 或 K204:21	N850.1:6 或 X06:28	0~10 V	0~100%
功率信号	N860:5 或 K205:11	N860:6 或 X06:27	0~10 V	0~450 MW
蜗壳进口压力	X3:22	X3:22	4~20 mA	0~2 MPa
蜗壳尾部压力	X3:22	X3:22	4~20 mA	0~2 MPa

(2)远方自动开机,向系统申请并网,并进行甩 25%负荷试验。

(3)断开 GCB 前启动录波仪录波。

(4)手动跳开机组 GCB 开关甩 25%额定负荷。

(5)查看录播曲线,记录接力器不动时间,接力器不动时间不大于 0.2 s。

(6)在机组重新进入空转稳态后,检查机组及试验数据无异常,向系统申请并网,并进行甩 50%负荷试验。

（7）断开 GCB 前启动录波仪录波。

（8）手动跳开机组 GCB 开关甩 50%额定负荷,录波调节过程。

（9）在机组重新进入空转稳态后,检查机组及试验数据无异常,向系统申请并网,并进行甩 75%负荷试验。

（10）断开 GCB 前启动录波仪录波。

（11）手动跳开机组 GCB 开关甩 75%额定负荷,录波调节过程。

（12）在机组重新进入空转稳态后,检查机组及试验数据无异常,向系统申请并网,并进行甩 100%负荷试验。

（13）断开 GCB 前启动录波仪录波。

（14）手动跳开机组 GCB 开关甩 100%额定负荷,录波调节过程。

（15）机组甩负荷时,若遇导叶不能自动关闭,立即操作机旁紧急事故按钮落筒阀及进水口事故门。

（16）机组甩 100%额定负荷后,在转速变化过程中,超过稳态转速 3%以上的波峰不应超过 2 次。

（17）机组甩 100%额定负荷后,从接力器第一次向关闭方向移动起到机组转速相对摆动值不得超过±0.5%为止所经历的总时间不应大于 40 s。

第五节　设备检修总结、评价阶段工作及要求

一、检修总结

在设备检修结束后应在规定期限内完成检修总结;设备有异动的应及时按设备异动程序完成对异动设备图纸资料的修改并归档;与检修有关的检修文件和检修记录应按规定及时归档;由外包单位、检修公司负责的检修文件和记录,由各单位负责整理,并移交公司。

根据实际的检修费用信息,统计分析各级别检修中设备检修人工、材料、备品备件、机械/特殊工器具使用、外包试验等费用情况,逐渐形成电站内部检修实物消耗量标准,为下一年度检修计划和材料、备品备件采购的申报做准备。

二、检修评价

对照检修评价标准和办法,评价本次检修管理过程是否得到识别和规定、职责是否明确、程序是否得到执行、实施过程是否有效、目标是否实现;对本次检修涉及的质量、安全、环境保护等是否达到预定要求进行评价,肯定检修工作中的成绩和亮点,找出问题和不足,提出以后改进的要求;通过检查、对比、验证等方式,对检修目标、进度、安全、质量、费用、现场管理、技术监督管理等检修管理过程进行评分,对不合格(不符合)的,应制订纠正和预防措施,并跟踪实施和改进。

第十二章　筒阀和高压油系统电气部分检修维护技术

本章阐述了小浪底工程筒阀和高压油系统控制设备(设施、系统)技术规范、检修标准项目、检修前的准备、检修工序及要求、试运行和验收、检修总结和评价等要求。

第一节　筒阀系统简介

一、设备概述

小浪底工程筒阀和高压油系统是由 VOITH 公司生产的,主要由电气控制盘柜、油压装置(HUP)、筒阀本体、接力器、液压同步系统组成。控制设备主要包括电气控制盘柜、接力器位置反馈传感器、比例阀及各接力器控制模块电磁阀等,其中 6 台机组的控制盘柜、接力器位置反馈传感器等主要控制设备已于 2016 年底全部完成更新改造工作。

筒阀本体内径为 8 100 mm,高度为 1 710 mm,厚度为 142 mm,为碳钢筒形环状体。筒阀操作机构由 5 个直缸式接力器及其液压部分组成(320 mm bore ,140 mm rod ,1 543 mm strokes)。筒阀液压控制系统采用模块化布置,包括 1 套控制模块、1 套分流模块、5 个配油模块和 5 个直缸液压接力器。控制模块为德国力士乐公司生产的比例阀,分流模块为同轴液压马达,通过同轴液压马达使每个接力器的通流量近似相等,配油模块为粗调和微调电磁阀及液控单向阀。

二、可编程控制器(PLC)

PLC 采用 SAIA PCD3. M5540 标准版 CPU,配合两块扩展槽(PCD3. C100),共搭载开关量输入模块 2 套(32 点)、开关量输出模块 3 套(48 点)、模拟量输入模块 3 套(24 点)、模拟量输出模块 2 套(8 点)。

(一)开关量输入/输出

两块开关量输入模块 PCD3. E160,每块提供 16 点输入,输入电压 15~30 V DC。

三块开关量输出模块 PCD3. A460,每块提供 16 点输出。

(二)模拟量输入/输出

两块模拟量输入模块 PCD3. W310,每块提供 8 路输入,输入类型为 0~20 mA。

三块模拟量输出模块 PCD3. W610,每块提供 4 路模拟量输出,输出类型为 0~10 V/±10 V/0~20 mA/4~20 mA 可选。

三、人机界面

在新的筒阀电气控制柜上增加一块 PLC 同系列的 PCD7. D410VTCF 10.4 英寸触摸

屏(24 V DC,接口:RS232/485/TCP),取代原系统盘柜上复杂的人机交互界面,如图 12-1 所示。在触摸屏上可以控制筒阀提落,手动设置增速、减速,查看运行曲线、报警信号和所有的开关量、模拟量的输入、输出信号,记录、查看筒阀动作时间和次数,控制并监视油泵的动作情况等,功能全面,操作方便。

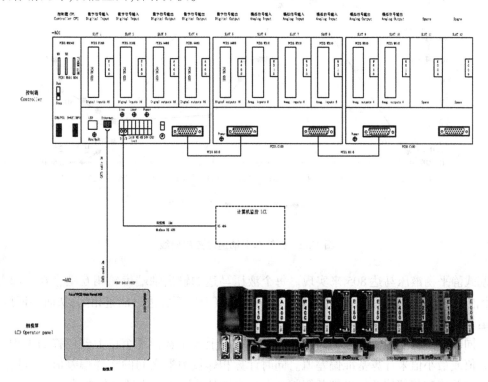

图 12-1　PLC 冗余及 I/O 结构示意图

四、控制逻辑

(一)速度控制

为了防止筒阀在起动阶段发卡和停止阶段发生碰撞,筒阀运动速度按启动和停止阶段慢、中间快的规律运动。筒阀运动速度可以通过程序控制比例阀开度来实现。原筒阀系统程序中接力器运行速度曲线近似梯形,在中间段比例阀开度为最快。

筒阀新运行速度曲线呈多级阶梯状,级数多达 13 级。筒阀提升时,启动阶段依靠辅助电磁阀直接将高压油供给 5 个接力器下腔,帮助筒阀快速脱离底座启动。随着筒阀开度不断增加,比例阀开度增加使筒阀运动速度分段增加,当筒阀接力器开度在 10%~90% 时,筒阀运动速度达到最大。接着,随着筒阀开度的增加,筒阀运动速度逐渐下降直至筒阀全开,当筒阀全开时,辅助阀动作直接将高压油引入接力器下腔,保证筒阀在全开状态时不下落。筒阀下落过程与提升过程相同,只是在筒阀全关时,辅助阀动作将接力器下腔油排空,保证筒阀完全落到底座上。新筒阀运动速度控制曲线见图 12-2。

(二)同步控制

筒阀同步控制主要由机械同步和电气同步来实现,机械同步由 5 个 MR300F4 型径向

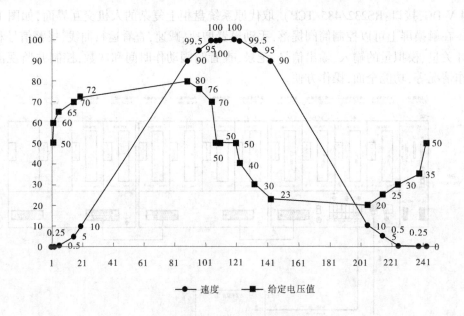

图 12-2　新筒阀运动速度控制曲线

活塞式静平衡液压马达 805 来实现。每个液压马达的输出轴端齿轮相互啮合在一起,使 5 个液压马达的转速相同、输油量保持一致,5 台接力器下腔进出油量相同,从而保证接力器运动的同步。

同步控制的基准值可以在筒阀控制柜触摸屏上人工选择 5 个接力器位移的平均值、最大值或最小值来计算基准偏差值。同时计算相邻接力器之间的相邻偏差值,通过综合基准偏差值和相邻偏差值来判断筒阀 5 个接力器是否同步。当基准偏差值小于 5 mm 或者相邻偏差值小于 3 mm 时,认为筒阀处于同步状态,不做调整;当基准偏差值大于 5 mm 时,微调电磁阀动作;当基准偏差值大于 7 mm 时,粗调电磁阀再动作;当相邻偏差值大于 3 mm 时,微调电磁阀动作。

(三)发卡判断与处理逻辑

在筒阀发卡报警处理方面,当基准偏差值大于 12 mm 时首先报警,延时 5 s 后,偏差如果仍大于 12 mm,则将筒阀减一级速度运行;延时 10 s 后,偏差如果仍大于 12 mm,则将筒阀再减一级速度运行。当相邻偏差值大于 8 mm 时首先报警,大于 10 mm 延时 5 s 后偏差仍大于 10 mm 时减一级速度运行,大于 12 mm 时,延时 5 s 再减一级速度运行。当基准偏差值大于 15 mm 时延时 2 s 报筒阀发卡,筒阀提升或者下落超过 3 min 时筒阀停止运动,并发出超时报警。

另外,当同时有超过 3 个细调电磁阀需要动作时,或者同时有超过 2 个粗调电磁阀需要动作时,筒阀减一级速度运行。当同时有超过 5 个细调电磁阀需要动作时,或者同时有超过 3 个粗调电磁阀需要动作时,筒阀再减一级速度运行。

第二节　高压油系统简介

一、油压装置概述

油压装置作为调速器及筒阀的液压接力器的能源,由回油厢、压力油箱、油泵及其控制单元、继电器单元组成。

二、油压系统的工作油压

油压系统的工作油压为 6.4 MPa,调速器和筒阀的设计油压为工作油压的 1.1 倍,该压力油亦是油压系统的最高允许工作油压。

三、油泵电机运行方式

两台电机均按主/备方式自动轮换运行,当油压降至 6 MPa 时启动主用电机,延时 10 s 后自动加载,油压升至 6.4 MPa 时自动卸载并停电机;当油压降至 5.8 MPa 时启动备用电机,延时 10 s 后自动加载,油压升至 6.4 MPa 时自动卸载并停电机。

四、通信功能

使 Modbus 通信协议方式,将包括上下腔压力、接力器行程、报警、状态等模拟量、开关量等大量丰富的信号送至监控系统 LCU 供运行及维护人员使用,减少了电缆数量,同时节约了 LCU 的模拟量和开关量输入通道。

第三节　设备检修项目和要求、检修周期

一、检修项目和要求

(一)巡检项目

巡检项目见表 12-1。

表 12-1　巡检项目

序号	项目	要求
1	筒阀控制柜触摸屏各数值显示	触摸屏数值显示(筒阀位置、各接力器位移反馈、偏差值、各接力器上下腔压力、油罐压力等信号)正常
2	筒阀控制柜面板报警检查及复归	柜面指示灯、报警及复归信号正常
3	筒阀控制柜盘内继电器状态检查	盘内继电器状态正常
4	筒阀控制柜内电源	柜内电源正常

续表 12-1

序号	项目	要求
5	筒阀控制柜内 PLC 运行情况	CPU 运行正常;输入、输出模板工作正常
6	筒阀各接力器位置反馈传感器检查	传感器插头固定稳固,引线接触良好
7	压力油罐油压值统计	各压力传感器显示及输出压力正常
8	压力油罐油位	压力油罐油位在正常范围
9	回油箱油位	回油箱油位在正常范围
10	回油箱油温统计	油温在正常范围
11	油泵启动回路	油泵软启工作、泵运转是否正常
12	盘柜卫生检查	筒阀控制柜、油压装置端子箱、油压装置软启动柜内外清洁,无明显积灰

(二)C 级检修标准项目

筒阀和高压油系统控制设备 C 级检修项目见表 12-2。

表 12-2 筒阀和高压油系统控制设备 C 级检修项目

序号	质量控制项目	质量标准
1	清扫检查	各盘柜清扫干净无尘土、孔洞封堵标准
2	盘柜端子紧固	各盘柜端子紧固无松动
3	电源回路检查	电压正常、绝缘合格、切换正常
4	PLC 检查	CPU 及 I/O 模板运行正常
5	柜内元器件检查	各盘柜内电气元器件、把手、按钮、指示灯等正常,触摸屏显示正常
6	筒阀各接力器位置反馈传感器检查	各传感器插头牢固、各传感器反馈信号正常
7	筒阀各接力器上、下腔压力传感器检查	各传感器插头牢固、各传感器反馈信号正常
8	压力油罐油压传感器检查	各压力传感器显示及输出压力正常
9	压力油罐各压力开关检查	各压力开关动作及返回值
10	压力油罐及回油箱油位开关检查	油位开关动作正常
11	高压油泵软启动器参数检查	软启动器各参数设定正常
12	筒阀和高压油系统电磁阀检查	各电磁阀线圈阻值正常,插头连接牢固,电缆无破损
13	油泵控制系统压力配合检查	两台油泵能根据压力设定值正常启停、轮换
14	筒阀开启、关闭检查	筒阀执行开启、关闭正常
15	自动补气功能检查	能自动、手动补气

(三)A 级检修标准项目

筒阀和高压油系统控制设备 A 级检修项目见表 12-3。

表 12-3　筒阀和高压油系统控制设备 A 级检修项目

序号	质量控制项目	质量标准
1	所有 C 级检修项目	见 C 级检修质量标准
2	压力油罐压力开关及压力传感器校验	压力油罐各压力开关及压力传感器校验合格
3	筒阀各接力器上下腔压力传感器校验	传感器校验合格
4	筒阀各接力器位置传感器线性度测量	传感器输出值与实际测量值一致
5	继电器校验	继电器校验合格
6	信号传动	与监控等系统信号传动正常,动作可靠
7	与 LCU 通信检查	通信正常、信号正确
8	油泵功能试验及检查	油泵能根据实际压力、报警信号等实现正常启停及闭锁
9	筒阀功能试验及检查	筒阀开启关闭规律、时间、偏差等合格

二、检修周期

巡回检查项目为每周一次;C 级检修为一年一次;A 级检修为四年至六年一次。

第四节　设备检修工序及技术要求

一、检修前准备(开工条件)

检修计划和工期已确定,检修计划已考虑非标准项目,电网调度已批准检修计划。上述检修项目所需的材料、备品备件已到位。检修所用工器具(包括安全工器具)已检测和试验合格。检修外包单位已到位,已进行检修工作技术交底、安全交底。检修单位定在机组停机检修前对设备做全面检查和试验。根据其存在的缺陷、需改造的项目等准备好必要的专用工具、备品备件、技术措施、安全措施及检修场地。特种设备检测符合要求。涉及重要设备吊装的起重设备、吊具完成检查和试验。特种作业人员(包括外包单位特种作业人员)符合作业资质的要求。检修所用的作业指导书已编写、审批完成,有关图纸、记录和验收表单齐全,已组织检修人员对作业指导书、施工方案进行学习、培训。检修环境符合设备的要求(如温度、湿度、清洁度等)。已组织检修人员识别检修中可能发生的风险和环境污染因素,并采取相应的预防措施。已制定检修定置图,规定了有关部件检修期间存放位置、防护措施。已准备好检修中产生的各类废弃物的收集、存放设施。已制定安全文明生产的要求。必要时,组织检修负责人对设备、设施检修前的运行状态进行确认。

二、设备解体阶段的工作和要求

(一)筒阀控制柜做好防护工作

检修期间应使用干净的塑料布将筒阀控制柜整体防护,检修期间因检修工作可以临时打开防护,在工作结束后应立即恢复防护。

(二)拆除设备

(1)筒阀接力器拆除时注意保护好接力器位置传感器上端部,避免磕碰。

(2)回油箱上压力开关、压力传感器拆除校验。

(3)所有拆除的电磁阀插头、传感器插头或接线注意做好防护,并做好安装标记、接线标记。

三、设备检修阶段工作及要求

(一)筒阀和高压油系统控制部分检查

1. 清扫检查

清扫筒阀控制柜、压油装置软起控制柜、压油装置端子箱等。用吹风机和擦布对设备进行全部清扫,使机柜内整洁干净无灰尘。

检查控制柜内部器件有无破损、过热等异常现象。

各控制柜、端子箱内封堵情况正常。

2. 端子紧固及接线检查

检查端子内部外部接线无松动,用小螺丝刀将各接线端子紧固,同时检查接线可靠无松脱。

3. PLC 程序备份

检修断电前使用 SAIA PLC 编程工具 PG5 对 PLC 内程序进行备份。

4. 摇绝缘

按照通用技术标准,做好相关措施后,进行绝缘的测量工作。在本次绝缘的测量中选用 500 V 摇表测量。《电气装置安装工程电气设备交接试验标准》(GB 50150)交流回路绝缘应大于 550 MΩ(48 V 以下电压等级不做交流耐压试验),直流回路绝缘应大于 550 MΩ,跳闸回路绝缘应大于 550 MΩ。

5. 继电器检查校验

利用校验仪模拟 24/220 V 直流电压,记录继电器的导通压降、接点导通情况。和上次校验记录无明显变化,记录启动返回值、接点接触电阻、线圈直阻。

6. 压力油罐压力开关及压力传感器检查校验

对压力油罐 3 个压力传感器(包括模拟量、开关量信号)和 6.6 MPa 压力开关、5.6 MPa 压力开关、5.4 MPa 压力开关进行校验。

7. 筒阀上下腔压力传感器检查校验

对 5 个筒阀接力器的上、下腔压力传感器进行检查校验。

(二)筒阀和高压油系统电磁阀检查

(1)各电磁阀插头连接牢固,电缆无破损,接线盒无进水、进油,接点牢固。

（2）测量简阀和高压油系统电磁阀阻值，将测值填入表12-4中。

表 12-4　简阀和高压油系统电磁阀阻值测量

电磁阀编号	测量地点	线圈电阻（kΩ）	对地电阻（MΩ）
SV1	X22：1/5		
SV2	X22：2/5		
SV5	X23：18/25		
SV6	X23：1/20		
SV7	X23：2/20		
SV8	X23：4/21		
SV9	X23：5/21		
SV16	X23：16/25		
SV22	X23：17/25		
SV10	X23：7/22		
SV11	X23：8/22		
SV12	X23：10/23		
SV13	X23：11/23		
SV14	X23：13/24		
SV15	X23：14/24		
SV17	X23：3/20		
SV18	X23：6/21		
SV19	X23：9/22		
SV20	X23：12/23		
SV21	X23：15/24		
SV3	X61：1/2		
SV4	X61：3/4		
SV23	（PUJTB）X140：29/30		
SV24	（PUJTB）X140：26/27		

四、复装、调整、验收阶段工作及要求

（一）电气控制盘柜内整洁
各盘柜清扫干净无尘土、孔洞封堵规范完好。

（二）继电器复装检查
（1）检查各盘柜内所有继电器校验合格，不合格继电器应采用合格备件进行更换。

（2）检查各继电器复装合格，继电器接线正确无松动，插接型继电器线圈插接紧密。

(三)压力油罐压力开关及压力传感器复装检查

(1)检查压力油罐压力开关及压力传感器校验合格,不合格压力开关及传感器应采用合格备件进行更换,并根据需要进行设置。

(2)检查所有压力油罐压力开关及压力传感器回装完毕并符合相关标准。

(3)检查压力油罐压力开关及压力传感器接线正确,接线及插头紧密无松动,电缆外观完好无破损。

(四)筒阀接力器上下腔压力传感器及筒阀接力器位置传感器复装检查

(1)检查筒阀上下腔压力传感器校验合格,不合格传感器应采用合格备件进行更换。

(2)检查所有筒阀上下腔压力传感器回装完毕并符合相关标准。

(3)检查筒阀上下腔压力传感器接线正确,接线及插头紧密无松动,电缆外观完好无破损。

(4)检查筒阀接力器传感器接线正确,接线及插头紧密无松动,电缆外观完好无破损。

(五)筒阀和高压油系统电磁阀复装检查

(1)检查所有筒阀和高压油系统电磁阀线圈阻值正常,对地绝缘合格,不合格电磁阀应采用合格备件进行更换。

(2)检查所有筒阀和高压油系统电磁阀回装完毕并符合相关标准,完成验收工作。

(3)检查所有筒阀和高压油系统电磁阀二次插头(含控制插头和反馈信号插头)连接无误,插头紧密无松动,电缆外观完好无破损。

五、机组启动、试运行阶段要求

(一)电源回路检查

待筒阀和高压油系统检修结束后,检查机旁盘至筒阀控制柜电源开关已合闸,检查机旁直流配电屏至筒阀控制柜直流电源开关已合闸。对电源进行检查,共包括以下电压等级:220 V AC、220 V DC、24 V DC。检查相应的电压应符合以下标准:24 V DC 电压范围为±10%,纹波系数<5%;220 V DC 电压范围为+10%~−15%,纹波系数<5%;220 V AC 电压范围为+10%~−15%,50 Hz±2.5 Hz。检查柜内电源回路无短路、接地等情况,合上柜内 F01、F03 进线开关。确认 G01、G02 电源模块工作正常,输出 DC 24 V 电压正常。模拟交流、直流电源失电。分别拉下小开关 F01 和 F03,筒阀控制柜内 DC 24 V 无异常,继电器 K500、K501 动作正常,查看计算机监控上相应报警信息正常无误。

(二)PLC 检查

上电后,检查 CPU 自动启动,运行正常无故障报警。

查看触摸屏或连接调试笔记本电脑,检查各 I/O 模板运行正常。

(三)筒阀控制柜与其他系统、设备接口检查

1.检查条件

(1)监控系统及其他附属系统接口具备测试条件。

(2)与液压系统接口断开。

2. 开关量输入测试

（1）根据信号点表模拟油压装置部分开关量信号动作，筒阀触摸屏或调试笔记本连接 PLC 查看所有信号继电器动作正常，模板接收正常。

（2）根据信号点表模拟监控系统远方开启、关闭筒阀命令动作，筒阀触摸屏或调试笔记本连接 PLC 查看所有信号继电器动作正常，模板接收正常。

（3）根据信号点表模拟水机保护远方关闭筒阀命令动作，筒阀触摸屏或调试笔记本连接 PLC 查看所有信号继电器动作正常，模板接收正常。

（4）根据信号点表模拟其他系统开关量输入信号动作，筒阀触摸屏或调试笔记本连接 PLC 查看所有信号继电器动作正常，模板接收正常。

3. 开出量输出测试

（1）通过调试笔记本在 PLC 软件中逐个强制输出开关量输出点，开出继电器动作正常。

（2）在各电磁阀插头处查看插头处 LED 指示灯正确或测量电压正确。

（3）在油压装置处检查接收启停泵、加载卸载等命令正确。

（4）在计算机监控系统查看接收筒阀全开全关、泵运行等信号正常。

4. 模拟量输入测试

（1）检查筒阀上下腔压力传感器信号输入通道正常，传感器输出值正常。

（2）检查筒阀各接力器位置传感器反馈信号输入通道正常，传感器输出值正常。

（3）检查油压装置油罐压力传感器信号输入通道正常，传感器输出值正常。

5. 模拟量输出测试

（1）通过调试笔记本在 PLC 软件中强制比例阀控制卡控制信号，并测量输出至比例阀电压正确。

（2）通过调试笔记本在 PLC 软件中强制筒阀开度信号，在监控系统查看筒阀开度正确无误。

6. 通信检查

（1）检查筒阀控制柜 PLC 与 LCU 通信正常。

（2）通过调试笔记本在 PLC 软件中强制通信量中开关量输出信号，在监控系统查看信号正确无误。

（3）通过调试笔记本在 PLC 软件中强制通信量中模拟量输出信号，在监控系统查看信号正确无误。

（四）高压油泵软启动器参数检查

上电后，检查高压油泵软启动器各参数正常。

（五）高压油泵功能调试及检查

（1）检查条件：①油压装置已建压；②主供油阀及相关阀门已打开。

（2）高压油泵通过软启动器手动运行正常。

（3）通过人工加载和泄压方式，检查验证压力油罐各压力开关、压力油罐及回油箱各油位开关动作正常，PLC 接收信号正常。

（4）将高压油泵控制方式切至"自动"，通过人工泄压及短接节点方式，检查验证"油温高""回油箱油位低""油罐油位过高""油泵故障"等情况下,PLC 闭锁高压油泵启动等逻辑正常。

（5）通过人工泄压方式,检查验证高压油泵自动启动加载、卸载正常、自动轮换正常。

（六）筒阀控制功能无水调试及检查

（1）检查条件:

①高压油泵功能试验及检查完毕,已投入正常工作。

②筒阀相关机械工作已完毕,具备提落条件。

③压力钢管及蜗壳未充水,进口快门全关。

（2）以现地检修方式,控制筒阀开启,开启过程中观察各接力器位置反馈传感器信号正确、偏差值在正常范围,各接力器上下腔压力信号正确无异常。

（3）蜗壳内确认筒阀已全开,校核筒阀各接力器位置反馈传感器信号。

（4）开启过程中,以现地检修方式,控制筒阀停止,筒阀可以正常停止。

（5）以现地检修方式,控制筒阀关闭,关闭过程中观察各接力器位置反馈传感器信号正确、偏差值在正常范围,各接力器上下腔压力信号正确无异常。

（6）关闭过程中,以现地检修方式,控制筒阀停止,筒阀可以正常停止。

（7）蜗壳内确认筒阀已全关,校核筒阀各接力器位置反馈传感器信号。

（8）以检修方式提落、停止控制筒阀无异常后,以现地自动方式开启筒阀,开启过程中观察筒阀各接力器偏差及筒阀 PLC 在超过限值后动作电磁阀是否正常。

（9）开启过程中,以现地自动方式,控制筒阀停止,筒阀可以正常停止。

（10）以现地自动方式关闭筒阀,关闭过程中观察筒阀各接力器偏差及筒阀 PLC 在偏差后动作电磁阀是否正常。

（11）关闭过程中,以现地自动方式,控制筒阀停止,筒阀可以正常停止。

（12）筒阀全开、全关时间及比例阀控制检查:

①将比例阀控制输出信号、筒阀接力器位置反馈信号、上下腔压力信号接入录波仪。

②以现地自动控制方式,开启、关闭筒阀各一次,查看筒阀全开、全关时间是否符合要求。

③查看录波曲线,比例阀控制输出信号符合程序设置。

（13）远方控制筒阀检查:

①远方自动方式,开启筒阀正常。

②远方自动方式,关闭筒阀正常。

（14）模拟一个接力器位置传感器故障。

自动开启、关闭筒阀过程中,模拟一个接力器位置传感器故障,筒阀继续运行正常。

（七）有水调试及检查

1.检查条件

筒阀系统无水调试完毕且无异常。相关工作已完毕,具备提落条件。压力钢管及蜗壳已充水,进口快门全开。

2.有水开启筒阀

远方或现地自动方式,开启筒阀,开启过程中观察筒阀各接力器偏差及筒阀 PLC 在偏差后动作电磁阀是否正常。

3. 有水关闭筒阀

远方或现地自动方式,关闭筒阀,关闭过程中观察筒阀各接力器偏差及筒阀 PLC 在偏差后动作电磁阀是否正常。

第五节　检修总结、评价阶段工作及要求

一、检修总结

在设备检修结束后应在规定期限内完成检修总结;设备有异动的应及时按设备异动程序完成对异动设备图纸资料的修改并归档;与检修有关的检修文件和检修记录应按规定及时归档;由外包单位、检修公司负责的检修文件和记录,由各单位负责整理,并移交公司;根据实际的检修费用信息,统计分析各级别检修中设备检修人工、材料、备品备件、机械/特殊工器具使用、外包试验等费用情况,逐渐形成电站内部检修实物消耗量标准,为下一年度检修计划和材料、备品备件采购的申报做准备。

二、检修评价

对照检修评价标准和办法,评价本次检修管理过程是否得到识别和规定、职责是否明确、程序是否得到执行、实施过程是否有效、目标是否实现;对本次检修涉及的质量、安全、环境保护等是否达到预定要求进行评价,肯定检修工作中的成绩和亮点,找出问题和不足,提出以后改进的要求;通过检查、对比、验证等方式,对检修目标、进度、安全、质量、费用、现场管理、技术监督管理等检修管理过程进行评分,对不合格(不符合)的,应制订纠正和预防措施,并跟踪实施和改进。

第二篇 西霞院电站水轮发电机组机电设备检修维护技术

第十三章　西霞院工程水轮机调速器及高压油控制系统设备检修维护技术

本章主要阐述了西霞院工程水轮机调速器及高压油控制系统设备(设施、系统)技术规范、检修标准项目、检修前的准备、检修工序及要求、试运行和验收、检修总结和评价等要求。

第一节　调速器及高压油控制系统简介

西霞院工程水轮机调速器系统是武汉事达公司生产的 DFWST-100-6.4-STAR 型微机调速器。DFWST-100-6.4-STAR 型微机调速器是一种具有比例、积分、微分(PID)调节规律的新型数字式转速及功率调节器,采用伺服电机直线位移转换器接收微机调速器发出的电信号转换成机械位移来调整导叶开度和桨叶角度来改变进入水轮机的流量,从而控制水轮发电机组的转速和出力。

一、西霞院工程水轮机调速器系统主要功能

(一)调节控制功能

(1)具有适应性变参数 PID 调节功能,保证机组各工况稳定性。

(2)具有频率调节模式、功率调节模式和开度调节模式,可根据不同工况进行自动转换或人工选择。

(3)按水头修正启动开度、空载开度、限制开度及协联曲线功能。

(4)手动/自动无扰动切换。

(二)诊断、容错和故障保护功能

频率、接力器行程、水头、功率等信号消失时,除自动提示故障类别外,系统保持原状态运行。

(三)调试功能

通过笔记本电脑或调速器的智能触摸显示控制单元配以专用通信接口,可以方便地进行各静态、动态调试,并且直接打印和计算试验结果。

(四)维护诊断功能

当调速器发生故障或事故时,通过智能触摸显示控制单元可以查询到故障或事故的类型和发生时间,以便运行人员和检修人员进一步分析原因。

(五)通信功能

由可编程控制器提供标准的 RS-232C 或 RS-422/582 通信接口,与计算机监控系统

进行通信。

二、主要技术性能

(一)调速器静态特性

(1)调速器转速死区<0.03%;

(2)转轮叶片随动系统不准确度<1.5%。

(二)水轮机调节系统动态特性

(1)调速器能保证水轮发电机组在各种工况和运行方式下的稳定性,空载自动运行时机组频率摆动不超过±0.15%。

(2)甩100%额定负荷后,从接力器第一次向开启方向移动起,到机组转速摆动值不超过±0.5%为止所经历的时间,不大于40 s,超过3%额定转速以上的波峰不超过2次。

(3)甩25%额定负荷时接力器不动时间<0.2 s。

(三)PID调节器参数调整范围

B_p:(0 ~ 10)%。B_p 为永态转差系数。

B_t:(5 ~ 200)%。B_t 为暂态转差系数。

T_d:(2 ~ 25)s。T_d 为缓冲装置时间常数。

T_n:(0.2 ~ 2.0) s。T_n 为加速时间常数。

其中,B_t、T_d、T_n 具有适应工况变化的变结构变参数功能。

PID 参数计算:

$K_p = (T_d + T_n)/B_t$。K_p 为比例环节增益。

$K_i = 1/(b_t * T_d)$。K_i 为积分环节增益。

$K_d = T_n/B_t$。K_d 为微分环节增益。

(四)人工失灵区调整范围

频率(转速)失灵区:$E_f = (0 ~ ±0.3 Hz)$并可调。

功率、开度失灵区:$E_y/p = (0~±5)$%并可调。

(五)频率给定范围

频率给定:45~55 Hz。

(六)电气开限调整范围

导叶电气开度限制能适应水头的变化。电气开限调整范围:0~100%(可调)。

(七)供电电源技术规格

220 V AC±15%,50~60 Hz,500 VA(单调),700 VA(双调);

220 V DC±10%,400 W(单调),600 W(双调)。

三、主要电气元件配置

主要电气元件配置见表13-10。

表 13-1　主要元器件配置

序号	名称	规 格 型 号	制造厂家
1	PLC	中央处理器　A2ASCPU	日本 MITSUBISHI
		电源模块　A1A63P	
		模拟量输入模块 A1S64AD	
		模拟量输出模块 A1S62DA	
		模拟量输入/输出 A1S63ADA	
		开关量输入模块 A1SX41，A1SX40	
		开关量输出模块 A1SY41	
		底板 A1S38B	
		通信模块 A1SJ71UC24	
2	智能显示触摸屏	PWS1711 STN	台湾台达
3	伺服电机	MSMA082AIG	日本松下
4	驱动器	MSDA083A1A	

四、伺服电机及驱动器

(一)MINAS A 系列伺服电机简介

MINAS A 系列伺服电机与驱动器为日本松下原装产品。具有控制电源电压保护、过电压保护、主电压保护、过流保护、过热保护及过载保护等自身保护功能,采用 220 V 交、直流供电,PLC 的定位单元模拟输出脉冲(最大为 100 kpps)的信号给驱动器,由于伺服电机带有旋转编码器,其自身组成闭环控制系统,定位精度非常高,启动力矩大,且最高转速为 3 000 r/min。由于其性能可靠,保证了调速器运行的稳定性及可靠性,同时提高调速器的速动性。

(二)伺服驱动器、电机参数

电源:交流、直流 220 V;

编码器:2 500 脉冲/转;

驱动系统:IGBT PWM 控制(正弦波脉宽控制);

保护功能:储存包括当前在内的 14 个故障消息;

位置控制:最大输入脉冲频率 500 Kpbs;

监视器:6 位数–7 段显示;

指令方式:正交脉冲指令 CW/CWW 脉冲。

五、测频回路

(一)齿盘测速

齿盘测速的转速传感器采用的是电感式接近开关,其与齿盘边缘距离应保持 2～3 mm,并与齿盘边缘垂直。接近开关将方波信号送入齿盘测频模块,以此来测量齿盘频率。

(二)残压测频

机组残压频率的输入频率信号源取自于发电机出口端的 PT,当发电机未加励磁时,只要机组转速达到一定的额定转速,由于发电机转子上的剩磁也能使定子绕组中产生一定的残余电压,从而使 PT 有一定的电压输出,因而一般要求当输入信号电压在 0.2～100 V 的大范围内变化时,残压测频回路都能可靠地工作。且据实践可知,在额定频率附近的输出电压与频率偏差成良好的线性关系,即

$$U_f = K_f \cdot \Delta f$$

式中　K_f——测频回路放大系数或测频比例度。

(三)网频测量

网频的输入频率信号源取自于母线 PT 上,其原理与机组残压测频的原理一样。

(四)触摸屏

显示与操作的液晶触摸屏为台湾台达智能液晶触摸显示屏,为运行人员提供了方便、准确、直观的中文人机界面。可监视机组的运行状态和各种运行参数,提供各项试验操作支持、故障追忆功能、各种参数和特性曲线整定。

六、调速器的三种调节模式

调速器的运行状态图如图 13-1 所示。

(一)三种模式参数表

三种模式参数见表 13-2。

表 13-2　三种模式参数

	调节规律	给定参数	E_f	E_y/p	跟踪参数	运行工况	自动切换条件
转速调节模式	PID	FG/YG	O	O	PG←P	空载/负载	测功异常
开度调节模式	PI	YG	0.3 Hz	1%	PG←P	负载	频率超差
功率调节模式	PI	PG	0.3 Hz	1%	YG←Y	负载	频率超差

(二)三种模式转换图

三种模式转换图如图 13-2 所示。

并网前,机组处于空载状态,此时调速器控制机组跟踪电网频率处于频率调节模式。采用 PID 调节规律及适合于空载运行的一组 PID 参数,选用该调节规律可控制机组快速跟踪电网频率,使频率偏差小,便于机组并网。

并网后,调速器主要任务是控制机组稳定的发电,此时处于功率(开度)调节模式。采用 PI 调节规律及适当的一组 PID 参数,可使机组减少不必要的调节过程,且运行稳定

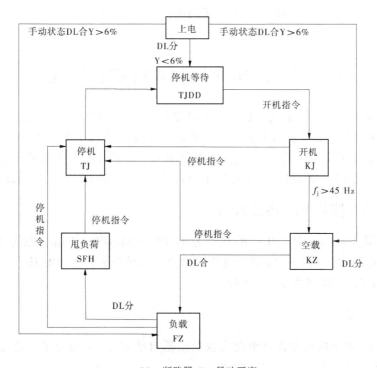

DL—断路器;Y—导叶开度

图 13-1 调速器的运行状态图

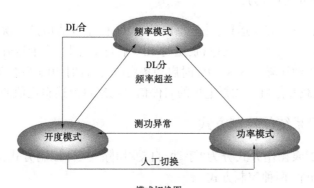

模式切换图

DL——机组油开关(断路器)

图 13-2 三种模式转换图

不会造成负荷的波动,同时可降低设备的油耗,减少油泵电机的工作次数。当机组频率波动较大或超过给定频率死区时,采用 PID 调节规律及适合于调频运行的一组 PID 参数,控制机组频率稳定在给定频率。同时采用该调节方式,可保证在线路跳开关使机组转速上升时,调速器进行快速调节,不至于造成机组过速。

调速器在频率模式时,接收到增加/减少命令,将增加/减少频率给定值;调速器在功率(开度)调节模式时,接收到增加/减少命令,将增加/减少功率(开度)给定。控制系统在 PI 调节的同时,加入了实际开度与给定开度的偏差,使机组能快速跟踪给定值。

由于在同种模式下均有对其他模式给定值的跟踪功能,所以在三种模式间切换时,调速器均无扰动。

第二节　高压油控制系统设备概述

高压油系统主要由控制系统、回油箱、压力油罐、油泵等设备组成,为调速器控制提供6.4 MPa 的调节油压。布置在发电机层的主要设备:每台机组 2 台压油泵,1 个压油罐、1 个回油箱和 1 个油压装置控制柜;每两台机组公用 1 个事故油罐和事故油罐控制箱。布置在技术供水层(114.6 m 高程)的主要设备:每台机组 1 套漏油泵及其控制设备。

一、油压装置控制柜的 PLC 配置

PLC 为法国 Schneider 公司生产的型号为 TWDLCAA40DRF,供电电源为 220 V AC,内置 24 V DC 电源,24 点输入,14 点继电器输出,2 点晶体管输出。CPU 选用 TWDXCPM-FK32 型,EEPROM,存储器容量为 32 KB。

二、启动方式

油压装置 1#、2#泵启动方式已更改为软启动器启动方式(原来为星三角接触器启动方式)。循环泵和漏油泵是直接启动方式。

三、油泵电机的运行方式

两台电机均按主/备方式运行,并且每启动一次,程序自动切换一次主备用关系。当油压降至 6.0 MPa 时,启动主用泵电机,延时 10 s 后自动加载,当油压升至 6.4 MPa 时自动卸载并停电机;当油压降至 5.8 MPa 时启动备用电机,延时 10 s 后自动加载,油压升至 6.4 MPa 时自动卸载并停机。油泵电机的启停信号均来自上述整定值的压力开关。

四、油压装置系统的控制方式

油压装置 1#、2#泵操作方式分为"手动/自动/切除"三种控制方式,3#循环泵的控制方式分为"手动/切除"两种控制方式。

当切为"自动"方式时,1#、2#压油泵根据压油罐油压的变化自动启停。

当切为"手动"方式时,1#、2#压油泵及 3#循环泵都在手动方式下运行。

当切为"切除"方式时,1#、2#压油泵及 3#循环泵都不运行。

第三节　调速器及高压油控制系统设备检修项目和
要求、检修周期

一、巡检项目

巡检项目见表 13-3。

表 13-3　巡检项目

序号	项目	要求
1	调速器数值显示	调速器电调及机调柜数值显示(功率、开度、水头、转速、开限、网频等信号)正常,指示灯指示正常
2	调速器电调及机调柜面板报警检查及复归	调速器电调及机调柜面板报警检查及复归正常
3	调速器电调柜、高压油系统控制柜及事故油源控制箱内 PLC 运行情况	CPU 运行正常;输入输出模板工作正常
4	伺服电机及驱动器检查	伺服电机引线接触良好,驱动器无故障报警
5	紧急停机电磁阀、导叶锁锭电磁阀、纯机械液压过速保护装置检查	电磁阀工作位置正确,指示灯显示正常线圈引线接触良好,纯机械液压过速保护装置状态正确
6	导叶反馈传感器及桨叶反馈传感器检查	传感器固定稳定,引线接触良好
7	压力油罐油压值统计	各压力传感器显示及输出压力正常
8	压力油罐油位	压力油罐油位在正常范围
9	回油箱油位	油位在正常范围
10	回油箱油温	油温在正常范围
11	油泵启动回路	油泵软启工作、泵运转正常
12	卫生检查	电调柜、高压油控制柜事故油源控制箱内外清洁,无明显积灰

二、C 级检修标准项目

调速器及高压油控制系统电气设备 C 级检修项目见表 13-4。

表 13-4　调速器及高压油控制系统电气设备 C 级检修项目

序号	质量控制项目	质量标准
1	清扫检查	清扫干净无尘土、孔洞封堵标准
2	盘柜端子紧固	端子紧固无松动
3	电源回路检查	电压正常、绝缘合格、切换正常
4	PLC 检查	CPU 及 I/O 模板运行正常无故障
5	柜内元器件检查	盘柜内电气元器件、把手、按钮、指示灯等正常,触摸屏显示正常
6	伺服电机检查	其内部与外部接线良好,工作线圈无短路、开路、开焊和接地现象;无明显漏油现象;驱动器无故障

续表 13-4

序号	质量控制项目	质量标准
7	紧急停机电磁阀、锁锭电磁阀以及纯机械液压过速保护装置检查	阀体入、切动作灵活,无卡涩现象;电气引线牢固可靠
8	导叶、桨叶位置传感器检查	连杆连接螺栓紧固无松动破损; 传感器接线牢固,反馈值正常
9	调速器功能检查	调速器开停机正常、各调节功能正常
10	压力油罐油压传感器检查	各压力传感器显示及输出压力正常
11	压力油罐各压力开关检查	各压力开关动作及返回值正常
12	压力油罐及回油箱油位开关检查	油位开关动作正常
13	高压油泵软启动器参数检查	软启动器各参数设定正常
14	高压油系统电磁阀检查	各电磁阀线圈阻值正常,插头连接牢固,电缆无破损
15	油泵控制系统压力配合检查	两台油泵能根据压力设定值正常启停、轮换
16	自动补气功能检查	能自动、手动补气,补气时间 90 s

三、A 级检修标准项目

调速器电气设备 A 级检修项目见表 13-5。

表 13-5　调速器电气设备 A 级检修项目

序号	质量控制项目	质量标准
1	所有 C 级检修项目	见 C 级检修质量标准
2	信号传动	传动正常,动作正确可靠
3	检查调整测速传感器	传感器和齿盘距离为 1~1.5 mm
4	位置反馈传感器校验与量程调试	1. 导叶全开、全关时调速器反馈值与设定值一致; 2. 桨叶全开、全关时调速器反馈值与设定值一致
5	整机静态调试	1. 录制导叶阶跃响应曲线,率定导叶最快全开启和全关闭时间都应在 16 s 左右; 2. 调整闭环控制回路参数使主配及导叶阶跃响应良好; 3. 调节器的设定值与显示相吻合,偏差不应超过 0.2%; 4. 导叶稳定状态下,比例阀控制信号电压和反馈信号正常。
6	机组静特性试验	其指标符合国标要求

续表 13-5

序号	质量控制项目	质量标准
7	机组整机动态特性试验	1. 其各项指标符合国标要求; 2. 残压测频回路工作正常; 3. 齿盘测频回路工作正常
8	压力油罐压力开关及压力传感器校验	压力油罐各压力开关及压力传感器校验结果合格
9	继电器校验	继电器校验结果合格
10	信号传动	与监控等系统信号传动正常,动作可靠
11	与 LCU 通信检查	通信正常、信号正确
12	油泵功能试验及检查	油泵能根据实际压力、报警信号等实现正常启停及闭锁

四、检修周期

巡回检查项目为每周一次。C 级检修为一年一次。A 级检修为六至十年一次。

第四节 设备检修工序及技术要求

一、检修前准备(开工条件)

检修计划和工期已确定,检修计划已考虑非标准项目,电网调度已批准检修计划。上述检修项目所需的材料、备品备件已到位。检修所用工器具(包括安全工器具)已检测和试验合格。检修外包单位已到位,已进行检修工作技术交底、安全交底。检修单位在机组停机检修前对设备做全面检查和试验。根据其存在的缺陷、需改造的项目等准备好必要的专用工具、备品备件、技术措施、安全措施及检修场地。特种设备检测符合要求。涉及重要设备吊装的起重设备、吊具完成检查和试验。特种作业人员(包括外包单位特种作业人员)符合作业资质的要求。检修所用的作业指导书已编写、审批完成,有关图纸、记录和验收表单齐全,已组织检修人员对作业指导书、施工方案进行学习、培训。检修环境符合设备的要求(如温度、湿度、清洁度等)。已组织检修人员识别检修中可能发生的风险和环境污染因素,并采取相应的预防措施。已制定检修定置图,规定了有关部件检修期间存放位置、防护措施。已准备好检修中产生的各类废弃物的收集、存放设施。已制定安全文明生产的要求。必要时,组织检修负责人对设备、设施检修前的运行状态进行确认。

二、设备解体阶段的工作和要求

(一)防护工作

检修期间应使用干净的塑料布将调速器电调柜及高压油系统控制盘柜整体防护,检修期间因检修工作可以临时打开防护,在工作结束后应立即恢复防护。

(二)拆除的设备

(1)将导叶、桨叶位置反馈传感器、齿盘测速传感器,做好安装标记、接线标记。

(2)回油箱上压力开关、压力传感器拆除校验。

(3)所有拆除的电磁阀插头、传感器插头或接线注意做好防护,并做好安装标记、接线标记。

(三)工作要求

设备解体整个过程中,应有详尽的技术检验和技术记录,字迹清晰、数据真实、测量分析准确,所有记录应做到完整、简明、实用。

三、设备检修阶段工作及要求

(一)调速器电气控制部分检查

1.清扫检查

(1)清扫调速器电调柜、漏油泵控制箱、机调柜电气部分等。用吹风机和擦布对设备进行全部清扫,使机柜内整洁干净无灰尘。

(2)检查调速器内部器件有无破损、过热等异常现象。

(3)各控制柜内封堵情况正常。

2.端子紧固及接线检查

检查端子内外部接线无松动,用小螺丝刀将调速器接线端子紧固,同时检查接线可靠无松脱。

3.继电器校验

利用校验仪模拟 24/220 V 直流电压,记录继电器的导通压降,接点导通情况、和上次校验记录有无明显变化,记录启动返回值、接点接触电阻、线圈直阻。

4.齿盘测速回路校验

使用频率信号发生器,接入转速传感器输入端子,改变频率信号发生器的频率输出,并使用调试笔记本连接 PLC 或触摸屏观察,PLC 接收频率应与频率信号发生器发出信号一致。

(二)高压油系统电气控制部分检查

1.清扫检查

(1)清扫油压装置控制柜、漏油泵控制箱、压油罐端子箱等。用吹风机和擦布对设备进行全部清扫,使机柜内整洁干净无灰尘。

(2)检查控制柜内部器件有无破损、过热等异常现象。

(3)各控制柜、端子箱内封堵情况正常。

2.端子紧固及接线检查

检查端子内部外部接线无松动,用小螺丝刀将调速器接线端子紧固,同时检查接线可靠无松脱。

3.继电器校验

利用校验仪模拟 24/220 V 直流电压,记录继电器的导通压降、接点导通情况、和上次校验记录有无明显变化,记录启动返回值、接点接触电阻、线圈直阻。

4.压力油罐压力开关及压力传感器检查校验

对压力油罐上所有压力开关及压力传感器进行校验。

(三)调速器及高压油液压控制部分检查

1.伺服电机检查

(1)伺服电机清洗回装时保证引线准确。

(2)弹簧预紧力大小适中,引线断开依靠弹簧预紧力能自动关机。

2.电磁阀检查

(1)各电磁阀插头连接牢固,电缆无破损,接线盒无进水、进油,接点牢固。

(2)电磁阀阻值测量。测量各线圈直阻、绝缘阻值。

3.工作要求

设备检修整个过程中,应有详尽的技术检验和技术记录,字迹清晰、数据真实、测量分析准确,所有记录应做到完整、简明、实用。

四、复装、调整、验收阶段工作及要求

(一)调速器及高压油系统电气控制部分复装检查

各盘柜、控制箱内干净整洁无尘土、孔洞封堵规范。

(二)表计及继电器复装检查

检查各盘柜内所有表计及继电器校验合格,不合格继电器应采用合格备件进行更换。检查各表计及继电器复装合格,接线正确无松动,插接型继电器线圈插接紧密。压力油罐压力开关及压力传感器复装后,检查压力油罐压力开关及压力传感器校验合格,不合格压力开关及传感器应采用合格备件进行更换,并根据需要进行设置。检查所有压力油罐压力开关及压力传感器回装完毕并符合相关标准。检查压力油罐压力开关及压力传感器接线正确,接线及插头紧密无松动,电缆外观完好无破损。

(三)齿盘测速传感器复装

测速传感器的安装。测速传感器与齿盘边缘距离应保持在2~3 mm,并与齿盘边缘垂直,传感器接线连接正确。

(四)液压控制电气部分复装检查

检查所有机械元件回装完毕并符合相关标准,完成验收工作。检查伺服电机二次插头连接紧密无松动,电缆外观完好无破损。检查紧急停机电磁阀、事故配压阀引导电磁阀、电气两段关闭阀引导电磁阀、锁定电磁阀、油泵加载阀等控制二次插头与信号二次插头固定牢靠,阀体上线盒固定牢靠,线盒内部端子无松动,无进水、进油。

(五)导叶/桨叶位置传感器复装检查

检查1#、2#导叶位置传感器、桨叶位置传感器外观有无破损,连杆连接螺栓有无松动,二次电缆无破损,接线连接可靠无松动。

五、机组启动、试运行阶段要求

(一)调速器电调柜电源回路检查

待调速器系统检修结束后,检查机旁盘至调速器电气屏电源开关已合闸,检查机旁直流配电屏至调速器电气屏直流电源开关已合闸。对调速器系统的电源进行检查,共包括以下电压等级:220 V AC、220 V DC、24 V DC。检查相应的电压应符合以下标准:24 V DC电压范围为±10%,纹波系数<5%;220 V DC电压范围为+10%~-15%,纹波系数<5%;220 V AC电压范围为+10%~-15%,50 Hz±2.5 Hz。检查柜内电源回路无短路、接地等情况,合上柜内开关。确认电源模块工作正常,输出DC 24 V电压正常。模拟交流、直流电源失电。分别拉下柜内交、直流开关,调速器柜内DC 24 V无异常,继电器动作正常,查看计算机监控上相应报警信息正常无误。

(二)调速器电气柜与其他系统、设备接口检查

1.检查条件

(1)监控系统及其他附属系统接口具备测试条件。

(2)与液压系统接口断开。

(3)紧急停机电磁阀投入。

2.检查内容

(1)PLC检查。检查CPU及I/O模板运行正常无故障指示。

(2)开关量输入测试。

根据信号来源在计算机监控系统及其他附属系统强制信号至调速器电气盘柜,调速器触摸屏或调试笔记本连接PLC查看所有信号继电器动作正常。

(3)开出量输出测试。

调速器电气屏强制开关量输出点,根据信号所送至的系统在计算机监控系统及其他附属系统查看接收信号正常。

(4)模拟量输入测试。

根据信号来源模拟各模拟量信号,调速器触摸屏或调试笔记本连接PLC查看所有信号接收正常。

(5)模拟量输出测试。

测试送出模拟量信号正常。

(6)通信检查。

检查与监控系统通信正常,并测试所有信号发送/接收正确无误。

(三)高压油系统油压控制柜电源回路检查

待高压油系统检修结束后,检查机旁盘至油压装置控制柜电源开关已合闸,检查机旁直流配电屏至油压装置控制柜直流电源开关已合闸。对电源进行检查,共包括以下电压等级:220 V AC、220 V DC、24 V DC。检查相应的电压应符合以下标准:24 V DC电压范围为±10%,纹波系数<5%;220 V DC电压范围为+10%~-15%,纹波系数<5%;220 V AC电压范围为+10%~-15%,50 Hz±2.5 Hz。检查柜内电源回路无短路、接地等情况,合上柜内开关。模拟交流、直流电源失电。分别拉下柜内交、直流开关,调速器柜内DC 24 V

无异常,继电器动作正常,查看计算机监控上相应报警信息正常无误。

(四)高压油系统油压控制柜与外部设备接口检查

1.检查条件

(1)外部设备具备测试条件。

(2)与液压系统接口断开。

(3)紧急停机电磁阀投入。

2.检查内容

(1)PLC检查。检查CPU及I/O模板运行正常无故障指示。

(2)测试开关量输入正常。

(3)测试模拟量输入正常。

(4)测试开关量输出正常。

(五)高压油泵软启动器参数检查

上电后,检查高压油泵软起各参数正常。

(六)高压油泵功能调试及检查

1.检查条件

油压装置已建压。主供油阀及相关阀门已打开。

2.检查内容

解开事故低油压继电器上送至监控系统的信号线(或拔掉油压装置控制柜内K3继电器)。拔掉事故油源控制柜内主备用切换阀动作继电器K6。将补气阀切换方式切至"切除"位置。将1#、2#泵的运行方式切至"切除"位置。试验过程中将油压装置PLC与笔记本电脑连接,密切观察传感器数值的变化,并PLC能正常开出,压油泵可以正常启停。打开机组排油阀,将压油罐内的油压降至4.5 MPa,观察K3继电器是否励磁。将1#、2#泵的运行方式切至"自动"位置,压油泵往油罐内打油。当压油罐内油压正常后,打开机组排油阀,使机组油压迅速下降,当油压降至6.0 MPa时,观察主用泵是否启动,当油压降至5.8 MPa时,观察备用泵是否启动。两台泵均停止后,将1#泵切至手动位置,继续往压油罐内打油,当油压升至6.6 MPa时,观察监控系统时候有高油压报警信号报出。观察传感器的数值与4.4 MPa压力开关、5.6 MPa压力开关、6.6 MPa压力开关动作时的数值是否一致。

(七)调速器带液压系统调试

1.检查条件

(1)调速器液压系统正常。

(2)导叶、桨叶位置传感器已安装到位并接线无误。

(3)导叶接力器液压和机械锁锭退出。

(4)油压装置工作正常。

2.导叶位置传感器检查校正

(1)将调速器切到手动状态。

(2)将笔记本电脑连入调速器。

(3)解开X:43端子,将万用表串联在其中,并将万用表打到电流挡。

（4）手动将导叶关到全关位置，稳定之后，再开到全开位置（保证导叶全行程在传感器的正常工作行程之内），记录导叶全关（0～0.5%）、25%导叶开度、50%导叶开度、75%导叶开度、全开（99%～100%）位置稳定时的电流值、程序监视到的反馈数据、传感器的实际位置，以及接力器的实际行程。

（5）将调速器切到自动状态。

（6）通过程序调整使导叶全关、25%导叶开度、50%导叶开度、75%导叶开度、全开位置，并记录导叶在上述开度值时的电流值、程序监视到的反馈数据、传感器的实际位置，以及接力器的实际行程。

（7）校验应注意的事项：校验导叶开度传感器时，导叶在手动状态下，若导叶开度大于30%，不可将导叶的控制方式直接从手动状态切换至自动状态。否则，导叶会从当前开度迅速关至第二开机度，有误伤人员的危险。解决的方法有2种：

①手动关导叶开度至30%以下，再将导叶从手动切换至自动；

②短接X:26与X:21，模拟开机至空载状态，短接X:28与X:22，模拟合断路器，机组进入模拟负载状态。

3. 桨叶叶反馈传感器校验

1）将调速器切至手动状态

（1）将笔记本电脑连入调速器。

（2）解开X:46端子，将万用表串联在其中，并将万用表打到电流挡。

（3）手动将桨叶关到全关位置，稳定之后，再开到全开位置（保证桨叶全行程在传感器的正常工作行程之内），记录桨叶全关（0～0.5%）、25%桨叶开度、50%桨叶开度、75%桨叶开度、全开（99%～100%）位置稳定时的电流值、程序监视到的反馈数据、传感器的实际位置，以及接力器的实际行程。

2）将调速器切到自动状态

通过程序调整使桨叶全关、25%桨叶开度、50%桨叶开度、75%桨叶开度、全开位置，并记录桨叶在上述开度值时的电流值、程序监视到的反馈数据、传感器的实际位置，以及接力器的实际行程。

4. 导叶开关机时间检查

（1）将调速器笔记本电脑连入调速器PLC的IC2和IC9模块。

（2）打开机组调速器程序。

（3）通过调整程序使导叶开启到30%。

（4）按下"紧急停机"按钮，导叶应急关至全关。

（5）按"急停复归"按钮，停机电磁阀应复归，导叶能自由开启。

（6）将录波仪连入调速器控制柜的X1:61、X1:62。

（7）通过程序调整使导叶开度从0%开启到100%，并通过录波曲线或计时来记录导叶开启时间。

（8）按下"紧急停机"按钮，导叶至全关，通过曲线来记录导叶两段关闭时间及桨叶关闭时间。

（9）要求整定时间：

开机时间:_____s(导叶)　_____s(桨叶)

关机时间:_____s(导叶),分段关闭拐点位置:_____%

第一段时间:_____s　　第二段时间:_____s

(10)实际调整结果:

开机时间:_____s(导叶)　_____s(桨叶)

关机时间:_____s(导叶)　　分段关闭拐点位置:_____%

第一段时间:_____s　　第二段时间:_____s

(11)如果不符合要求,需机械调整,记录最终的调整时间。

第五节　调速器系统相关试验

一、手自动切换试验

(1)手自动切换时保证模拟机频信号为 50±0.05 Hz。

(2)将 X:26 与 X:21 短接,模拟开机至空载状态。

(3)将 X:28 与 X:22 短接,模拟合断路器,机组进入模拟负载状态,此时为开度模式。

(4)操作旋钮,切换导叶"自动""手动",观察切换前后导叶实际开度,同时观察指示灯显示是否正确。

(5)切换前后,应保证导叶开度无明显扰动(导叶变化小于 1%),指示灯显示应正确。

(6)试验结果:

①断路器分:

自动转手动:转换前:_____%;转换后:_____%;机频:_____Hz。

手动转自动:转换前:_____%;转换后:_____%;机频:_____Hz。

②断路器合:

自动转手动:转换前:_____%;转换后:_____%;机频:_____Hz。

手动转自动:转换前:_____%;转换后:_____%;机频:_____Hz。

二、电源消失试验

调速器工作在模拟负载状态(断路器合,机频 50 Hz)。先后切除直流、交流电源,通过调速器程序及导叶开度表观察导叶接力器变化情况,检查是否有明显扰动(要求扰动量小于 1%)。先后接通交流、直流电源,通过调速器程序及导叶开度表观察导叶接力器变化情况,检查是否有明显扰动(要求扰动量小于 1%)。

三、调速器静特性试验

(一)试验目的

(1)测定并计算调节系统的转速死区。

(2)计算调节系统静特性的最大非线性度。

(3)校验永态转差系数 B_p 值。

(二)试验条件

(1)油压系统建压完成。

(2)机组快速闸门在关闭状态。

(3)调速器电柜交直流电源均打开。

(三)试验步骤

(1)调速器处于"自动"工况,模拟负载状态。

(2)参数设置为:$B_p = 6\%$,$B_t = 5\%$,$T_n = 0$ s,$T_d = 2.0$ s,开限 $= 100\%$,$Y_G = 50\%$,$F_j = 50.00$ Hz,$P_G = 0$,$F_G = 50.00$ Hz。

(3)将机频 f_j 从 50.00 Hz 开始,以 0.001 Hz 递增或递减,每间隔 0.30 Hz 记录一次,使接力器行程单上升或下降一个来回,录波并记录机频 f_j 和相应导叶行程值。根据记录数据采用二次线性回归法计算调速器转速死区和非线性度是否符合标准。

(4)根据数据算得转速死区为:___%(要求小于4%)

快速工程计算方法:记录同一发频值的最大接力器开关位置偏差为 Δy_{max},接力器全行程为 y_{max},则试验最大转速死区为 $i_x = (\Delta y_{max}/y_{max}) \times B_p$。

四、调速器手自动开机试验

(一)调速器手动开机试验条件

(1)压力钢管及尾水已充水,进水口事故闸门、尾水闸门均已全开。

(2)调速器无水调试已经完毕。

(3)检查机组主辅机其他设备处于正常状态。

(4)检查油压装置至调速器主油阀阀门已开启,油压装置处于自动运行状态。

(5)检查调速器的专用滤油器位于工作位置。

(二)手动开机

(1)检查调速器控制方式处于"手动"控制位置。

(2)观察机组齿盘测速信号及残压测频信号,以监视机组转速,用机械转速测速装置校验转速测量装置的开出信号工作情况。

(3)退出检修密封,投入机组技术供水及主轴密封水,拔出接力器锁锭,确定锁锭信号正常。

(4)在调速器机械柜现地操作手柄开启导叶,待机组开始转动后,立即将导叶关回,并投入风闸,在机组停下后视主轴密封漏水情况投入检修密封。

(5)检查和确认机组转动与静止部件之间无摩擦和碰撞情况。

(三)自动开、停机

(1)检修工作全部完成,机组具备自动开机条件。

(2)退出检修密封,监控系统自动开机至空转,升速过程中观察调速器所有测频回路正常,全面检查有无异常情况。

(3)当机组达到额定转速时,记录当前水头下空载开度。

(4)具备停机条件后,机组 LCU 发停机令,调速器自动停机。

五、空载扰动试验

(一)试验目的

对调节系统外加大幅度扰动,检验机组在各种调节参数组合方式下的稳定情况,最终选择最佳参数;测机组处于空载运行工况时,转速的摆动值。

(二)试验条件

(1)自动开停机试验已经完成且无异常现象。

(2)紧急停机电磁阀及事故配压阀调试完毕,以保证当机组转速曲线不能较快收敛时应采取可靠措施立即停机,保证机组安全。

(三)试验的步骤

(1)由机组 LCU 发"开机"令,机组启动到空载状态且无异常现象。

(2)改变频率给定,使机组频率在 48~52 Hz 扰动。频率给定改变过程为 50 Hz→50 Hz→52 Hz→48 Hz→52 Hz→50 Hz。

(3)观察并记录空载扰动波形。分别置四组不同的 B_t、T_d、T_n 数值,记录空载扰动波形,取超调量和调整时间最优的一组参数作为运行参数。

(4)当前最优参数:B_t = _____%, T_d = _____s, T_n = _____s,超调量: _____%,调节时间: _____s(超调量<1.2 Hz,调节时间<15 T_w,T_w 为水流惯性时间常数,对于 PID 调节器而言,其值不大于 4 s)。

六、过速试验

(一)试验目的

(1)检查机组在 115%、153%额定转速运行时各部位的振动、摆度值。

(2)考验机组过速状态下机械部分的结构强度和安装质量。

(3)检查测速回路测量及动作的正确性。

(4)测量机组过速时各部瓦温的上升情况。

(二)试验条件

转速测量装置各开关量已调试完毕,115%n_r、153%n_r 过速信号输出正常。

(三)试验步骤

(1)将"导叶开度""转速信号"接入录波仪并设置好相应参数。

(2)在机组 LCU 以自动方式使机组达到额定转速,待机组运行正常后,将调速器导叶控制方式切至"手动"。

(3)启动录波仪后,在机调柜操作导叶手动操作手柄,增大导叶开度,使机组转速达到额定转速的 115%,观察测速装置触点的动作情况,立即回到额定转速。期间注意避免水机保护因过速导致事故停机。

(4)检查机组各部位运行无异常,断开水机保护屏 115%过速信号。

(5)在机调柜操作导叶手动操作手柄,增大导叶开度,将转速升至 153%过速保护整定值,监视测速装置触点的动作情况,达到 153%转速后紧急停机动作,导叶全关,快门关闭,机组停机。若出现关机失灵,指挥应立即下令操作紧急停机按钮,落进口快速闸门。

(6)157%n_r纯机械液压过速保护装置试验。

(7)试验结束后恢复接线及措施。

七、调速器并网甩负荷试验

(一)试验目的

(1)机组引水系统在带甩不同负荷时各部位的机械强度。

(2)算出甩负荷时机组转速上升率、蜗壳水压升高率,记录调速器关机时间和接力器不动时间,并求取机组实际运行的调差率。

(3)观察并调整调节器动态调节品质。

(二)试验准备与试验条件

(1)按正常方式投入发电机保护、主变保护、厂变保护、励磁变保护、220 kV 母线保护、220 kV 厂变保护、线路保护等各项保护。

(2)调速器做好带负荷准备,负载 PID 参数设定完毕;开限设在 95%。

(3)励磁系统做好准备。

(4)油压系统调试完毕并能正常运行。

(5)机旁与进水口做好事故门下闸准备。

(6)机组水头应满足带负荷要求。

(7)测量机组振动与摆度的测试工具与仪表准备完毕。

(8)转速开关各转速接点已调整完毕。

(三)试验步骤

(1)将调速器控制柜内的断路器信号 X:28 接入录波仪的开关量通道 CHA 输入中。

(2)将以下信号接入录波仪的模拟量输入中:

机频信号(0.3~150 V)　　　　端子为 X:55,X:56

导叶开度显示(0~10 V)　　　　端子为 X:61,X:62

桨叶开度显示(0~10 V)　　　　端子为 X:64,X:65

机组功率信号(0~10 V)　　　　端子为 X:70,X:71

从机组 LCU GA02 盘柜后,X402 端子排 17、18 端子取蜗壳进口压力信号(4~20 mA 信号需转为电压信号)。

(3)记录调速器及监控系统显示水头。

(4)远方自动开机,向系统申请并网及并进行甩 25%负荷试验。

(5)断开 GCB 前启动录波仪录波。

(6)手动跳开机组 GCB 开关甩 25%额定负荷。

(7)查看录播曲线,记录接力器不动时间,接力器不动时间不大于 0.2 s。

(8)在机组重新进入空转稳态后,向系统申请并网及并进行甩 50%负荷试验。

(9)断开 GCB 前启动录波仪录波。

(10)手动跳开机组 GCB 开关甩 50%额定负荷,录波调节过程。

(11)在机组重新进入空转稳态后,向系统申请并网并进行甩 75%负荷试验。

(12)断开 GCB 前启动录波仪录波。

（13）手动跳开机组 GCB 开关甩 75%额定负荷，录波调节过程。

（14）在机组重新进入空转稳态后，向系统申请并网并进行甩 100%负荷试验。

（15）断开 GCB 前启动录波仪录波。

（16）手动跳开机组 GCB 开关甩 100%额定负荷，录波调节过程。

（17）机组甩负荷时，若遇导叶不能自动关闭，立即操作机旁紧急事故按钮落筒阀及进水口事故门。

（18）甩 100%额定负荷后，在转速变化过程中超过稳态转速 3%以上的波峰不应超过 2 次。

（19）机组甩 100%额定负荷后，从接力器第一次向关闭方向移动起到机组转速相对摆动值不得超过±0.5%为止所经历的总时间不应大于 40 s。

第六节　设备检修总结、评价阶段工作及要求

一、检修总结

在设备检修结束后，应在规定期限内完成检修总结；设备有异动的应及时按设备异动程序完成对异动设备图纸资料的修改并归档；与检修有关的检修文件和检修记录应按规定及时归档；由外包单位、检修公司负责的检修文件和记录，由各单位负责整理，并移交公司。

根据实际的检修费用信息，统计分析各级别检修中设备检修人工、材料、备品备件、机械/特殊工器具使用、外包试验等费用情况，逐渐形成电站内部检修实物消耗量标准，为下一年度检修计划和材料、备品备件采购的申报做准备。

二、检修评价

对照检修评价标准和办法，评价本次检修管理过程是否得到识别和规定、职责是否明确、程序是否得到执行、实施过程是否有效、目标是否实现；对本次检修涉及的质量、安全、环境保护等是否达到预定要求进行评价，肯定检修工作中的成绩和亮点，找出问题和不足，提出以后改进的要求；通过检查、对比、验证等方式，对检修目标、进度、安全、质量、费用、现场管理、技术监督管理等检修管理过程进行评分，对不合格（不符合）的，应制订纠正和预防措施，并跟踪实施和改进。

第十四章　西霞院工程机组技术供水系统控制设备检修维护技术

本章主要介绍了西霞院工程机组技术供水系统控制设备的技术规范、检修标准项目、检修前的准备、检修工艺及要求、试运行和验收、总结和评价等方面的内容。

第一节　系统概述

一、西霞院反调节电站机组循环供水系统概述

(一)循环供水系统组成

循环供水系统共有 4 台单机容量为 35 MW 的机组,全厂循环供水系统分为 2 个独立的系统单元,其中 7# 和 8# 机组共用 1 个单元,9# 和 10# 机组共用另 1 个单元。每套控制系统包括 1 面循环供水泵及阀门 PLC 屏、3 面循环供水泵控制屏。

电站另设 1 套备用水源,可以在循环供水系统不能满足机组运行需求的情况下自动投入运行。

(二)循环供水系统供水对象

供水水泵从循环水池中抽取循环水进入供水管,通过循环水冷却器将水冷却,然后经供水管送入机组各冷却器,最后通过回水管送回到循环水池。

备用水源投入时,冷却水流经冷却器后直接排入尾水。

其中,主轴密封水引自清水取水干管,通过对主轴密封电磁阀的控制来实现对主轴密封水的投退。

(三)循环供水系统构成

循环供水泵及阀门 PLC 屏包括以下电气元件:CPU 模件、PSY 电源模件、I/O 模件、触摸屏、MB+分支器、隔离变、空气开关、加热器、继电器、温湿度控制器、24 V 开关电源、带灯按钮及指示灯。

循环供水泵控制屏包括以下电气元件:断路器、加热器、温湿度控制器、切换开关、熔断器、软启动器、接触器及指示灯。

1.3 台泵的参数

型号:350RJC300-15×4。

功率:75 kW。

电压:AC 380 kV。

2.电动闸阀参数

功率:0. 75 kW。

电压:380/220 V。

3. 电磁阀参数

电压：AC 220 V。

4. PLC 配置

PLC 选用法国 Schneider 公司生产的 Unity Premium 系列 PLC。

5. CPU 模件

CPU 选用 TSXP57104M 型，其支持离散量 I/O 通道数为 512；模拟量 I/O 通道数为 24；存储器容量为 96 KB。

6. I/O 模件

配置的所有模件均支持热插拔。开关量输入模件选用 TSXDEY32D2K 型，其为 32 点输入模件，24 V DC；开关量输出模件选用 TSXDSY32T2K 型，其为 32 点输入模件，24 V DC；模拟量输入模块选用 TSXAEY1600 型，其为 16 点输入模块，10 V，20 mA；模拟量输出模块选用 TSXASY410 型，其为 4 点输出，信号为 0~20 mA，4~20 mA。

7. 通信

在 CPU 模件中，插入一块 PCMCIA 通信卡，以实现循环供水系统、备用水源供水系统、机组检修排水系统及渗漏排水系统之间的通信；各个系统 PLC 的通信采用 MB+通信协议，配置 1 块 Modbus Plus PCMCIA 卡及相应的 MB+接口设备实现通信。

8. 启动设备

启动设备选用法国 Schneider 公司生产的 ATS48 系列软启动器、接触器、断路器等。

9. 显示设备

采用法国 Schneider 公司生产的 5.7″ STN 触摸屏作为显示设备，在每套触摸屏中均配置了 1 块 MB+通信卡，实现 MB+通信。

10. 西霞院反调节电站机组循环供水系统控制方案（以 7#、8# 机为例）

监控发 7# 机组运行投入循环供水泵及阀门令，与即将启动的泵对应的润滑水电磁阀首先开启，延时 2 min 左右，打开 7# 机循环供水进水口和排水口，并开启主用泵，主用泵开启 2 min 后关闭电磁阀。上述过程完成后向监控反馈 7# 机组循环供水泵及阀门投入信号。监控若发出 7# 机组停止退出循环供水泵及阀门令，则先停泵再关闭相对应的阀，阀关完后向监控反馈 3# 机组循环供水泵及阀门退出信号。即当 7#、8# 机组同时运行时，3 台循环供水泵 2 台主用、1 台备用；当 1 台机运行，另 1 台机组停机时，则 1 台泵主用、2 台备用。当主用泵出现电气故障时，备用泵自动投入。

二、西霞院反调节电站机组备用水源系统概述

(一)备用水源系统组成

当循环供水系统出现故障，无法满足机组运行需求时，备用水源可以自动投入运行，以保证机组的正常运行。

备用水源取自坝前，仅在非汛期水质满足要求的情况下投入使用，全厂备用率为 100%。备用水源供水设 1 套控制系统，包括 1 面备用水源供水泵及阀门 PLC 屏、3 面备用水源供水泵控制屏。布置在水轮机层 122.60 m。

(二)备用水源系统构成

备用水源供水泵及阀门 PLC 屏包括以下电气元件:CPU 模件、PSY 电源模件、I/O 模件、触摸屏、MB+分支器、隔离变、空气开关、加热器、继电器、温湿度控制器、24 V 开关电源、带灯按钮及指示灯。

备用水源供水泵控制屏包括以下电气元件:接触器、加热器、熔断器、温湿度控制器、断路器、变频器、指示灯、按钮、三位置切换开关。

1.3 台泵参数

型号:SLOW150-570。

功率:160 kW。

电压:AC 380 kV。

2.电动闸阀参数

功率:0.75 kW。

电压:380/220 V。

电动阀采用电子式一体化电动执行机构。

3.PLC 配置

PLC 选用法国 Schneider 公司生产的 Unity Premium 系列 PLC。

4.CPU 模件

CPU 选用 TSXP57104M 型,其支持离散量 I/O 通道数为 512;模拟量 I/O 通道数为 24;存储器容量为 96 KB。

5.I/O 模件

开关量输入模件选用 TSXDEY32D2K 型,其为 32 点输入模件,24 V DC;开关量输出模件选用 TSXDSY32T2K 型,其为 32 点输入模件,24 V DC。模拟量输入模件选用 TSX-AEY414 型,其为 4 通道输入模件,24 V DC;模拟量输出模件选用 TSXASY410 型,其为 4 通道输出模件,24 V DC。

6.通信

循环供水系统、备用水源供水系统与电站公用 LCU 之间的通信采用 MB+通信协议,在 CPU 模件中配置 1 块 Modbus Plus PCMCIA 卡及相应的 MB+接口设备实现。

7.启动设备

启动设备选用法国 Schneider 公司生产的 ATV61HC16N4 型号变频器、接触器、断路器等。

8.显示设备

采用法国 Schneider 公司生产的 XBTG2220 触摸屏作为显示设备,在每套触摸屏中均配置了 1 块 MB+通信卡,实现 MB+通信。

9.备用水源控制方案(以 7# 机为例)

由 7# 机监控系统上位机发 7# 为机备用水源投入/退出控制令,该控制令既可以在机组开机流程中自动下发,也可以在上位机画面上单独进行操作下发。机组 LCU 通过硬接线(由机组 LCU 开出到备用水源 LCU 开入),将控制信号传送到备用水源 LCU。

若监控系统下发 7# 机备用水源投入控制令,备用水源系统应首先开启 7# 机备用水源进口和出口电动阀,再判断当前有几台机组正在运行,决定是否启泵。备用水源投入成功后,向监控系统反馈7#机备用水源已投入信号。

若监控系统下发7#机备用水源退出控制令,备用水源系统应首先判断当前有几台机组正在运行,决定是否停泵。再关闭7#机备用水源进口和出口电动阀。备用水源退出成功后,向监控系统反馈7#机备用水源已退出信号。

当备用水源只为1台机组或同时为2台机组进行供水时,则1台泵主用,另外2台泵备用。当备用水源同时为3台机组或同时为4台机组进行供水时,则2台泵主用,另1台泵备用。泵的启动顺序为1#泵→2#泵→3#泵,而当有2台泵主用时,泵的停止顺序是哪台泵先启动,则哪台泵先停止。

第二节　设备检修项目和要求、检修周期

一、定期巡检项目、要求和周期

一般性检修项目见表14-1。

表 14-1　一般性检修项目

序号	巡检项目	巡检要求	巡检周期
1	盘柜各指示灯	设备不停电、不影响设备正常运行;指示灯显示正确,无故障	1周
2	盘柜孔洞	设备不停电、不影响设备正常运行;盘柜孔洞封堵完好	1周
3	电动执行装置	设备不停电、不影响设备正常运行;干净整洁,无故障	1周

二、C级检修项目、要求和周期

西霞院反调节电站技术供水系统 C 级检修项目见表14-2。

表 14-2　西霞院反调节电站技术供水系统 C 级检修项目

序号	检修项目	检修要求	检修周期
1	技术供水控制系统盘柜卫生清扫、盘柜孔洞封堵	盘柜、盘柜内元器件干净、整洁;盘柜孔洞封堵完好	12个月
2	技术供水控制系统所属电气元器件检查、端子紧固	盘柜内电气元器件、把手、按钮、指示灯等正常,端子紧固	12个月
3	技术供水控制系统各电源、控制、反馈回路功能检查	所有泵启停正常,所有阀门开关正常,各信号反馈正确	12个月

三、A/B 级检修项目

凡发生危及设备正常安全运行的情况而导致技术供水控制系统出现异常情况或事故的项目,均可使技术供水系统进行临时检修。

第三节　设备检修工序及要求

一、检修前的准备要求

技术供水控制系统检修前,要求做到以下几点:

(1)明确检修人员及其职责。

(2)准备好检修所需的工器具和材料。

(3)准备好工作票和操作票,安全措施已做好且必须符合现场实际需要。

(4)准备好检修工作所需的标准化作业指导书。

二、设备检修阶段的工作和要求

检修设备:万用表、短接线、螺丝刀、尖嘴钳、斜口钳、绝缘胶布。

检修前进行安全检查,确保设备不带电。

三、故障检修

(一)循环水泵在开机过程中不会自启动

(1)检查控制屏电源是否正常。

(2)检查泵的控制方式是否在"远方"位置。

(3)检查控制屏的"故障"灯是否亮起。

(4)检查泵的软启动器指示是否正常。

(5)若监控已发投主用水源的令,泵的润滑水示流信号一直未返回,则检查润滑水电磁阀。

(6)检查机组循环供水的进口阀和出口阀状态是否正确。

(二)远方操作阀门拒动

(1)检查阀门的控制方式是否在"远方"位置。

(2)检查阀门的动力电源是否已送。

(3)检查阀门电动装置上"L4""L5"灯是否亮起。

(4)检查 PLC 开出继电器是否已动作,若没动作,说明 PLC 没收到命令,则检查 MB+通信是否正常。

(三)现地操作阀门拒动

(1)检查阀门的控制方式是否在"现地"位置。

(2)检查阀门的动力电源是否已送。

(3)检查阀门电动头接线是否有松动。

（4）检查阀门电动头内部电路板是否有烧焦的现象。

（5）测量阀门电机相对相电阻是否对称，若不对称，说明电机损坏，需要更换电机。

（四）阀门状态返回异常

（1）检查控制柜阀门状态信号线接线是否松动。

（2）检查阀门是否开关到位，阀门本体上的"全开""全关"灯是否亮起。

（3）检查阀门电动头接线是否松动或损坏。

（4）检查信号回路电源是否正常。

（五）主轴密封水不能投退

（1）检查机组 LCU 主轴密封开出继电器是否已动作。

（2）检查主轴密封示流信号器电源是否已送、工作是否正常。

（3）检查主轴密封电磁阀内是否有脏物，若阀芯较脏，则将其清理干净后装好。

（4）若机组 LCU 主轴密封开出继电器已正确动作，现地测量电磁阀电压也已正确，则可判断为电磁阀故障，需要更换电磁阀。

（六）变频器故障

当系统处于自动运行状态时，一台变频器出现故障，系统会自动处理，系统将立即停止故障变频器的运行，并自动启动另外一台未运行变频器，新启动的变频器自动进入 PID 压力调节，使供水系统干管压力稳定在 0.4 MPa。

另外，当系统处于自动运行状态时，根据需要，可以在上位机或者控制柜面板上切换运行的变频器。

自动运行状态时，上位机手动启动另外一台未运行的变频器，此时原运行变频器立即停止运行，新启动的变频器进入 PID 压力调节，使供水系统干管压力稳定在 0.4 MPa。

自动运行状态时，在控制柜面板上将原运行变频器切到停止位，系统将立即停止该变频器的运行，并自动启动另外一台未运行变频器，新启动的变频器自动进入 PID 压力调节，使供水系统干管压力稳定在 0.4 MPa。

1. 启动器不能起动，没有故障显示

（1）如果相应的逻辑输入没有通电，"快速停机"或"自由停机"功能的赋值就会阻止变频器启动。在自由停机时 ATV 61 F 显示［自由停机］(nSt)，在快速停机时 ATV 61F 显示［快速停机］(FSt)。这是正常的，由于这些功能为 0 时被激活，以致如果有连线中断，变频器就会安全停机。

（2）确保运行命令输入按照所选的控制模式［2/3 线控制］(tCC) 与［2 线类型］被激活。

（3）如果给定通道或命令通道被分配给通信总线，当连接电源时，变频器就会显示［自由停机］(nSt) 且保持在停机模式，直到通信总线发送。

2. 不能自动复位的故障

必须在复位之前通过先关闭、再打开的方式清除故障原因。必须在复位之前通过先关闭、再打开的方式清除故障原因。AI2F、SOF 与 tnF 故障也可以通过逻辑输入或控制位远程复位。InFA、InFb、SOF、与 tnF 故障可以通过逻辑输入或控制位禁止和远程清除。不能自动复位的故障的修复措施见表 14-3。

表 14-3　不能自动复位的故障的修复措施

故障	名称	可能原因	修复措施
AI2F	AI2 输入	模拟输入 AI2 上的信号不一致	• 检查模拟输入 AI2 的接线情况及信号值。 • 如有必要,通过［AI2 4～20 mA 信号损失（LFL2）］,更改故障设置
CrF1	预充电故障	负载继电器控制故障或充电电阻损坏	• 关闭变频器然后再打开。 • 检查内部连接情况。 • 检查/修理变频器
CrF2	晶闸管充电回路故障	直流母线充电故障（晶闸管）	
EEF1	控制卡存储器	内部存储器故障,控制卡	• 检查环境条件(电磁兼容性)。 • 关闭,复位,返回出厂设置。 • 检查／修理变频器
EEF2	功率卡存储器	内部存储器故障,电源卡	
FCF1	输出接触器未打开	虽然已满足打开条件,但输出接触器仍保持闭合	• 检查接触器及其连线。 • 检查反馈电路
Fd2	阻尼器开启	虽然已满足关闭条件,但阻尼器仍然保持开启	• 检查阻尼器及其连线。 • 检查反馈电路。 • 检查功能延时
HdF	IGBT 去饱和	变频器输出短路或接地	• 检查变频器与电机之间的电缆连接情况以及电机的绝缘情况。 • 通过［1.10 诊断］菜单进行诊断测试
ILF	［选件卡内部连接］	可选卡与变频器之间出现通信故障	• 检查环境(电磁兼容性)。 • 检查连接情况。 • 检查并确认不多于 2 个选项卡（允许的最大数量）安装在变频器上。 • 更换选项卡。 • 检查／修理变频器
InF1	［额定功率错误］	功率卡与存储的卡不同	• 检查功率卡的型号
InF2	不兼容的电源板	功率与控制卡不兼容	• 检查功率卡的型号及其兼容性
InF3	内部串行连接	内部卡之间出现通信故障	• 检查内部连接。 • 检查／修理变频器
InF4	生产专用区域	内部数据不一致	• 重新标定变频器（由施耐德电气产品技术支持人员执行）
InF6	选项卡故障	不能识别安装在变频器上的选件	• 检查选件的型号与其兼容性
InF7	硬件初始化	变频器的初始化未完成	• 关闭变频器并复位

续表 14-3

故障	名称	可能原因	修复措施
InF8	内部控制电源故障	控制电源不正确	• 检查控制部分的电源
InF9	内部电流测量故障	电流测量值不正确	• 更换电流传感器或功率卡。 • 检查／修理变频器
InFA	内部输入电源故障	输入级不能正确运行	• 通过［1.10 诊断］菜单执行诊断测试。 • 检查／修理变频器
InFb	内部温度传感器	变频器的温度传感器不能正确工作	• 更换变频器的温度传感器。 • 检查／修理变频器
InFC	内部时钟故障	电子时间测量元件出现故障	• 检查／修理变频器
InFE	内部 CPU 故障	内部微处理器出现故障	• 关闭变频器并复位。检查／修理变频器
OCF	过流	• ［设置］（SEt-）与［1.4 电机控制］（drC-）菜单中的参数不正确。 • 惯量或载荷太大。 • 机械锁锭	• 检查参数。 • 检查电机／变频器／负载的大小。 • 检查机械装置的状态
SCF1	电机短路	• 变频器输出短路或接地。 • 如果几个电机并联变频器输出有较大的接地泄漏电流	• 检查变频器与电机之间的电缆连接情况以及电机的绝缘情况。 • 通过［1.10 诊断］菜单执行诊断测试。 • 减小开关频率。 • 将电抗器与电机串联连接。 • 检查速度环和制动的调整
SCF2	有阻抗短路		
SCF3	接地短路		
SOF	超速	不稳定或驱动负载太大	• 检查电机、增益和稳定性参数。 • 外加制动单元和制动电阻。 • 检查电机/变频器/负载的大小
tnF	自整定	• 特种电机或功率不适合变频器的电机。 • 电机没有与变频器连接	• 检查并确认电机/变频器互相适用。 • 检查并确认在自整定期间电机存在。 • 如果使用输出接触器,在自整定期间须将其闭合

3. 故障原因消失后可使用自动重启动功能复位的故障

这些故障也可通过变频器重新上电或者通过逻辑输入或控制位｛［故障复位］（rSF）参数｝进行复位。APF、CnF、EPF1、EPF2、FCF2、Fd1、LFF2、LFF3、LFF4、nFF、ObF、OHF、OLC、OLF、OPF1、OPF2、OSF、OtF1、OtF2、OtFL、PHF、PtF1、PtF2、PtFL、SLF1、SLF3、SPIF、SSF、tJF 与 ULF 故障可通过逻辑输入或控制位禁止和远程清除，见表14-4。

表 14-4 故障原因消失后可使用自动重启动功能复位的故障

故障	名称	可能原因	修复措施
CnF	网络故障	通信卡上出现通信故障	• 检查环境条件（电磁兼容性）。 • 检查连线情况。 • 检查是否超时。 • 更换选项卡。 • 检查/修理变频器
EPF1	［LI/ 位输入的外部故障］	故障被外部设备触发，由用户决定	• 对引起故障的设备进行检查并复位
EPF2	［网络输入的外部故障］	故障被通信网络触发	• 对引起故障的设备进行检查并复位
FCF2	输出接触器未关闭	尽管已满足闭合条件，输出接触器仍保持开路	• 检查接触器及其连线情况。 • 检查反馈电路
Fd1	阻尼器卡住	虽然已满足开启条件，但阻尼器仍然保持闭合	• 检查阻尼器及其连线情况。 • 检查反馈电路。 • 检查功能延时
LCF	输入接触器	虽然［主电源 V 超时故障］（LCt）已经结束，变频器仍然不能接通	• 检查接触器及其连线情况。 • 检查是否超时。 • 检查线路／接触器／变频器的连接情况
LFF2	AI2 4~20 mA 信号损失	模拟输入 AI2、AI3 或 AI4 上没有 4~20 mA 给定值	• 检查模拟输入的接线情况。 • 如有必要，通过［AI× 4~20 mA 信号损失］（LFL×）修改故障设置
LFF3	AI3 4~20 mA 信号损失		
LFF4	AI4 4~20 mA 信号损失		
nFF	无流体故障	无流体	• 检查并纠正故障原因。 • 检查无流体检测参数
ObF	制动过速	制动过猛或驱动负载惯性太大	• 增大减速时间。 • 如有必要，外加制动单元和制动电阻。 • 激活［减速时间自适应］（brA）功能，如果此功能与应用相协调

续表 14-4

故障	名称	可能原因	修复措施
OH	变频器过热	变频器温度太高	• 检查电机负载、变频器的通风情况及周围温度。在重启动前应等变频器冷却下来
OLC	过载故障	过程过载	• 检查并除去过载原因。 • 检查[过载过程](OLd-)功能参数
OLF	电机过载	由于电机电流太大而触发的故障	• 检查电机热保护的设置,检查电机负载。在重启动前应等变频器冷却下来
OPF1	输出缺 1 相	变频器的输出缺一相	• 检查变频器与电机的连接情况
DPF2	电机缺 3 相	• 没有连接电机或电机功率太低。 • 输出接触器打开。 • 电机电流瞬时不稳定	• 检查变频器与电机的连接情况。 • 如果使用输出接触器,参数[输出缺相设置](OPL)=[输出切除](OAC)。 • 在低功率电机上测试或无电机测试:在出厂设置模式下,电机缺相检测被激活,[输出缺相设置](OPL)=[Yes](YES)。如要在测试中或维护环境下检查变频器,不必使用额定值与变频器相同的电机(特别对于大功率变频器),使电机缺相检测功能无效,[输出缺相设置](OPL)=[未设置](nO)。 • 检查并优化下列参数:[IR 定子压降补偿](UFr),[电机额定电压](UnS)与[电机额定电流](nCr)参数并执行[自整定](tUn)
OSF	输入过电压	• 主电压太高。 • 主电源波动	• 检查线路电压
OtF1	PTC1 过热	检测到 PTC 1 探头过热	• 检查电机负载及电机规格。 • 检查电机通风情况。 • 在重启动前等待电机冷却下来。 • 检查 PTC 探头的类型及状态
OtF2	PTC2 过热	检测到 PTC2 探头过热	
OtFL	LI6=PTC 过热	检测到输入 LI6 上的 PTC 探头过热	

续表 14-4

故障	名称	可能原因	修复措施
PtF1	PTC1 探头	PTC1 探头开路或短路	• 检查 PTC 探头以及探头与电机/变频器的连线情况
PtF2	PTC1 探头	PTC2 探头开路或短路	
PtFL	LI6＝PTC 探头	输入 LI6 上的 PTC 探头打开或短路	
SCF4	IGBT 短路	功率元件出现故障	• 通过［11.10 诊断］菜单执行测试。 • 检查/修理变频器
SCF5	电机短路	变频器输出故障	• 检查变频器与电机之间的电缆连接情况以及电机的绝缘情况。 • 通过［1.10 诊断］菜单执行测试。 • 检查/修理变频器
SLF1	Modbus 通信	总线上出现通信中断	• 检查通信总线。 • 检查是否超时。 • 参考 Modbus 用户手册
SLF3	控制面板通信	图形显示终端出现通信故障	• 检查终端连接情况。 • 检查是否超时
SPIF	PI 反馈故障	PID 反馈低于下限	• 检查 PID 功能反馈。 • 检查 PID 反馈监控阈值与延时
SSF	转矩／电流限幅	切换至转矩限幅	• 检查是否出现机械问题。 • 检查［转矩限幅］(tLA-)的参数以及［转矩/电流限幅检测］(tId-)故障的参数
tJF	IGBT 过热	变频器过热	• 检查负载/电机/变频器的大小。 • 减小转换频率。 • 在重启动前等待电机冷却下来
ULF	过程欠载故障	过程欠载	• 检查并清除欠载原因。 • 检查［欠载过程］(ULd-)功能参数

4. 原因一消失就可复位的故障

USF 故障可通过逻辑输入或控制位禁止和远程清除。原因一消失就可复位的故障见表 14-5。

表 14-5　原因一消失就可复位的故障

故障	名称	可能原因	修复措施
CFF	错误的设置	• 已更换或已拆掉。 • 当前设置不一致	• 检查是否卡有错误。 • 如果可选卡被故意更换或拆掉,请参见下面的注释。 • 返回出厂设置或找回备份设置(如果有效)
CFI	无效设置	• 无效设置。 • 通过总线或通信网络加载的设置不一致	• 检查先前加载的设置。 • 加载一个匹配的设置
HCF	卡匹配	卡匹配（PPI-）功能已被设置,变频器卡已被更换	• 如果卡有错误,将原卡重新插入。 • 如果卡已被故意更换,则通过输入[密码配对](PPI)来确认设置
PHF	输入缺相	• 变频器供电不正确或熔断器熔断。 • 一相故障。 • 三相 ATV61F 用单相主电源供电。 • 负载不平衡。此保护仅在变频器无负载时才有效	• 检查电源连接情况与熔断器。 • 使用三相主电源。 • 通过［输入缺相］(IPL)=［No］(nO)来禁止故障
PrtF	电源确认故障	• 电源确认(Prt)参数不正确。 • 控制卡用在额定值不同的变频器上设置过的控制卡更换	• 输入正确的参数（由施耐德电气产品支持人员执行）。 • 检查并确认卡没有错误。 • 如果控制卡被故意更换,见下面的注释
USF	欠压	• 线路电源电压太低。 • 瞬时电压下降。 • 预充电电阻器损坏	• 检查电压及［欠压管理］(USb-)的参数。 • 更换预充电电阻器。 • 检查／修理变频器

第四节　设备启动、试运行阶段工作及要求

一、试验器具

万用表、螺丝刀、短接线、尖口钳、斜口钳、绝缘胶布、对讲机。

二、通电动作试验的一般要求

（1）经大修、小修或自动回路改变的盘柜，当作业完成以后必须按规程进行回路的动作试验。

（2）检查保护与自动回路的动作情况，应按照现场图纸进行，尽可能与正常操作方式相同，在条件不允许时，可用短路接点的方法来完成。

（3）试验回路时，不得凭记忆进行短路或拆掉任意回路，应按接线图进行，并将变更的回路记入在试验记录上，以便恢复。

三、试验过程

（1）盘柜送电前，检查电源回路不应有接地、短路。

（2）送电后，测量电压等级是否符合要求。

（3）阀门试验应先手动现地操作，检查是否正确动作、全开信号和全关信号是否反馈正确、有无过力矩信号。再在盘柜上操作，最后上位机操作。

（4）试验泵时，应先点动，确保泵正转；再在带负荷情况下试验。

四、带软启动器控制柜回路的试验

（1）控制柜回路的试验是在不带负载的情况下进行的，即从热继电器负荷侧把电机的三相电源接头拆下，并用绝缘胶带包好，以防和周围带电的部位接触，即用星形接法功率均等的灯泡代替。灯泡功率在 40 W 或 60 W 为宜。

（2）手动起动合闸回路，有预润滑控制部分的，这时电磁阀应工作，不应有发卡现象，随即软启动器工作，灯泡应均匀地由红变亮。等软启动器建立全电压后，旁路交流触器闭合，所有的电流将通过接触器，软启动器虽然还带电，但它不导电。交流接触器投入时，应一次性完成，不应有跳跃。灯泡发光均匀没有闪烁。

五、带变频器控制柜回路的试验

（1）空载调试时，变频器输出端所带负载用灯泡代替电机；压力信号用电位器信号模拟；现场设备状态信号用 PLC Simulator 仿真软件强制置位/复位；机组 LCU 发来的命令信号用 PLC Simulator 仿真软件强制置位/复位；上位机发来的命令用 PLC Simulator 仿真软件强制置位/复位。

（2）点动启泵，按下功能键"F4"，可从端子控制方式切换到中文显示终端面板控制方式，按下"运行"按钮即可进入启泵状态，通过旋转导航钮可以改变变频器的输出频率。

点动完成后,按下"停机/复位"按钮可使电机停止运转。

第五节 设备检修总结、评价阶段工作及要求

一、检修总结

(1)在设备检修结束后应在规定期限内完成检修总结。

(2)设备有异动的,应及时按设备异动程序完成对异动设备图纸资料的修改并归档。

(3)与检修有关的检修文件和检修记录应按规定及时归档。

(4)由外包单位、检修公司负责的检修文件和记录,由各单位负责整理,并移交公司。

(5)根据实际的检修费用信息,统计分析各级别检修中设备检修人工、材料、备品备件、机械/特殊工器具使用、外包试验等费用情况,逐渐形成电站内部检修实物消耗量标准,为下一年度检修计划和材料、备品备件采购的申报做准备。

二、检修评价

(1)对照检修评价标准和办法,评价本次检修管理过程是否得到识别和规定、职责是否明确、程序是否得到执行、实施过程是否有效、目标是否实现。

(2)对本次检修涉及的质量、安全、环境保护等是否达到预定要求进行评价,肯定检修工作中的成绩和亮点,找出问题和不足,提出以后改进的要求。

(3)通过检查、对比、验证等方式,对检修目标、进度、安全、质量、费用、现场管理、技术监督管理等检修管理过程进行评分,对不合格(不符合)的,应制订纠正和预防措施,并跟踪实施和改进。

第十五章 西霞院工程厂房排水系统控制设备检修维护技术

本章主要阐述了西霞院工程厂房排水系统控制设备的设备技术规范、检修标准项目、检修前的准备、检修工艺及要求、试运行和验收、总结和评价等方面的内容。

第一节 设备主要技术规范

一、渗漏排水系统

(一)渗漏排水系统控制设备

(1)渗漏排水系统控制屏,布置在 122.6 m 高程,该屏内主要布置有 1#、2#、3#离心泵主回路控制设备。

(2)1#、2#、3#深井泵,3 台,布置在 114.6 m 高程,功率为 55 kW/台,电压等级 AC 380 V。

(3)静压式液位计,2 个。

(4)示流信号器,3 个。

(5)电磁阀,3 个。

(二)渗漏排水系统自动化元件组成

渗漏排水控制屏主要包括以下电气元件:MB+分支器、空气开关、加热器、温湿度控制器、热继电器、电流互感器、电压变送器、电流变送器、接触器及其辅助模块、断路器、继电器、三位置切换开关、液晶触摸屏、CPU 模件、PSY 电源模件、24 V 开关电源、隔离变、按钮及带灯按钮、指示灯。

(三)台深井泵的参数

1. 功率和电压等级

功率:55 kW。

电压等级:AC 380 V。

2. 渗漏排水控制屏 PLC 配置

选用法国 Schneider 公司生产的 Unity Premium 系列的 PLC。

3. CPU 模件

CPU 选用 TSXP57104M 型,其支持离散量 I/O 通道数为 512;模拟量 I/O 通道数为 24;存储器容量为 96 KB。

4. I/O 模件

渗漏排水泵控制屏:开关量输入模件选用 TSXDEY32D2K 型,其为 32 点输入模件,24 V DC;开关量输出模件选用 TSXDSY32T2K 型,其为 32 点输入模件,24 V DC;模拟量

输入模块选用 TSXAEY1600 型,其为 16 点输入模块,10 V,20 mA;模拟量输出模块选用
TSXASY410 型,其为 4 点输出,信号为 0~20 mA,4~20 mA。

5. PLC 通信

在 CPU 模件中,插入一块 PCMCIA 通信卡,以实现循环供水系统、备用水源供水系
统、机组渗漏排水系统及渗漏排水系统之间的通信;各个系统 PLC 的通信采用 MB+通信
协议,配置 1 块 Modbus Plus PCMCIA 卡以及相应的 MB+接口设备实现通信。

6. 启动方式

3 台泵都是接触器直接启动方式来实现泵的启停。

7. 显示设备

采用法国 Schneider 公司生产的 5.7″ STN 触摸屏作为显示设备,在每套触摸屏中均
配置了 1 块 MB+通信卡,实现 MB+通信。

(四)渗漏排水系统控制方式

(1)渗漏排水泵 1#、2#、3#泵操作方式分为"手动/自动/就地"三种操作方式。

①"自动"控制方式下,水泵根据渗漏排水泵房集水井内的静压式液位计自动控制水
泵的启停。

②"手动操作"由 PLC 通过现地控制屏上按钮完成。

③"就地"操作在渗漏排水泵房就地控制箱上实现。

(2)电机直接启动,三台电机一主二备,采用 PLC 控制方式。控制屏上设有 5.7″液晶
触摸屏,显示实时水位信号、电流、电压信号。

(3)通信方式:与公用系统通信采用 MB+方式通信。

(4)集水井中的水位以 4~20 mA 模拟量信号由控制屏引至公用 LCU,集水井水位过
高报警信号以开关量形式引至公用 LCU。

二、顶盖排水系统

(一)顶盖排水系统控制设备

(1)顶盖排水系统控制箱,布置在 114.6 m 高程,该屏内主要布置有 1#、2#顶盖排水
泵主回路控制设备。

(2)1#、2 顶盖排水泵,2 台,布置在水轮机机坑内,电压等级 AC 380 V。

(3)顶盖水位浮子 1 个。

(二)顶盖排水系统自动化元件组成

顶盖排水控制箱主要包括以下电气元件:继电器、转换开关、断路器、热继电器、接触
器、可编程控制器、指示灯。

(三)顶盖排水系统控制方式

顶盖排水泵转换开关有"手动/自动/切除"三种选择方式。

(1)当切"手动"时,顶盖排水泵就会启动。

(2)当切"自动"时,顶盖排水泵根据顶盖内的水位变化自动启动。

(3)当切"切除"时,顶盖排水泵不会启动。

顶盖排水泵浮子开关的动作原理如图 15-1 所示。

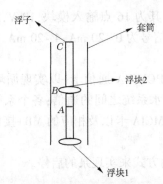

图 15-1　顶盖排水泵浮子开关的动作原理

该浮子开关共有 2 个浮块,3 个接点。当浮块 1 随着水位上升到达 A 点时,主用泵启动;若水位继续上升至 B 点时,浮块 2 动作,同时备用泵启动;当浮块 2 上升到 C 点时,则会有报警信号报出,事故停机。

由于浮块和浮子套筒内壁较小,因而顶盖排水定期检修时应清除套筒内壁的泥沙,防止泥沙卡塞浮子,造成泵无法启动。

重新安装浮子时,应注意浮子和套筒都要垂直安装,防止水位上升时套筒内壁卡住浮块。

三、检修排水控制系统(6#、7#泵)

(一)检修排水系统控制设备

(1)检修排水系统 PLC 控制柜,布置在 122.6 m 高程,该屏内主要布置有 6#、7#离心泵 PLC 控制回路。

(2)检修排水系统软启动控制柜,布置在 122.6 m 高程,该屏内主要布置有 6#、7#离心泵动力回路。

(3)6#、7#离心泵,2 台,布置在 95.5 m 高程,功率为 132 kW/台,电压等级 AC 380 V。

(4)电磁阀,4 个。

(二)检修排水系统(6#、7#泵)自动化元件组成

检修排水 PLC 控制柜主要包括以下电气元件:电源模块、液晶触摸屏、保险、指示灯、CPU、开关量输入模块、开关量输出模块、模拟量输入模块、模拟量输出模块、控制变压器、空气开关、加热器、温湿度传感器、风扇、声音报警器、继电器、插座。

检修排水软启动控制柜主要包括以下电气元件:断路器、空气开关、软启动器、保险、指示灯、零序电流互感器、电流变送器、加热器、温湿度传感器、风扇、声音报警器、继电器、插座、控制变压器、继电器。

1. 2 台离心泵参数

功率:132 kW。

电压等级:AC 380 V。

2. 检修排水 PLC 控制柜 PLC 配置

选用法国 Schneider 公司生产的 Unity Premium 系列的 PLC。

3. CPU 模件

CPU 选用 TSXP573634M 型,其支持离散量 I/O 通道数为 1024;模拟量 I/O 通道数为

128;存储器容量为 192 KB。

4. I/O 模件

检修排水 PLC 控制柜:开关量输入模件选用 TSXDEY32D2K 型,其为 32 点输入模件,24 V DC;开关量输出模件选用 TSXDSY32T2K 型,其为 32 点输入模件,24 V DC;模拟量输入模块选用 TSXAEY1600 型,其为 16 点输入模块,10 V,20 mA;模拟量输出模块选用 TSXASY800 型,其为 8 点输出模块,24 V DC,信号为 0~20 mA,4~20 mA,±10 V。

5. 启动方式

2 台泵都是通过软启动器来实现泵的启停。

6. 显示设备

采用法国 Schneider 公司生产的 5.7″ STN 触摸屏作为显示设备。

(三)检修排水系统控制方式

检修排水泵 6#、7# 泵操作方式分为"手动""自动"两种操作方式。

(1)"自动"控制方式下水泵根据检修排干管廊道内的压力变送器自动控制水泵的启停。

(2)"手动操作"由 PLC 通过现地控制屏上按钮完成。

电机由软启动器启动和接触器直接启动,采用 PLC 控制方式。

第二节　检修标准项目、要求和检修周期

一、定期巡检项目、要求和周期

一般性巡检项目见表 15-1 所示。

表 15-1　一般性巡检项目

序号	巡检项目	巡检要求	巡检周期
1	盘柜各指示灯	设备不停电、不影响设备正常运行;指示灯显示正确,无故障	1 周
2	盘柜孔洞	设备不停电、不影响设备正常运行;盘柜孔洞封堵完好	1 周
3	电动执行装置	设备不停电、不影响设备正常运行;干净整洁,无故障	1 周

二、C 级检修项目、要求和周期

西霞院工程厂房排水系统 C 级检修跟随机组 C 级检修,一年一次。C 级检修是在停电的情况下,或相关设备已退出运行的情况下进行的停电的操作,必须断掉控制柜电源,即把进控制柜的电源开关 QF 断掉。

厂房排水系统 C 级检修项目见表 15-2。

表 15-2　厂房排水系统 C 级检修项目

序号	检修项目	检修要求	检修周期
1	厂房排水控制系统盘柜卫生清扫、盘柜孔洞封堵	盘柜、盘柜内元器件干净、整洁;盘柜孔洞封堵完好	12 个月
2	厂房排水控制系统所属电气元器件检查、端子紧固	盘柜内电气元器件、把手、按钮、指示灯等正常,端子紧固	12 个月
3	厂房排水控制系统各电源、控制、反馈回路功能检查	所有泵启停正常,所有阀门开关正常,各信号反馈正确	12 个月

三、临时检修

凡发生危及设备正常安全运行的情况而导致西霞院工程厂房排水控制系统出现异常情况或事故的项目,均可使厂房排水系统进行临时检修。

第三节　设备检修工序及要求

一、检修前的准备要求

厂房排水控制系统检修前,要求做到以下几点:
(1)明确检修人员及其职责。
(2)准备好检修所需的工器具和材料。
(3)准备好工作票和操作票,安全措施已做好且必须符合现场实际需要。
(4)准备好检修工作所需的标准化作业指导书。

二、设备检修阶段的工作和要求

检修设备:万用表、短接线、螺丝刀、尖嘴钳、斜口钳、绝缘胶布。
检修前进行安全检查,确保设备不带电。

三、元器件检修

(一)接触器检修

(1)接点无严重烧损,三相主接点应同时接触。
(2)线圈和各接点应固定牢固,不应有变色或过热现象。
(3)铁芯端正,铁芯与铁芯的接触面应端正,软启动器在正常电压无严重响声。
(4)每次检修,应用干燥压缩空气吹净接触器上堆积的灰尘,并用刷子蘸汽油刷净铁芯板面和触点的污垢,接触器的有机玻璃及透明塑料部分禁止接触汽油。
(5)检查交流接触器铁芯短路环无过热断裂现象,当裂缝时应更换铁芯或短路环。
(6)检查动静接触面应安装端正,否则要进行调整。

(7)检查铁芯系统动作灵活,对所有转轴应加入机油。

(8)用 500 V 摇表检查线圈电阻在 1 MΩ 以上,并无过热现象。

(9)检查触头无过热变色,触点焊锡牢固,无严重烧毛,当烧毛时可用锉刀修整,但禁止用砂布打磨。

(10)检查触头开距、超行程、压力等符合说明书要求,无说明书可按规程规定,当不合要求时应调整,必要时更换。

(二)互感器与隔离变的检查

互感器和隔离变的接线应与图相符,极性和变化应正确,变比整定插头接触良好,螺丝应紧固。

(三)PLC 检查

PLC 电源指示灯应正常,与上位机通信应正常,开入、开出、模入、模出的指示灯显示应和实际情况相符合,触摸屏画面各电气设备状态应和现地设备状态相一致。

(四)集水井浮子开关检查

浮子应完整无损,无严重泥污和锈蚀现象。在水位发生变化的整个过程中,浮子应动作灵敏,不应有发卡现象。

(五)变压器的检查

变压器的接线应与图相符,极性和变比应正确,变比整定插头接触良好,螺丝应紧固。

(六)压力变送器的检查

检查压力变送器测压管路是否堵塞,接线端子是否牢固,有无氧化或接触不良现象。

(七)软启动器故障

1.不能被复位的故障

软启动器不能被复位的故障见表15-3。当此类故障出现时,软启动器锁锭,电机转为自由停车模式。显示屏幕上故障代码闪烁。

表 15-3　软启动器不能被复位的故障

故障显示	可能原因	处理方法
I n F	内部故障	断开控制电源后,再重新连上,如故障仍然存在,应联系厂家处理
D C F	过电流:启动器输出短路,内部短路,旁路接触器粘连,超过启动器额定值	关闭启动器电源;检查连接电缆和电机隔离;检查晶闸管;检查旁路接触器(触电粘连);检查菜单 drC 中参数 bSt 的值
P I F	相序颠倒:电源颠倒相不符合 Protection 菜单中 PHr 参数的选择	倒换两相线或设置 PHr=no
E E F	内部存储故障	断开控制电源后再重新连上。如果故障仍然存在,应联系厂家处理

2. 故障原因一消失即可被复位的故障

软启动器消失即可被复位的故障见表15-4。当此类故障出现时,软启动器锁锭,电机转为自由停车模式。只要故障依然存在,显示屏幕上故障代码就会一直闪烁。

表 15-4　软启动器消失即可被复位的故障

故障显示	可能原因	处理方法
C F F	通电时无效配置	在高级设定菜单 drC 中返回出厂设定值;重新配置软启动器
C F I	无效配置,通过串口载入软启动器的配置与之不兼容	检查前一次载入的配置;载入兼容的配置

3. 可以被复位并能使软启动器自动重新启动的故障

软启动器可以被复位并能使软启动器自动重新启动的故障见表15-5。当此类故障出现时,软启动器锁锭,电机转为自由停车模式。只要故障依然存在,显示屏幕上故障代码就会一直闪烁。此类故障可以进行 5 次重启动尝试,每次间隔 60 s,如果在第六次尝试时故障依然存在,则将称为不可被复位的故障。

表 15-5　软启动器可以被复位并能使软启动器自动重新启动的故障

故障显示	可能原因	处理方法
P H F	电源缺相,电机缺相,如果电机某一相电流降至可调整的阀值 PHL 以下超过 0.5 s 或三相均降至该阈值以下超过 0.2 s。次故障可在保护菜单 Pro 中的 PHL 参数进行配置	检查电源、软启动器连接以及所有处于电源和软启动器之间的隔离设备(接触器、熔断器、断路器等),检查电机连接以及所有处于电机和软启动器之间的隔离设备(接触器、熔断器、断路器等);检查电机状态/检查 PHL 参数配置是否与所使用的电源匹配
F r F	电源频率超出允许范围,此类故障可以在 Advanced settings(高级设定)菜单 drC 中 FrC 参数进行配置	检查电源;检查 FrC 参数的配置是否与所用的电源匹配
U S F	有运行命令时动力电源故障	检查动力电源电路和电压
C L F	控制线路故障	CL1、CL2 缺失超过 200 ms

4. 可以被手动复位的故障

软启动器可以被手动复位的故障见表15-6。当此类故障出现时,软启动器锁锭,电机转为自由停车模式。只要故障依然存在,显示屏幕上故障代码就会一直闪烁。

表 15-6　软启动器可以被手动复位的故障

故障显示	可能原因	处理方法
S L F	串口故障	检查 RS485 连接
E E F	外部故障	检查外部线路连接
S E F	启动时间过长	检查机械(磨损情况、机械间隙、润滑、阻塞等);检查 PrO 菜单中的 tLS 参数设定值;检查与机械要求相关的启动器–电机选型
O L C	电机过载	检查机械(磨损情况、机械间隙、润滑、阻塞等);检查 PrO 菜单中的 LOC 和 tOL 参数设定值
O L F	电机热故障	检查机械(磨损情况、机械间隙、润滑、阻塞等);检查与机械要求相关的启动器–电机选型/检查 PrO 菜单中的 tHP 参数设定值和 Set 菜单中的 In 参数设定值;检查电机的电气隔离/等待电机冷却下来后再重新启动
D E F	由 PTC 传感器检测到的电机热故障	检查机械(磨损情况、机械间隙、润滑、阻塞等);检查与机械要求相关的启动器–电机选型/检查 PrO 菜单中的 PtC 参数设定值/等待电机冷却下来后再重新启动
U L F	电机欠载	检查液压回路;检查 PrO 菜单中的 LUL 和 tUL 参数设定值
L r F	稳定状态下转子锁锭,此类故障仅在有软启旁路接触器的稳定状态下有效。如果某一相电流大于或等于 5 I 并超过 0.2 s 就将检测到这一故障	检查机械(磨损情况、机械间隙、润滑、阻塞等)

四、常见故障处理

(一)检修渗漏排水泵在开机过程中不会自启动

(1)检查控制屏电源是否正常。

(2)检查泵的控制方式是否在"远方"位置。

(3)检查控制屏的"故障"灯是否亮起。

(4)检查泵的软启动器指示是否正常。

(5)若监控已发投启动渗漏排水水泵的命令,泵的润滑水示流信号一直未返回,则检查润滑水电磁阀。

(6)检查机组检修渗漏排水的进口阀和出口阀状态是否正确。

(二)远方操作阀门拒动

(1)检查阀门的控制方式是否在"远方"位置。

(2)检查阀门的动力电源是否已送。

(3)检查阀门电动装置上"L4""L5"灯是否亮起。

(4)检查 PLC 开出继电器是否已动作,若没动作,说明 PLC 没收到命令,则检查 MB+通信是否正常。

(三)现地操作阀门拒动

(1)检查阀门的控制方式是否在"现地"位置。

(2)检查阀门的动力电源是否已送。

(3)检查阀门电动头接线是否有松动。

(4)检查阀门电动头内部电路板是否有烧焦的现象。

(5)测量阀门电机相对相电阻是否对称,若不对称,说明电机损坏,需要更换电机。

(四)阀门状态返回异常

(1)检查控制柜阀门状态信号线接线是否松动。

(2)检查阀门是否开关到位,阀门本体上的"全开""全关"灯是否亮起。

(3)检查阀门电动头接线是否松动或损坏。

(4)检查信号回路电源是否正常。

(五)顶盖排水泵不会自动启动

(1)检查控制箱电源是否正常。

(2)检查泵的控制方式是否在"远方"位置。

(3)检查控制屏的"故障"灯是否亮起。

(4)检查机组顶盖排水的进口阀和出口阀状态是否正确。

(六)顶盖排水泵控制箱内电源跳开

(1)检查顶盖排水泵三相电源是否有缺相。

(2)检查电机的电阻值是否正常。

(3)检查顶盖排水泵控制回路中是否有短路或接地现象。

第四节　设备启动、试运行阶段工作及要求

一、试验器具

万用表、螺丝刀、短接线、尖口钳、斜口钳、绝缘胶布、对讲机。

二、通电动作试验的一般要求

(1)经大修、小修或自动回路改变的盘柜,当作业完成以后必须按规程进行回路的动作试验。

(2)检查保护与自动回路的动作情况,应按照现场图纸进行,尽可能与正常操作方式相同,在条件不允许时,可用短路接点的方法来完成。

(3)试验回路时,不得凭记忆进行短路或拆掉任意回路,应接结线图进行,并将变更的回路记入在试验记录上,以便恢复。

三、带软启动器控制柜回路的试验

(1)控制柜回路的试验是在不带负载的情况下进行的,即从热继电器负荷侧把电机的三相电源接头拆下,并用绝缘胶带包好,以防和周围带电的部位接触,即用星形接法功率均等的灯泡代替。灯泡功率在 40 W 或 60 W 为宜。

(2)手动启动合闸回路,有预润滑控制部分的,这时电磁阀应工作,不应有发卡现象,随即软启动器工作,灯泡应均匀地由红变亮。等软启动器建立全电压后,旁路交流接触器闭合,所有的电流将通过接触器,软启动器虽然还带电,但它不导电。交流接触器投入时,应一次性完成,不应有跳跃。灯泡发光均匀,没有闪烁。

四、试验过程

(1)盘柜送电前,检查电源回路不应有接地、短路。
(2)送电后,测量电压等级是否符合要求。
(3)阀门试验应先手动现地操作,检查是否正确动作,全开信号和全关信号是否反馈正确,有无过力矩信号。再在盘柜上操作,最后上位机操作。
(4)试验泵时,应先点动,确保泵正转;再在带负荷情况下试验。

第五节　设备检修总结、评价阶段工作及要求

一、检修总结

(1)在设备检修结束后应在规定期限内完成检修总结。
(2)设备有异动的应及时按设备异动程序完成对异动设备图纸资料的修改并整理设备台账。
(3)与检修有关的检修文件和检修记录应按规定及时整理设备台账。
(4)由外包单位、检修公司负责的检修文件和记录,由各单位负责整理,并移交开发公司。
(5)根据实际的检修费用信息,统计分析各级别检修中设备检修人工、材料、备品备件、机械/特殊工器具使用、外包试验等费用情况,逐渐形成电站内部检修实物消耗量标准,为下一年度检修计划和材料、备品备件采购的申报做准备。

二、检修评价

(1)对照检修评价标准和办法,评价本次检修管理过程是否得到识别和规定、职责是否明确、程序是否得到执行、实施过程是否有效、目标是否实现。
(2)对本次检修涉及的质量、安全、环境保护等是否达到预定要求进行评价,肯定检修工作中的成绩和亮点,找出问题和不足,提出以后改进的要求。
(3)通过检查、对比、验证等方式,对检修目标、进度、安全、质量、费用、现场管理、技术监督管理等检修管理过程进行评分,对不合格的,应制订纠正和预防措施,并跟踪实施和改进。

第十六章　西霞院工程水轮发电机组测量系统设备检修维护技术

本章主要阐述了西霞院工程水轮发电机组测量设备(设施、系统)技术规范、检修标准项目、检修前的准备、检修工序及要求、试运行和验收、检修总结和评价等方面的内容。

第一节　设备技术规范

一、设备概述

水轮发电机组测量系统主要由水轮发电机组温度流量测量屏和测温电阻、压力传感器等相关自动化元件组成。温度流量测量屏上装有 12 只数字温度控制器和 1 套抽电流保护器,1 套齿盘测速装置、1 套流量水头效率检测装置,冷却水流量显示仪和有功功率变送器等设备。

(一)温度控制器

温度控制器采用德国 ELOTECH 生产的 A1200-0-2-SGI1-1 型温度控制器。用来检测水轮发电机组各部轴承瓦温度和发电机空冷器冷热风温度。发电机各部共使用 9 个温度控制器(其中推力轴承 3 个、下导 2 个、水导 2 个、水导油槽 1 个、空冷器 2 个)。各温度控制器输出温度高报警信号和温度过高停机信号至水机保护或机组计算机监控系统。

(二)轴电流保护器

采用哈尔滨哈控实业有限公司生产的 FZD-Ⅲ 型轴电流检测装置,用来监视机组轴电流大小。当轴电流超过规定值时,发出报警信号。

(三)流量水头效率检测装置

采用西安江河电站技术开发公司生产的 LSX-1 流量水头效率监测仪,配套使用差压变送器和测量发电机有功功率变送器(ETP30),用来计算并切换显示瞬时流量、工作水头、效率和累计流量,并输出各参数的标准模拟量信号。

(四)齿盘测速装置

采用 SPCT1-3/6 型转速测控仪,接入两路齿盘测速传感器信号,用来监测机组转速,并发出各挡相应的转速开关量信号,供机组开机、并网、制动及过速保护等控制使用。共输出 14 路开关量信号。

(五)机组冷却水流量显示仪

采用 Burkert 生产 FLOW:8020-FPM-PUDF-HALL-LONG 型流量显示仪,用来监测显示机组总冷却水出口流量,同时可输出 4~20 mA 模拟量信号。

二、测量元器件及参数

测量元器件见表16-1。

表16-1　测量元器件

序号	名称及型号	数量	技术特性	安装位置及用途	厂家
1	压力变送器 PMC41-RG21M2J1R1	1	测量范围:0~0.25 MPa。 过程连接:G1/2A(外螺纹)。 带数字显示,显示单位:MPa。 精度:0.2%。 电源:DC 24 V。 输出:4~20 mA。 防护等级:IP65	垂直安装于水机仪表盘; 测蜗壳进口压力	德国 Endness+ Hauser
2	压力变送器 PMC41-RG25 M2J1R1	1	测量范围:-0.1~0.15 MPa。 过程连接:G1/2A(外螺纹)。 带数字显示,显示单位:MPa。 精度:0.2%。 电源:DC 24 V。 输出:4~20 mA。 防护等级:IP65	垂直安装于水机仪表盘,测尾水管进口真空压力	德国 Endness+ Hauser
3	压力变送器 PMC41-RG21M2J1R1	1	测量范围:0~0.15 MPa。 过程连接:G1/2A(外螺纹)。 带数字显示,显示单位:MPa。 精度:0.2%。 电源:DC 24 V。 输出:4~20 mA。 防护等级:IP65	垂直安装于水机仪表盘,测尾水管出口压力	德国 Endness+ Hauser

续表 16-1

序号	名称及型号	数量	技术特性	安装位置及用途	厂家
4	压力变送器 IDP10-A22D21F-M2	2	测量范围:0~0.25 MPa。最大静压:0.25 MPa。过程连接:1/2NPT(内螺纹)。带 LCD 显示,显示单位:MPa。精度:0.25%。电源:DC 24 V。输出:4~20 mA。防护等级:IP66	垂直安装于水机仪表盘,测水轮机净水头差压	德国 FOXBORO
5	压力变送器 IDP10-A22B21F-M2	1	测量范围:0~10 kPa。最大静压:0.25 MPa。过程连接:G1/2A(外螺纹)。带数字显示,显示单位:kPa。精度:0.25%。电源:DC 24 V。输出:4~20 mA。防护等级:IP66	垂直安装于水机仪表盘,测水轮机过机流量	德国 FOXBORO
6	压力变送器 PR-23S	1	测量范围:0~50 kPa。过程连接:G1/2A″(外螺纹)。精度:0.25%。电源:DC 24 V。输出:4~20 mA。频率响应:5 kHz。防护等级:IP65	测尾水管压力脉动	瑞士 KELLER
7	接近开关 NI8-M18-AN6X	2	M18×1 圆柱螺纹铜镀铬	齿盘测速传感器,接入 SPCT1-3/6 转速测控仪	德国 TURCK
8	测温电阻 S08Pt100-160-25-3233/C03K500	2	外径 ϕ 8,探头总长:160 mm,A 级芯片,双支,三线制,活动卡套螺纹连接,铠装丝延伸保护,铠装丝长度 500 mm,导线长度 25 m,"O"形端子(双出)	测量下导轴承瓦温,双出:一送机组 LCU,另一送温度流量测量屏	深圳 泰士特

续表 16-1

序号	名称及型号	数量	技术特性	安装位置及用途	厂家
9	测温电阻 S08Pt100-160-25-3133/C03K500	2	外径 φ 8,探头总长:160 mm,A 级芯片,三线制,活动卡套螺纹连接,铠装丝延伸保护,铠装丝长度 500 mm,导线长度 25 m,"O"形端子	测量推力下导油槽油温,送机组 LCU	深圳泰士特
10	测温电阻 S08Pt100-160-25-3133/C03K500	20	外径 φ 8,探头总长:160 mm,A 级芯片,三线制,活动卡套螺纹连接,铠装丝延伸保护,铠装丝长度 500 mm,导线长度 25 m,"O"形端子(单出)	测量下导轴承瓦温,送机组 LCU	深圳泰士特
11	测温电阻 S08Pt100-100-20-3233/Y01K500	2	外径 φ 8,探头总长:100 mm,A 级芯片,双支,三线制,活动卡套螺纹连接,铠装丝延伸保护,铠装丝长度 500 mm,导线长度 20 m,"O"形端子(双出)	测量推力轴承瓦温,双出:一送机组 LCU,另一送温度流量测量屏	深圳泰士特
12	测温电阻 S08Pt100-100-20-3133/Y01K500	14	外径 φ 8,探头总长:100 mm,A 级芯片,三线制,活动卡套螺纹连接,铠装丝延伸保护,铠装丝长度 500 mm,导线长度 20 m,"O"形端子(单出)	测量推力轴承瓦温,送机组 LCU	深圳泰士特
13	测温电阻 F06Pt100-300-25-3110/K07	10	外径 φ 6,探头总长:300 mm,A 级芯片,三线制,活动卡套螺纹连接,球形接线盒结构,导线长度 25 m,针型端子(单出)	测量水导轴承瓦温,送机组 LCU	深圳泰士特
14	测温电阻 F06Pt100-300-25-3210/K07	2	外径 φ 6,探头总长:300 mm,A 级芯片,双支,三线制,活动卡套螺纹连接,球形接线盒,导线长度 25 m,针型端子(双出)	测量水导轴承瓦温,双出:一送机组 LCU,另一送温度流量测量屏	深圳泰士特

续表 16-1

序号	名称及型号	数量	技术特性	安装位置及用途	厂家
15	测温电阻 F06Pt100-300-25-3110/K07	1	外径 ϕ 6,探头总长:300 mm,A 级芯片,三线制,活动卡套螺纹连接,球形接线盒结构,导线长度 25 m,针型端子	测量水导油槽油温,送机组 LCU	深圳泰士特
16	测温电阻 F06Pt100-240-25-3110/K07	1	外径 ϕ 6,探头总长:240 mm,A 级芯片,三线制,活动卡套螺纹连接,球形接线盒结构,导线长度 25 m,针型端子	测量水导油槽油温,送机组 LCU	深圳泰士特
17	测温电阻 F08Pt100-150-25-3210/B04	4	外径 ϕ 8,探头总长:150 mm,A 级芯片,双支,三线制,活动卡套螺纹连接,球形接线盒,导线长度 25 m,针型端子(双出)	测量空冷器冷热风温度,双出:一送机组 LCU,另一送温度流量测量屏	深圳泰士特
18	测温电阻 F08Pt100-150-25-3110/B08	12	外径 ϕ 8,探头总长:150 mm,A 级芯片,三线制,活动卡套螺纹连接,方形连接器结构,导线长度 25 m,针型端子(单出)	测量空冷器冷热风温度,送机组 LCU	深圳泰士特

A1200 温度控制仪定值见表 16-2。

表 16-2　A1200 温度控制仪定值

定值	推力轴承	下导轴承	水导轴承	空冷器热风	空冷器冷风
偏高	55 ℃	65 ℃	65 ℃	75 ℃	40 ℃
过高	60 ℃	75 ℃	70 ℃	80 ℃	45 ℃

齿盘测速装置定值见表 16-3。

表 16-3　齿盘测速装置定值

接点	R0	R1	R2	R3	R4	R5	R6
设定值	≥95%	≥90%	≤60%	≤35%	≤10%	≤5%	≤0%
接点	R7	R8	R9	R10	R11	R12	R13
设定值	—	≥115%	≥153%	≤10%	≤0%	≤0%	≤10%

第二节　设备检修项目和要求、检修周期

一、检修项目和要求

(一)巡检项目

巡检项目见表 16-4。

表 16-4　巡检项目

序号	项目	要求
1	温度流量测量屏显示	A1200 各温度数值显示正常无报警、轴电流正常,齿盘测速装置显示正常
2	计算机监控系统查看各部油温瓦温	各油温、瓦温显示正常
3	查看传感器	查看各传感器工作正常
4	卫生检查	温度流量测量屏内外清洁、无明显积灰,传感器无明显积灰

(二)C 级检修项目

水轮发电机组测量系统 C 级检修项目见表 16-5。

表 16-5　水轮发电机组测量系统 C 级检修项目

序号	质量控制项目	质量标准
1	清扫检查	清扫干净无尘土、孔洞封堵标准
2	盘柜端子紧固	端子紧固无松动
3	电源回路检查	电压正常、绝缘合格
4	温度流量测量屏内元器件检查	盘柜内电气元器件正常,触摸屏显示正常
5	测量元器件检查	工作正常,数据正确

(三) A 级检修项目

水轮发电机组测量系统 A 级检修项目见表 16-6。

表 16-6　水轮发电机组测量系统 A 级检修项目

序号	质量控制项目	质量标准
1	所有 C 级检修项目	见 C 级检修质量标准
2	屏内元器件检查校验	显示正常,校验合格
3	屏内表计参数设置检查	参数设置正确
4	测量元器件检查校验	传感器工作正常,校验合格
5	温度流量测量屏外送信号传动	传动正常,动作正确可靠

二、检修周期

巡回检查项目为每周一次。C 级检修为一年一次。A 级检修为六年至十年一次。

第三节　设备检修工序及技术要求

一、检修前准备(开工条件)

(1)检修计划和工期已确定,检修计划已考虑非标准项目,电网调度已批准检修计划。

(2)上述检修项目所需的材料、备品备件已到位。

(3)检修所用工器具(包括安全工器具)已检测和试验合格。

(4)检修外包单位已到位,已进行检修工作技术交底、安全交底。

(5)检修单位在机组停机检修前对设备做全面检查和试验。根据其存在的缺陷、需改造的项目等准备好必要的专用工具、备品备件、技术措施、安全措施及检修场地。

(6)特种设备检测符合要求。涉及重要设备吊装的起重设备、吊具完成检查和试验。特种作业人员(包括外包单位特种作业人员)符合作业资质的要求。

(7)检修所用的作业指导书已编写、审批完成,有关图纸、记录和验收表单齐全,已组织检修人员对作业指导书、施工方案进行学习、培训。

(8)检修环境符合设备的要求(如温度、湿度、清洁度等)。

(9)已组织检修人员识别检修中可能发生的风险和环境污染因素,并采取相应的预防措施。

(10)已制定检修定置图,规定了有关部件检修期间存放位置、防护措施。已准备好检修中产生的各类废弃物的收集、存放设施。已制定安全文明生产的要求。

(11)必要时,组织检修负责人对设备、设施检修前的运行状态进行确认。

二、设备解体阶段的工作和要求

(一)盘柜做好防护工作

检修期间应使用干净的塑料布将温度流量测量屏整体防护,检修期间因检修工作可以临时打开防护,在工作结束后应立即恢复防护。

(二)拆除的设备

(1)温度流量测量屏内表计拆除校验,做好接线标记。

(2)齿盘测速传感器,做好安装标记、接线标记。

(3)测压元器件拆除校验,做好安装标记、接线标记。

(4)测温元器件拆除检查,拔下的插头注意做好防护,做好安装标记、接线标记。

(三)工作要求

设备解体整个过程中,应有详尽的技术检验和技术记录,字迹清晰、数据真实、测量分析准确,所有记录应做到完整、简明、实用。

三、设备检修阶段工作及要求

(一)温度流量测量屏清扫检查

(1)清扫温度流量测量屏。用吹风机和擦布对设备进行全部清扫,使机柜内整洁干净无灰尘。

(2)检查温度流量测量屏内部器件有无破损、过热等异常现象。

(3)检查温度流量测量屏内封堵情况正常。

(二)端子紧固及接线检查

检查端子内部外部接线无松动,用小螺丝刀将温度流量测量屏接线端子紧固,同时检查接线可靠无松脱。

(三)温度流量测量屏内表计校验

校验所有 A1200 温度控制器。

(四)测压元器件检查校验

所有测压元器件均应校验,校验时注意设备接线正确。

(五)测温元器件检查

检查所有测温元器件。注意检查测温电阻本体及引出线是否完好。

(六)工作要求

设备检修整个过程中,应有详尽的技术检验和技术记录,字迹清晰、数据真实、测量分析准确,所有记录应做到完整、简明、实用。

四、复装、调整、验收阶段工作及要求

(一)温度流量测量屏复装检查

温度流量测量屏内干净整洁、无尘土,孔洞封堵规范,端子紧固无松动。

（二）表计复装检查

检查温度流量测量屏内所有表计复装完成，接线正确无松动，所有表计校验合格，不合格设备应采用合格备件进行更换。

（三）测压元器件复装检查

检查所有测压元器件回装完毕并符合相关标准，接线正确无松动，所有测压元器件校验合格，不合格传感器应采用合格备件进行更换并根据需要进行设置。

（四）测温元器件复装检查

检查所有测温元器件回装完毕并符合相关标准，接线正确无松动，接线及插头紧密无松动，元件本体及电缆外观完好无破损。

（五）齿盘测速传感器复装

测速传感器的安装。测速传感器与齿盘边缘距离应保持在 1~1.5 mm，并与齿盘边缘垂直，传感器接线连接正确。

（六）工作要求

设备复装、调整、验收阶段整个过程中，应有详尽的技术检验和技术记录，字迹清晰、数据真实、测量分析准确，所有记录应做到完整、简明、实用。

第四节　机组启动、试运行阶段要求

一、温度流量测量屏电源回路检查

（1）待温度流量测量屏所涉及系统检修结束后，检查机旁盘至温度流量测量屏电源开关已合闸，检查机旁直流配电屏至温度流量测量屏直流电源开关已合闸。对温度流量测量屏的电源进行检查，共包括以下电压等级：220 V AC、220 V DC、24 V DC。检查相应的电压应符合以下标准：24 V DC 电压范围为±10%，纹波系数<5%；220 V DC 电压范围为+10%~−15%，纹波系数<5%；220 V AC 电压范围为 10%~−15%。

（2）检查柜内电源回路无短路、接地等情况，合上柜内开关。确认电源模块工作正常，输出 DC 24 V 电压正常。

二、A1200 温度控制器检查

（一）显示和键盘

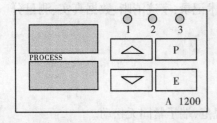

第一行显示：测量值。

第二行显示：工程单位显示，可以设定不显示。

指示灯 1：继电器 1 动作状态。

指示灯 2：继电器 2 动作状态。

指示灯 3：继电器 3 动作状态。

◻︎△ 设定参数键。

◻︎▽ 设定参数调整键(包括继电器动作值的设定)。

◻︎E 设定参数改变后,必须按"E"键确认,如未经确认,显示会明暗闪动。

◻︎P 确认和储存设定参数,按"E"键大约 2 s。

◻︎△ 按"P"键,显示原始参数设定值,参数改变后,30 s 内未按"E"键确认,传感器不接受新的设定值,显示返回测量状态。

温度控制器共有两级设定,温度控制器上电 2 s 后,控制器自动进入操作级别。

仅按"P"键可以显示已设定的动作值。

(二)操作流程图

温度操作流程如图 16-1。

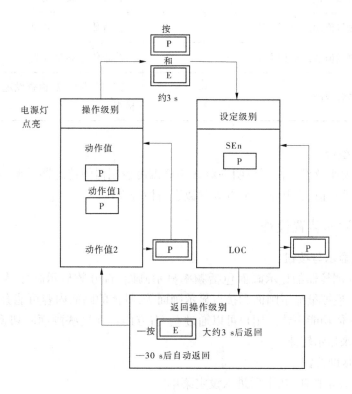

图 16-1　温度操作流程

(三)操作级别说明

(1)过程参数和设定值同时显示。

(2)在操作级别内,设定的动作值(SP1~SP3)可以通过"△"和"▽"键进行大小调整。

（3）每一步参数的调整必须按"E"键来确认。

（四）设定级别说明

（1）同时按"P"和"E"键大约 3 s 后进入设定级别。

（2）在设定级别内,传感器的量程、开关的动作方式等参数可以设定。

（五）故障信息显示

故障信息显示见表 16-7。

表 16-7　故障信息显示

显示	故障原因	解决办法
rA. Lo	测量值达到量程下限	降低量程下限
rA. Hi	测量值达到量程上限	增大量程上限
LOC	参数加锁	打开参数设定锁
Er. Hi	测量值超过量程上限	检查传感器及电缆
Er. Lo	测量值超过量程下限	检查传感器及电缆
Er. SY	系统故障	按"E"键复位,检查设定参数,由供应商检查

（六）参数检查

根据上述说明及设备使用说明书对 A1200 温度控制器的传感器类型、4~20 mA 输出设定、单位、报警定值、常开常闭节点等参数进行检查设定。

三、齿盘测速装置检查

（一）画面显示与按钮

SPCT 转速测控器的显示画面包括频率显示画面、百分数显示画面、转数显示画面、棒图显示画面、模拟量显示画面和接点显示画面等,具体的画面内容可能会因版本的不同略有不同,但大体功能一致。用户可以通过左、右方向键在这些画面间切换,也可选择自己习惯的方式来显示转速。

Help——帮助按钮。

Setup——设定按钮,按下后进入设定菜单。

Max——最大转速按钮,用来查看历史最大转速记录。

Reset——复位按钮,用来激活复位操作画面。

Pwd——口令按钮,用来激活口令设定画面。

Pri——优先级按钮,用来激活优先级设定画面。

（二）操作流程图

齿盘测速操作流程如图 16-2 所示。

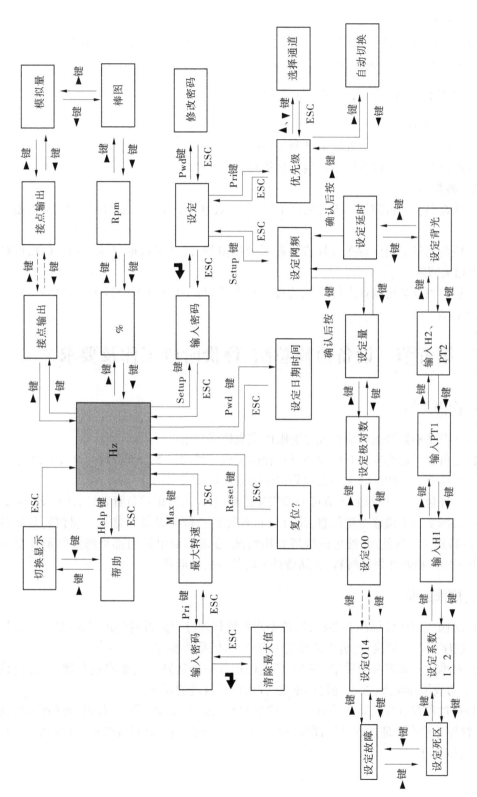

图 16-2 齿盘测速操作流程

（三）参数检查

根据上述说明及设备使用说明书对 SPCT1-3/6 转速测量装置的通道使能、测速量程、极对数及 14 个接点输出等重要参数进行检查设定。

四、温度流量测量屏内外回路检查

（一）检查条件

(1)温度流量测量屏内外设备已回装完毕。

(2)监控系统及其他附属系统接口具备测试条件。

（二）检查内容

(1)检查温度流量测量屏内各表计工作正常、数据显示正确。如数据错误，检查相关回路。

(2)检查测量系统设备送计算机监控系统模拟量、温度量数据显示正确。如数据错误，检查相关回路。

(3)检查测量系统设备送计算机监控系统开关量信号可以正确显示。如显示错误，检查相关回路。

第五节　设备检修总结、评价阶段工作及要求

一、检修总结

(1)在设备检修结束后应在规定期限内完成检修总结。

(2)设备有异动的应及时按设备异动程序完成对异动设备图纸资料的修改并归档。

(3)与检修有关的检修文件和检修记录应按规定及时归档。

(4)由外包单位、检修公司负责的检修文件和记录，由各单位负责整理，并移交公司。

(5)根据实际的检修费用信息，统计分析各级别检修中设备检修人工、材料、备品备件、机械/特殊工器具使用、外包试验等费用情况，逐渐形成电站内部检修实物消耗量标准，为下一年度检修计划和材料、备品备件采购的申报做准备。

二、检修评价

(1)对照检修评价标准和办法，评价本次检修管理过程是否得到识别和规定、职责是否明确、程序是否得到执行、实施过程是否有效、目标是否实现。

(2)对本次检修涉及的质量、安全、环境保护等是否达到预定要求进行评价，肯定检修工作中的成绩和亮点，找出问题和不足，提出以后改进的要求。

(3)通过检查、对比、验证等方式，对检修目标、进度、安全、质量、费用、现场管理、技术监督管理等检修管理过程进行评分，对不合格(不符合)的，应制订纠正和预防措施，并跟踪实施和改进。

第十七章 西霞院工程气系统控制
设备检修维护技术

本章主要阐述了西霞院工程气系统电气部分的设备特性、原理,电气控制柜的巡视、检修及维护的有关内容。

第一节 气系统控制设备配置

一、中压气系统

(一)设备概述

中压气系统控制箱由 4 个断路器、2 个急停按钮、2 个复位按钮、2 个选择开关、12 个继电器、10 个交流接触器、12 个指示灯、2 个热继电器、2 个延时头、2 个温度控制器、2 个双设定时间继电器、4 个电磁阀和 4 个压力传感器组成。

(二)中压气系统自动化元件

1. 压力信号控制器

压力信号控制器共有 4 个,分别为 1PS、2PS、3PS 和 4PS。1PS 和 3PS 安装在 $1^{\#}$ 中压储气罐上,1PS 和 2PS 分别送出 3 对接点至挂墙控制箱,用于控制空压机主用启停、备用启动和停止;3PS、4PS 用于向计算机监控系统发送储气罐压力的模拟量信号及高低压报警信号。

当储气罐压力达到 7.3 MPa 时,3PS 或 4PS 压力信号控制器送"压力高报警"至公用 LCU。

当储气罐压力达到 6.0 MPa 时,3PS 或 4PS 压力信号控制器送"压力低报警"至公用 LCU。

当储气罐压力达到 6.3 MPa 时,主用空压机启动。

当储气罐压力达到 6.1 MPa 时,备用空压机启动。

当储气罐压力达到 6.62 MPa 时,空压机自动停机。

2. 三相选择开关和线路断路器

三相选择开关安装在挂墙控制箱面板上,通过 2 个三相选择开关可以对两台空压机选定主用启动、备用启动或手动启动、停止。

线路断路器 1QF1 用于分断空压机主回路,1QF2 用于分断空压机控制回路。断路器具有过流限制保护功能,如出现温度过高和机械损坏所引起过流现象,或者是当电源异常或者其他设备工作异常时,断路器可迅速断开,从而起到保护运行设备的作用。

3. 温度控制器和指示灯

温度控制器安装在挂墙控制箱内,由一安装在空压机内的 Pt 电阻测量空压机内部温度,并送至温度控制器。当空压机温度超过设定值 270 ℃时停机,低于 120 ℃时复位,工作电压为 220 V AC。检修或检查设备,应避免直接接触本体,以防止烫伤。

指示灯安装在挂墙控制箱面板上,每台空压机各有 5 个指示灯,分别显示空压机运行、空压机 1 级报警、空压机 2 级报警、空压机内温度高报警和空压机低油位报警。

4. 继电器和接触器

(1)控制每台空压机,共有 6 个继电器,继电器意义如表 17-1 所示。

表 17-1　控制空压机的继电器意义

继电器(动作时)	具体意义
1K1	空压机故障
1K2	空压机压力 1 级报警
1K3	空压机压力 2 级报警
1K4	空压机温度高
1K5	空压机低油位
1K6	空压机启动

(2)控制每台空压机,共用 3 个接触器,接触器意义如表 17-2 所示。

表 17-2　接触器意义

接触器(动作时)	具体意义
1KM	星三角启动,先于 2KM 动作
2KM	星三角启动,1KM 断开,同时 2KM 闭合
3KM	星三角启动后始终闭合

(3)控制空压机主备用启动和空压机停止的继电器共 3 个,继电器意义如表 17-3 所示。

表 17-3　控制空压机主备用启动和空压机停止的继电器意义

继电器(动作时)	具体意义
KA1	主用空压机启动
KA2	备用空压机启动
KA3	空压机停止
KA6	主用电源投入中

5. 显示仪表的设置

1)面板说明

面板上方有 4 个指示灯,从左至右为 1 路报警指示灯、2 路报警指示灯、3 路报警指示灯、4 路报警指示灯。

面板上共有 4 个按键,从左到右依次为 Setup、▲、▼、Enter。Setup 具有参数设定键和退出键两个功能。参数的增大和减少用▲和▼调整。Enter 键为确认键。

2) XS-2100 压力变送器的设定及标定

设定时所需参数及意义如下：

H:满量程显示值;L:零点显示值。

BF:报警方式,0 为不报,1 为报警。报警状态时,B1、B2 为上限报警,B3、B4 为下限报警。这样 4 个继电器可组成双上、双下,上下不同的报警方式。

B1:上限 1 报警值;B2:上限 2 报警值;B3:下限 1 报警值;B4:下限 2 报警值;SL:输出电流的下限调整值;SH:输出电流的上限调整值;DF:报警回差值;ED:设定值的存储密码值。

设置说明如表 17-4 所示。

表 17-4 设置说明

操作键	显示	调整键	参数意义
Setup	H		变送器显示量程值
Enter	H 的具体数值	▲和▼	
Enter	L		变送器显示零点值
Enter	L 的具体数值	▲和▼	
Enter	BF		报警方式 0:不报 1:报警
Enter	BF 的具体数值	▲和▼	
Enter	B1		上限 1 报警
Enter	B1 的具体数值	▲和▼	
Enter	B2		上限 2 报警
Enter	B2 的具体数值	▲和▼	
Enter	B3		下限 1 报警
Enter	B3 的具体数值	▲和▼	
Enter	B4		下限 2 报警
Enter	B4 的具体数值	▲和▼	
Enter	P		小数点设定值 0:不设小数点。1:为一位小数点,最大可设到 3
Enter	P 的具体数值	▲和▼	
Enter	SL		4 mA 输出电流调整,通过设定此值可以调整输出电流的零点值
Enter	SL 的具体数值	▲和▼	
Enter	SH		20 mA 输出电流调整,通过设定此值可以调整输出电流的量程值
Enter	SH 的具体数值	▲和▼	
Enter	DF		只在报警方式下有作用,最小值为 2
Enter	DF 的具体数值	▲和▼	
Enter	ED		存储密码设定值,当其值为 120 时,设定的参数才有意义
Enter	ED 的具体数值	▲和▼	

3) 外部端子接线定义

J1 输入电源为 85~265 V DC(24 V DC),FG 为接大地端;J2 为 4~20 mA 电流输出;B 为继电器的常闭端子;G 为继电器公共端;K 为继电器常开端子;其中,JD1 和 JD2 是上限报警,JD3 和 JD4 为下限报警。

端子接线定义如表 17-5 所示。

表 17-5　端子接线定义

J1			J2		JD1		
AC+ (24 V DC+)	AC− (24 V DC−)	FG	IOUT+	IOUT−	K1	G1	B1
JD2			JD3		JD4		
K2	G2	B2	K3	G3	B3	K4	G4	B4

二、低压气系统

(一)设备概述

低压空压机为机电一体化结构,控制设备安装在空压机本体。控制元件由 1 个 PLC、2 个电流互感器、1 个断路器、4 个接触器、2 组 6 个熔断器、1 个紧停按钮、1 个油气温度电阻、2 个压力信号控制器、1 个卸载阀、1 个滑阀、1 个放空阀、1 个电磁阀和 1 个比例阀组成。

(二)低压气系统自动化元件

1. 压力信号控制器

压力信号控制器共有 2 个,为 1PS、2PS,分别安装在制动储气罐和工业用气储气罐上,并且向计算机监控系统发送储气罐压力的模拟量信号及高低压报警信号。

当储气罐压力达到 0.85 MPa 时,压力信号控制器送"压力高报警"至公用 LCU。

当储气罐压力达到 0.62 MPa 时,压力信号控制器送"压力低报警"至公用 LCU。

当储气罐压力达到 0.7 MPa 时,主用空压机启动。

当储气罐压力达到 0.65 MPa 时,备用空压机启动。

当储气罐压力达到 0.8 MPa 时,空压机自动停机。

2. 线路断路器

线路断路器用于分断空压机主回路和空压机控制回路。断路器具有过流限制保护功能,如出现温度过高和机械损坏所引起过流现象,或者是当电源异常或者其他设备工作异常时,断路器可迅速断开,从而起到保护运行设备的作用。

3. 温度控制器

温度控制器安装在挂墙控制箱内,由一安装在空压机内 PT 测量空压机内部温度,并送至温度控制器。当空压机温度超过设定值 102 ℃时停机,若智能温度控制器没有动作,温度继续上升,大约升至 110 ℃时,主机热敏保护开关动作,空压机随之停机。

4. 接触器

用于控制每台空压机共用 3 个接触器,接触器意义如表 17-6 所示。

表 17-6　接触器意义

接触器(动作时)	具体意义
1 KM	星三角启动,先于 2 KM 动作
2 KM	星三角启动,1 KM 断开,同时 2 KM 闭合
3 KM	星三角启动后始终闭合

5.显示仪表的设置

1)面板说明

面板上方有 4 个指示灯:从左至右为 1 路报警指示灯、2 路报警指示灯、3 路报警指示灯、4 路报警指示灯。

面板上共有 4 个按键,从左到右依次为 Setup、▲ 、▼、Enter。Setup 具有参数设定键和退出键两个功能。参数的增大和减少用▲和▼调整。Enter 键为确认键。

2)XS-2100 压力变送器的设定及标定

设定时所需参数及意义如下:

H:满量程显示值;L:零点显示值。

BF:报警方式 0 为不报,1 为报警。报警状态时,B1、B2 为上限报警,B3、B4 为下限报警。这样 4 个继电器可组成双上、双下,上下不同的报警方式。

B1:上限 1 报警值;B2:上限 2 报警值;B3:下限 1 报警值;B4:下限 2 报警值;SL:输出电流的下限调整值;SH:输出电流的上限调整值;DF:报警回差值;ED:设定值的存储密码值。

仪表设置操作键意义如表 17-7 所示。

表 17-7　仪表设置操作键意义

操作键	显示	调整键	参数意义
Setup	H		变送器显示量程值
Enter	H 的具体数值	▲和▼	
Enter	L		变送器显示零点值
Enter	L 的具体数值	▲和▼	
Enter	BF		报警方式 0:不报 1:报警
Enter	BF 的具体数值	▲和▼	
Enter	B1		上限 1 报警
Enter	B1 的具体数值	▲和▼	
Enter	B2		上限 2 报警
Enter	B2 的具体数值	▲和▼	

续表 17-7

操作键	显示	调整键	参数意义
Enter	B3		下限 1 报警
Enter	B3 的具体数值	▲和▼	
Enter	B4		下限 2 报警
Enter	B4 的具体数值	▲和▼	
Enter	P		小数点设定值 0:不设小数点。1:为一位小数点,最大可设到 3
Enter	P 的具体数值	▲和▼	
Enter	SL		4 mA 输出电流调整,通过设定此值可以调整输出电流的零点值
Enter	SL 的具体数值	▲和▼	
Enter	SH		20 mA 输出电流调整,通过设定此值可以调整输出电流的量程值
Enter	SH 的具体数值	▲和▼	
Enter	DF		只在报警方式下有作用,最小值为 2
Enter	DF 的具体数值	▲和▼	
Enter	ED		存储密码设定值,当其值为 120 时,设定的参数才有意义
Enter	ED 的具体数值	▲和▼	

3)外部端子接线定义

J1 输入电源为 85~265 V DC(24 V DC)FG 为接大地端;

J2 为 4~20 mA 电流输出;

B 为继电器的常闭端子;

G 为继电器公共端;

K 为继电器常开端子;

JD1 和 JD2 是上限报警,JD3 和 JD4 为下限报警。

端子接线定义见表 17-8。

表 17-8 端子接线定义

J1			J2		JD1		
AC+ (24 V DC+)	AC- (24 V DC-)	FG	IOUT+	IOUT-	K1	G1	B1
JD2			JD3		JD4		
K2	G2	B2	K3	G3	B3	K4	G4	B4

4) PLC I/O 信号

输入信号见表 17-9,输出信号见表 17-10。

表 17-9　输入信号

点号	具体意义
20	紧急停机
19	油气超温
18	断水指示
17	油滤堵塞
15	空滤堵塞
14	远程停止
13	远程启动
10 和 12	气罐气压(4~20 mA)
7 和 9	油气温度(PT100)
4、5、6	检修插座回路电流测量
1、2、3	主回路电流测量

表 17-10　输出信号

点号	具体意义
30	加载阀
35	排水阀
37	空压机运行
38	空压机故障
39	空压机预警

第二节　气系统(电气部分)设备检修项目和要求、检修周期

一、中压气系统

(一)一般性巡检项目

(1)检查设备表面是否清洁,否则应进行清扫。

(2)检查控制柜各指示灯是否与空压机实际运行状态一致。

(3)检查各自动化元器件接线和所有端子接线是否良好。

(4)检查各继电器及所有元器件工作情况是否与实际运行状态对应。

(5)检查各元器件是否完好,安装是否牢固,有无过热、异味和异常声音。

（二）巡检安全措施

（1）严禁做与巡检工作无关的工作。

（2）注意与高压设备保持安全距离。

（3）不动无关设备，防止出现触电。

（4）清扫设备时，一定要小心谨慎，不得用力过大，防止出现断线和损坏设备现象。

（5）清扫工具应是完全绝缘的，防止在清扫设备时出现短路和触电现象。

（6）发现设备异常时，不准擅自处理，应与运行联系，做好必要的安全措施后才能进行处理。

二、低压气系统

（一）一般性巡检项目

（1）检查设备表面是否清洁，否则应进行清扫。

（2）检查控制柜各指示灯是否与空压机实际运行状态一致。

（3）检查各自动化元器件接线和所有端子接线是否良好。

（4）检查各继电器及所有元器件工作情况是否与实际运行状态对应。

（5）检查各元器件是否完好，安装是否牢固，有无过热、异味和异常声音。

（二）巡检安全措施

（1）严禁做与巡检工作无关的工作。

（2）注意与高压设备保持安全距离。

（3）不动无关设备，防止出现触电。

（4）清扫设备时，一定要小心谨慎，不得用力过大，防止出现断线和损坏设备现象。

（5）清扫工具应是完全绝缘的，防止在清扫设备时出现短路和触电现象。

（6）发现设备异常时，不准擅自处理，应与运行联系，做好必要的安全措施后才能进行处理。

第三节　空压机系统投运前的测试试验

一、中压空压机

（一）试验目的

这个试验的目的是检验中压空压机系统的可靠性。

（二）试验条件

中压气罐与空压机之间各管路应连接良好；与本实验不相关的管路阀门应关闭；所有管路的带压测试应完成；所有电气接线的连接测试应完成。

（三）试验措施

系统缓慢加压以验证管路是否连接完好。

（四）试验步骤

（1）与机械班配合，根据英格索兰空气压缩机手册启动电机。

(2)检验压力传感器、压力仪表、延时继电器工况。

(3)校准空压机和电机工况至良好。

(4)记录电机的绝缘状态。

(5)根据用户手册和操作说明操作每一台空压机。

(6)现地自动操作空压机,检验自动操作功能。

(7)检验控制盘柜自动操作功能。

(8)检验控制系统与计算机监控系统和相关机械部分之间的联络是否完好。

(9)检验压力传感器送出信号是否动作正确。

1PS 和 2PS 压力信号控制器设置见表 17-11。

表 17-11　1PS 和 2PS 压力信号控制器设置

输出接点	执行命令	信号参数设置
JD1(G1、B1)	启动主用空压机	低于 6.3 MPa
JD2(G2、B2)	空压机停止	高于 6.62 MPa
JD3(G3、B3)	启动备用空压机	低于 6.1 MPa

3PS 和 4PS 压力信号控制器设置见表 17-12。

表 17-12　3PS 和 4PS 压力信号控制器设置

输出接点	执行命令	信号参数设置
JD1(K1、G1)	储气罐压力高报警	高于 7.3 MPa
JD3(K3、G3)	储气罐压力低报警	低于 6.0 MPa
J2(10UT+、10UT−)	显示储气罐压力	

二、低压空压机

(一)试验目的

这个试验的目的是检验低压空压机系统的可靠性。

(二)试验条件

低压气罐与空压机之间各管路应连接良好;与本试验不相关的管路阀门应关闭;所有管路的带压测试应完成;所有电气接线的连接测试应完成。

(三)试验措施

系统缓慢加压以验证管路是否连接完好。

(四)试验步骤

(1)确保电源电压与电动机铭牌上要求一致。

(2)检查电控柜或箱内电器的连接,包括电机和控制电线及测量仪表是否松动或损坏,保证它们连接可靠。

(3)检查各个零部件的连接是否松动,如有松动,必须拧紧。

(4)与机械班配合,根据英格索兰空气压缩机手册启动电机。

(5)检查电机的绝缘情况(绝缘电阻应该大于 1 MΩ 以上)。

(6)根据用户手册和操作说明操作每一台空压机。

(7)现地自动操作空压机,检验自动操作功能。

(8)检验控制盘柜自动操作功能。

(9)检验控制系统与计算机监控系统和相关机械部分之间的联络是否完好。

第四节　设备检修总结、评价阶段工作及要求

一、检修总结

(1)在设备检修结束后应在规定期限内完成检修总结。

(2)设备有异动的应及时按设备异动程序完成对异动设备图纸资料的修改并归档。

(3)与检修有关的检修文件和检修记录应按规定及时归档。

(4)由外包单位、检修公司负责的检修文件和记录,由各单位负责整理,并移交公司。

(5)根据实际的检修费用信息,统计分析各级别检修中设备检修人工、材料、备品备件、机械/特殊工器使用、外包试验等费用情况,逐渐形成电站内部检修实物消耗量标准,为下一年度检修计划和材料、备品备件采购的申报做准备。

二、检修评价

(1)对照检修评价标准和办法,评价本次检修管理过程是否得到识别和规定、职责是否明确、程序是否得到执行、实施过程是否有效、目标是否实现。

(2)对本次检修涉及的质量、安全、环境保护等是否达到预定要求进行评价,肯定检修工作中的成绩和亮点,找出问题和不足,提出以后改进的要求。

(3)通过检查、对比、验证等方式,对检修目标、进度、安全、质量、费用、现场管理、技术监督管理等检修管理过程进行评分,对不合格(不符合)的,应制订纠正和预防措施,并跟踪实施和改进。

第十八章　检修维护典型案例

案例一　$2^\#$机组1段直流负荷接地导致$3^\#$机组事故停机

一、事件发生时间

2007年4月9日11:40。

二、现象

监控系统反复出现：

10 kV 1段母线单相接地 On；

10 kV 13段 单相接地 On；

10 kV 4单相接地 On 报警信号及复归信号；

400 V 自用电1Z2Z、自用电3Z4Z、公用电1D2D、公用电3D4D、公用电5D6D、照明M2M3的联络开关动作信号。

11:39:56 黄223开关……断开；

11:39:57 $3^\#$机并网发电状态……消失；

11:39:58 黄226开关……FAULT；

11:39:58 $6^\#$号机并网发电状态……消失；

11:39:59 $3^\#$号机过速115%……事故；

11:39:59 地下直流Ⅰ段绝缘……故障；

11:40:03 黄226开关……闭合；

11:40:04 $6^\#$号机并网发电状态……稳态；

11:40:34 $3^\#$号机励磁系统……事故。

运行人员现场检查各运行机组均正常，$3^\#$机组发变组保护上无报警，10 kV 厂用电Ⅱ段进线开关1222开关跳闸，10 kV 厂用电Ⅰ段联络、Ⅱ段运行，10 kV 厂用电13G、3段、4段分段运行正常，母线PT上均无报警。10 kV 厂用电3段上至2Z开关132Z跳闸，保护装置上有"温度高跳闸"报警，400 V 1Z联络2Z运行，其他400 V 厂用电均正常分段运行。

发现地下继保室绝缘监察装置上有"1母正接地 接地电阻0"。检查$2^\#$机机旁直流一段存在接地，已将一段进线开关断开，断开后接地故障消除。

三、处理及结果

针对"$2^\#$机机旁直流一段存在接地，将一段进线开关断开后接地故障消除"的情况进

行了检查:

（1）发现 2#机组 LCU 端子转接柜内 GW-42 端子接线正极接地,此端子连接 2#机组技术供水 2203 阀门全开信号回路;后将 2203 阀门控制箱打开检查,控制箱内接线未发现异常。

（2）继续检查 2#机组技术供水 PLC 控制柜和 2#机组技术供水接触器控制柜,发现柜内接线有误,现场检查时,柜内相关接线情况如图 18-1、图 18-2 所示。

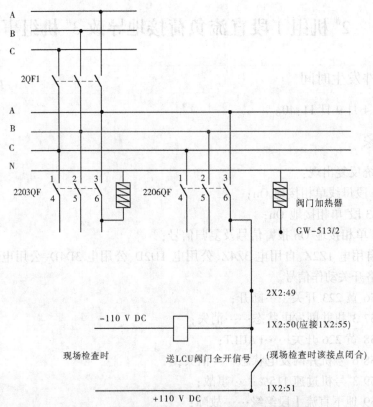

图 18-1　　2#机组技术供水 PLC 控制柜部分接线图

而正确的接线方式应为图 18-3 所示。

在对图 18-1、图 18-2 所示回路的检查中:

（1）测量端子 1X2:50 上电缆 50/GW-PLC02/2X2;49 电阻为 922 Ω,是当 2206QF、2203QF 等都闭合时,阀门加热器电阻的并联值。

（2）当 2QF1 开关闭合时,电源 AC 220 V 通过 2206QF:6 串入到端子 1X2:50,即直流的-110 V DC。

四、原因分析

根据以上检查结果和 2#机组当时进行的工作分析,在 2#机组技术供水控制系统 PLC 改造工作中,施工方（武汉大学项目组）因疏忽和对现场接线规律不熟悉,将交流回路误引入直流回路,在施工期间由于技术供水盘柜并未带电,"2#机机旁直流一段存在接地"故障未报,后盘柜带电试验时,引起 2#机机旁直流一段直流正极接地。而 1#~6#机组发变

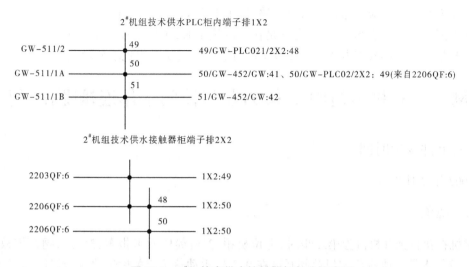

图 18-2　2#机技术供水接触器柜部分接线图

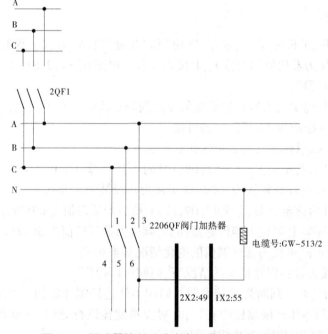

图 18-3　调速器控制回路中电源监测回路原理图

组保护直流负荷均在地下直流一段,3#机组保护跳闸出口继电器线圈正电源侧在接地时因直流回路过大的电容放电引起误动作,造成黄 223 开关断开,3 号机并网发电状态消失,3#机组事故停机。

五、经验教训(防范措施)

此次"2#机组 1 段直流负荷接地,导致 3#机组在并网运行中跳机"的事故,根本原因在于工作人员误将交流回路接入直流回路,属于人为操作失误。在今后的工作中,务必要避免此类因人为原因引起的事故,尤其是在外围施工时,工作人员一定要加强监护,设备送电前与施工方共同检查电气回路接线情况,认真检查,避免出现事故隐患。

案例二　3# 机组筒阀 4# 接力器与筒阀本体连接螺栓脱扣

一、事件发生时间

2007 年 2 月 25 日。

二、现象

3#机在执行到开机流程第二步时,上位机报:3#机筒阀发卡报警,3#机筒阀系统故障报警。运行人员现地检查 3#机筒阀开度在 0.7%,手动落至全关后现地自动提筒阀至 2%开度时又自动落至全关位,并报筒阀发卡。

三、处理及结果

现场检查发现,3#机筒阀在"远方/自动"和"现地/自动"方式下提升时,4#接力器位置反馈值与其他接力器比较偏差较大,4#接力器补偿电磁阀 SV12、SV13 动作也无法消除偏差,导致"发卡报警"。

进一步检查发现 4#接力器位置反馈值在筒阀静止状态下发生变化,初步排除 4#接力器位置传感器接线松动和 A8 板故障的可能。

对 3#机组筒阀进行试验,试验步骤和数据如下:

(1)筒阀全开后落至全关,全关时(09:12)的 4#接力器反馈值为 69377,09:21 4#接力器反馈值为 66275(速度开始变快),09:24 4#接力器反馈值为 61035。

(2)筒阀全开后落至全关,全关时(09:27)4#接力器反馈值为 69579,拔掉 4#接力器传感器插头,09:40 安装上 4#接力器传感器插头,4#接力器反馈值为 56321。

以上两种情况下,4#接力器反馈值的变化情况基本相同。

(3)拔掉 4#接力器传感器插头的情况下,筒阀可以操作。

根据以上检查,初步判断为 4#接力器与筒阀本体连接螺栓脱扣。经机组排水检查发现 4#接力器与筒阀本体连接螺栓确实脱扣,对连接螺栓进行处理,并重新对 4#接力器与筒阀本体进行连接和安装后,3#机组筒阀运行正常。

四、原因分析

(1)由于 4#接力器与筒阀本体脱扣,造成筒阀本体在全关时,4#接力器被机组尾水顶起,造成 4#接力器位置反馈值在筒阀全管并静止状态下发生变化(数值减小为全开状态时的反馈值)。

(2)在开启筒阀时 4#接力器位置反馈值与其他接力器比较偏差过大,4#接力器补偿电磁阀 SV12、SV13 动作也无法消除偏差,导致"发卡报警",机组无法实现开机操作。

五、经验教训(防范措施)

(1)对筒阀各接力器在筒阀全关、全开时的反馈值进行记录,并在一定时间周期内对其进行测量和比较,以判断各接力器有无发生机械变形。

(2)机组小修时,利用机组排水的机会,对筒阀本体和各接力器的连接情况进行检查,以避免出现同类情况。

案例三　4#机组调速器控制柜失电造成4#机组事故停机

一、事件发生时间

2007 年 4 月 11 日。

二、现象

2007 年 4 月 11 日,运行人员在对 10 kV Ⅲ、Ⅳ独立运行倒联络运行过程中,上位机出现以下报警信息:

11:15:56 上位机断开黄 H106 开关。

11:15:57 4#机调速器装置故障……事故停机。

11:15:58 4#机事故停机……执行。

11:16:02 4#机组进口事故门……关闭中。

11:16:20 4#机调速器系统……总报警。

11:16:20 4#机调速器 PLC……故障报警。

11:21:19 4#机进口事故门……全关。

现地 LCU 上有机械事故停机报警信号。

现地 BACKUP 屏上有过速 140%、过速 115%报警信号。

水机保护屏上 K41、K42、K43 继电器励磁,停机过程时间继电器 KT 启动,机组过速 148%信号继电器 KS7 励磁。

4#机组事故停机。

三、处理及结果

现地检查 4#机组调速器控制柜控制回路:

在倒厂用电过程中,4#机调速器交流电源短时消失,调速器直流电源模块由于故障未起到备用作用,造成 4#机调速器电调柜短时停电导致事故停机。

已更换 4#机调速器直流电源模块 G1,并做调速器交直流电源切换试验,4#机调速器电源供电均已正常。

四、原因分析

此次 4#机机械事故停机的原因是:

（1）调速器控制回路由两路电源互为备用供电，电源转换模块 G1 为 220 V DC 输入、24 V DC 输出；电源转换模块 G2 为 220 V AC 输入、24 V DC 输出。检查发现 4#机调速器控制柜内电源转换模块 G1 故障，无 24 V DC 输出；电源转换模块 G2 正常供电。

（2）调速器控制柜内直流电源开关 F02、交流电源开关 F03 的状态送至监控系统端子柜 GV 端子排。电源开关 F02、F03 在分位时，监控系统报"调速器系统直流电源故障""调速器系统交流电源故障"。24 V DC 电源监测继电器 K1 和继电器 K2 的常开接点直接送至调速器内部 PLC 的 D106 板。

在此次失电过程中，G1 模块无 24 V DC 输出时，G1 模块的电源监视继电器 K1 动作正常，但"220 V DC VOLTAGE SUPPLY1 FALURE"信号送至调速器内部 PLC 的 D106 板内后，并没有输出信号至监控系统的回路设计，监控系统不会报警；只有当 220 V DC 进线开关 F02 失电时，监控系统才有报警，而 220 V DC 进线开关 F02 合闸并带电正常，所以监控系统没有相关报警。

（3）在进行 10 kV Ⅲ、Ⅳ 独立运行倒联络运行过程中，G2 模块的交流输入会有短暂停电的过程，但 G1 模块没有起到备用直流电源供电的作用，导致 4#机组调速器控制柜有短时失电，造成 4#机组在并网运行状态下事故停机。

五、经验教训（防范措施）

（1）改造 1#~6#机组调速器控制柜电源交流、直流两路电源监测回路：

取消电源开关 F02 送监控系统的 F02 开关状态接点，取 220 V DC/24 V DC 直流电源监测继电器 K1 的常开接点，接入监控系统端子柜 GV47、GV48 端子。

取消电源开关 F03 送监控系统的 F03 开关状态接点，取 220 V DC/24 V AC 交流电源监测继电器 K2 的常开接点，接入监控系统端子柜 GV49、GV50 端子。

改造后调速器控制柜内交/直流（G1）、直/直流（G2）电源输出故障时，和 G1、G2 电源模块进线侧失电后，上位机有相关报警信号。

（2）在进行厂用电方式倒换操作前，应对包括调速器控制柜在内的有两路电源互为备用供电的设备带电情况进行检查，以避免类似情况发生。

案例四　"机组压油装置油温过高和启泵不成功"问题

一、事件发生时间

1999~2004 年。

二、现象

机组压油装置在实际运行过程中存在以下几个问题：

（1）机组压油系统安装有两台 75HP 的压油泵，按照 VOITH 的设计，两台压油泵一直运行，导致压油泵控制回路热耦频繁动作，使得压油泵启动不成功；压油泵长时间的运行，引起油温上升，影响油的质量。

（2）压油装置失电后上位机没有报警信号。

（3）1#压油泵和 2#压油泵在运行时上位机无相应状态信号。

（4）压油装置内的 1#压油泵和 2#压油泵电源取自一路，如此路电源失电，两台压油泵均不能运行。

三、处理及结果

（1）压油泵控制回路热耦频繁动作，导致压油泵启动不成功，需要到现地手动复归动作的热耦。

（2）压油装置失电后上位机没有报警信号，需要到现地检查压油泵带电情况。

（3）1#压油泵和 2#压油泵在运行时上位机无相应状态信号，启泵不成功导致油压降低，造成事故停机，需要在现场监视压油泵运行情况。

（4）电源失电，两台压油泵均不能运行，需要紧急处理，若短时间无法恢复用电，只能申请停机。

四、原因分析

出现以上情况，是由于设备出厂设计不合理导致的，需要对设备进行改造。

五、经验教训（防范措施）

针对以上问题成立工作小组，解决以上问题的主要措施有：

（1）为避免启动电流过大引起开关动作，将目前所用的接触器换成相应容量的软启动器。

（2）对筒阀控制柜软件进行修改，只根据高压油罐压力及压油罐油位控制压油泵电机的启动和加载：两台压油泵电机按主/备方式运行，当油压降至 6 MPa 时启动主用电机，延时 8 s 后自动加载，油压升至 6.4 MPa 时自动卸载并停电机；当油压降至 5.8 MPa 时启动备用电机，延时 8 s 后自动加载，油压升至 6.4 MPa 时自动卸载并停电机。

（3）在压油装置电机控制柜内加装 2 个 380 V AC 电压监视继电器，信号送入筒阀控制柜；并通过 LCU 端子转接柜送入机组 LCU，同时在上位机增加信号点。如果油泵电机失电，上位机会有"1#油泵电机/2#油泵电机失电"的信号。

（4）筒阀控制柜内加装 2 个 24 V DC 继电器，与柜内 PLC 状态开出点并联，并通过 LCU 端子转接柜送入机组 LCU，同时在上位机增加信号点。如果 1#油泵电机或 2#油泵电机运行，上位机会有"1#/2#油泵运行"的信号。

（5）1#压油泵和 2#压油泵电源各取一路。

案例五　1#~6# 机组筒阀关闭不严及开停机
过程中的发卡问题

一、事件发生时间

2004~2006 年。

二、现象

1#~6# 机组筒阀运行过程中存在以下问题：

(1)机组开机前提筒阀时，经常在提至 0.1%~1.8% 开度时出现发卡现象，筒阀无法继续提升，开机流程中断，导致开机失败。

(2)筒阀在下落起始阶段，开度在 96%~100% 下落极为缓慢，耗时过长，且经常在 97%~98% 开度时出现发卡现象。

(3)筒阀在关闭状态下关闭不严，漏水较大，经常出现因漏水导致的机组汽蚀、蠕动和筒阀振动现象。

(4)在我厂筒阀运行过程中，由于筒阀位置开关的松动、损坏，筒阀位置导杆发生脱扣、变形等情况，导致筒阀全开、全关信号无法正确反映筒阀实际位置的情况时有发生，直接影响机组的开、停机顺利进行，也影响了运行人员监视机组状态。

三、处理及结果

(1)机组开机前提筒阀时，经常在提至 0.1%~1.8% 开度时出现发卡现象，筒阀无法继续提升，开机流程中断，需要到现地控制盘柜处进行"现地/手动"操作，将筒阀提至全开位。

(2)筒阀在下落起始阶段，开度在 96%~100% 下落极为缓慢，且经常在 97%~98% 开度时出现发卡现象，需要到现地控制盘柜处进行"现地/手动"操作，将筒阀落至全关位。

(3)筒阀在关闭状态下关闭不严，漏水较大，经常出现因漏水导致的机组气蚀、蠕动和筒阀振动现象，需要到现地控制盘柜处进行"现地/手动"操作，将筒阀下压。

(4)出现筒阀全开、全关信号异常时，只有在机组停机时处理限位开关。

四、原因分析

1#~6# 机组在经过了几年的运行后，工作条件和机械结构均有不同程度的变化，设备出厂时的参数设置和程序设置已不能满足当前运行条件，需要对其进行优化和改造，以消除以上故障频繁出现导致设备运行的异常。

五、经验教训(防范措施)

针对以上问题成立 QC 小组，解决以上问题的主要措施有：

(1)修改程序中的 OFFSET 定值使 PLC 程序中 OFFSET 定值存在与筒阀现工况相匹

配,减小筒阀 5 个接力器反馈值偏差。

（2）修改 PLC 程序,增大 SV3、SV4 阀门的启动电压至 7 V 左右,增大筒阀上腔进油阀 SV3 和下腔进油阀 SV4 启动电压,给筒阀上腔或下腔提供足够的油压。

（3）修改 PLC 程序改变筒阀液压系统运行方式,使筒阀下腔压力为 0,同时延长上腔压力保持时间,使筒阀尽可能关严。

（4）修改筒阀 PLC 程序, 对筒阀 PLC 程序 COB0 模块内程序进行修改. 取消程序中通过筒阀位置开关判断筒阀全开、全关的程序段,增加通过用筒阀接力器位移测量值模拟量信号来反映和传递的程序段;对筒阀 PLC 程序 COB5 模块内程序进行修改,增加通过 Pos_Out 值判断"筒阀全开"和"筒阀全关"的程序段。

通过以上工作,机组筒阀关闭不严及开停机过程中的发卡现象和位置信号异常问题得到解决。

案例六　$1^\#\sim6^\#$ 机组尾水补气控制回路优化

一、事件发生时间

2004 年 6 月。

二、现象

机组尾水补气箱内的控制回路实现的功能是:当筒阀开启时自动向尾水管内持续补气 90 s,补气完成后经 PLC 逻辑控制自动退出机组导叶锁锭。

$1^\#\sim6^\#$ 机组尾水补气控制回路在实际运行中存在以下问题:

（1）自动补气因设备故障无法完成,导致机组导叶锁锭无法自动退出,开机流程无法继续执行。

（2）因工作实际情况要求机组不开机且不提筒阀而导叶锁锭需要退出。

在这种情况下,导叶锁锭是不可能通过正常的电气和机械操作来完成的。

三、处理及结果

在以上两种情况下,导叶锁锭的退出只能通过短接控制回路中的 R2 继电器的方式来使导叶锁锭动作电磁阀 SV23 励磁,使导叶锁锭退出。

这种方式因是在设备带电情况下进行,一方面有人身触电的危险,另一方面是违反《电业安全工作规程》的非常规操作。

四、原因分析

出现以上情况,是由于设备运行方式设计不合理导致的,没有考虑非正常开机条件下对导叶锁锭退出的实际需要,必须对设备进行改造。

五、经验教训（防范措施）

需要对尾水补气控制回路进行改造,在尾水补气控制箱内增加手动操作退出导叶锁锭的回路。

（1）在尾水补气控制箱内安装单相空气开关 CB3，CB3 开关选型为容量为 4 A 的单相空气开关，进线端引自 24 V DC 正端电源，出线引入 R2 继电器电源正极。

（2）正常情况下，通过 PLC 程序输出"RELEASE GATE LOCKS"命令，动作 R2 继电器，完成机组导叶锁锭的退出。

（3）当需要手动操作退出机组导叶锁锭时，将 CB3 开关手动合闸，动作 R2 继电器，完成机组导叶锁锭的退出。不需要手动操作退出机组导叶锁锭时，CB3 开关位置在"分"位。回路改造如图 18-4 所示。

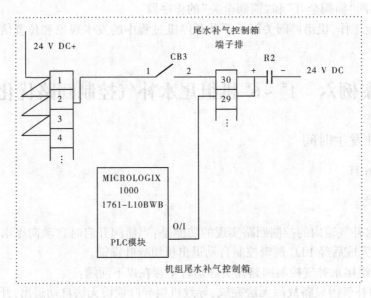

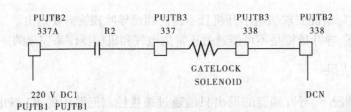

图 18-4　回路改造

案例七　工业电视系统故障

一、事件发生时间

2006 年 9 月 30 日。

二、现象

2006 年 9 月 30 日,运行人员发现工业电视系统无法看到地下厂房内的所有图像,重新启动工业电视系统(盘柜断电后重新投电),依然无法看到地下厂房内的所有图像,并且在工业电视系统控制台(工控机)上无法对画面进行切换和控制。

三、处理及结果

2006 年 10 月 1 日,检查工业电视系统时发现,地下厂房地下继保室内工业电视控制柜 UPS 电源故障(有输入电压但无输出电压),导致地下继保室内工业电视控制柜失电,因无 UPS 备件,临时将控制柜电源另接入墙壁上 220 V AC 插座,待备件购买后更换 UPS 电源。

地下继保室内工业电视控制柜正常工作后,重新启动工业电视系统,工业电视只显示一个实时画面,在工业电视系统控制台(工控机)上仍然无法对画面进行切换和控制。

2006 年 10 月 9 日,与调度中心和河南雪峰公司联合检查工业电视系统:

(1)将矩阵恢复到出厂配置(雪峰公司在 9 月对矩阵内部配置进行过修改),并重新启动工业电视系统,无法对画面进行切换和控制的现象仍存在。

(2)检查控制命令发现工业电视系统控制台(工控机)有画面切换命令输出,但无法检测矩阵能否接收到命令。

(3)与时代民鹏公司联系,解释说此情况可能是因为控制命令回路的故障,但不到现场检查无法确定原因。

2007 年 1 月,与时代民鹏公司人员共同检查,检测矩阵无法接收到控制命令,发现工业电视系统中控制主机至 9740 矩阵的 322/485 转换器故障,导致 9740 矩阵无法接收到命令,所以图像无法正常显示,图像的切换无法完成。

将地下厂房地下继保室内工业电视控制柜 UPS 电源和 322/485 转换器更换后,工业电视系统运行正常。

四、原因分析

(1)运行人员发现,工业电视系统无法看到地下厂房内的所有图像的原因是地下厂房地下继保室内工业电视控制柜失电,导致地下厂房的图片信号丢失。

(2)工业电视系统中控制主机至 9740 矩阵的 322/485 转换器故障,导致无法在控制工控机上进行画面的切换和正常显示。

五、经验教训(防范措施)

(1)若工业电视系统工控机上无显示画面或丢失部分画面信息,应先检查丢失画面所属的控制柜运行情况,同时应检查摄像头的带电情况,不要盲目对工业电视系统控制主机进行重启。

(2)应在日常巡检时检查工业电视各控制柜的运行情况,检查摄像头的带电情况。

案例八　3#机组筒阀4#接力器活塞与筒阀本体连接螺栓脱扣

一、事件发生时间

2007 年 2 月 25 日。

二、现象

3#机在执行到开机流程第二步时,上位机报:3#机筒阀发卡报警,3#机筒阀系统故障报警。运行人员现地检查 3#机筒阀开度在 0.7%,手动落至全关后现地自动提筒阀至 2%开度时又自动落至全关位,并报筒阀发卡。

三、处理及结果

现场检查发现,3#机筒阀在"远方/自动"和"现地/自动"方式下提升时,4#接力器位置反馈值与其他接力器比较偏差较大,4#接力器补偿电磁阀 SV12、SV13 动作也无法消除偏差,导致"发卡报警"。

进一步检查发现,4#接力器位置反馈值在筒阀静止状态下发生变化,初步排除 4#接力器位置传感器接线松动和 A8 板故障的可能。

对 3#机组筒阀进行试验,试验步骤和数据如下:

(1)筒阀全开后落至全关,全关时(09:12)的 4#接力器反馈值为 69377,09:21 4#接力器反馈值为 66275(速度开始变快),09:24　4#接力器反馈值为 61035。

(2)筒阀全开后落至全关,全关时(09:27)4#接力器反馈值为 69579,拔掉 4#接力器传感器插头,09:40 安装上 4#接力器传感器插头,4#接力器反馈值为 56321。

以上两种情况下,4#接力器反馈值的变化情况基本相同。

(3)拔掉 4#接力器传感器插头的情况下,筒阀可以操作。

根据以上检查,初步判断为 4#接力器与筒阀本体连接螺栓脱扣,经机组排水检查发现 4#接力器与筒阀本体连接螺栓确实脱扣,对连接螺栓进行处理,并重新对 4#接力器与筒阀本体进行连接和安装后,3#机组筒阀运行正常。

四、原因分析

(1)由于 4#接力器与筒阀本体脱扣,造成筒阀本体在全关时,4#接力器被机组尾水顶起,造成 4#接力器位置反馈值在筒阀全关并静止状态下发生变化(数值减小为全开状态时的反馈值)。

(2)在开启筒阀时,4#接力器位置反馈值与其他接力器比较偏差过大,4#接力器补偿电磁阀 SV12、SV13 动作也无法消除偏差,导致"发卡报警",机组无法实现开机操作。

五、经验教训(防范措施)

(1)对筒阀各接力器在筒阀全关、全开时的反馈值进行记录,并在一定时间周期内对其进行测量和比较,以判断各接力器有无发生机械变形。

(2)机组小修时,利用机组排水的机会,对筒阀本体和各接力器的连接情况进行检查,以避免出现同类情况。

案例九 4#机组调速器控制柜失电造成事故停机

一、事件发生时间

2007 年 4 月 11 日。

二、现象

2007 年 4 月 11 日,运行人员在对 10 kV Ⅲ、Ⅳ独立运行倒联络运行过程中,上位机出现以下报警信息:

11:15:56 上位机断开黄 H106 开关。

11:15:57 4#机调速器装置故障……事故停机。

11:15:58 4#机事故停机……执行。

11:16:02 4#机组进口事故门……关闭中。

11:16:20 4#机调速器系统……总报警。

11:16:20 4#机调速器 PLC……故障报警。

11:21:19 4#机进口事故门……全关。

现地 LCU 上有机械事故停机报警信号。

现地 BACKUP 屏上有过速 140%、过速 115%报警信号。

水机保护屏上 K41、K42、K43 继电器励磁,停机过程时间继电器 KT 启动,机组过速 148%信号继电器 KS7 励磁。

4#机组事故停机。

三、处理及结果

现地检查 4#机组调速器控制柜控制回路:

在倒厂用电过程中 4#机调速器交流电源短时消失,调速器直流电源模块由于故障未起到备用作用,造成 4#机调速器电调柜短时停电导致事故停机。

更换 4#机调速器直流电源模块 G1,并做调速器交直流电源切换试验,4#机调速器电源供电均已正常。

四、原因分析

此次 4#机机械事故停机的原因是:

(1)调速器控制回路由两路电源互为备用供电,电源转换模块 G1 为 220 V DC 输入、24 V DC 输出;电源转换模块 G2 为 220 V AC 输入、24 V DC 输出。检查发现 4#机调速器控制柜内电源转换模块 G1 故障,无 24 V DC 输出;电源转换模块 G2 正常供电。

(2)调速器控制柜内直流电源开关 F02、交流电源开关 F03 的状态送至监控系统端子柜 GV 端子排,电源开关 F02、F03 在分位时,监控系统报"调速器系统直流电源故障""调速器系统交流电源故障"。24 V DC 电源监测继电器 K1 和继电器 K2 的常开接点直接送至调速器内部 PLC 的 D106 板。

在此次失电过程中,G1 模块无 24 V DC 输出时,G1 模块的电源监视继电器 K1 动作正常,但"220 V DC VOLTAGE SUPPLY1 FALURE"信号送至调速器内部 PLC 的 D106 板内后,并没有输出信号至监控系统的回路设计,监控系统不会报警;只有当 220 V DC 进线开关 F02 失电时,监控系统才有报警,而 220 V DC 进线开关 F02 合闸并带电正常,所以监控系统没有相关报警。

调速器控制回路中电源监测回路原理图如图 18-5 所示。

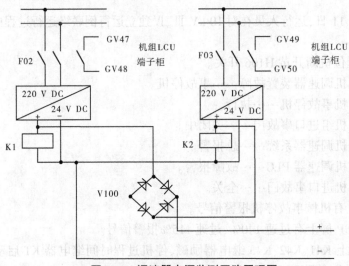

图 18-5　调速器电源监测回路原理图

(3)在进行 10 kV Ⅲ、Ⅳ独立运行倒联络运行过程中,G2 模块的交流输入会有短暂停电的过程,但 G1 模块没有起到备用直流电源供电的作用,导致 4#机组调速器控制柜有短时失电,造成 4#机组在并网运行状态下事故停机。

五、经验教训(防范措施)

(1)改造 1#~6#机组调速器控制柜电源交流、直流两路电源监测回路:

取消电源开关 F02 送监控系统的 F02 开关状态接点,将 220 V DC/24 V DC 电源监测继电器 K1 的常开接点接入监控系统端子柜 GV47、GV48 端子。

取消电源开关 F03 送监控系统的 F03 开关状态接点,将 220 V DC/24 V AC 电源监测继电器 K2 的常开接点接入监控系统端子柜 GV49、GV50 端子。

改造后调速器控制柜内交/直流(G1)、直/直流(G2)电源输出故障时,和 G1、G2 电源模块进线侧失电后,上位机有相关报警信号。

(2)在进行厂用电方式倒换操作前,应对包括调速器控制柜在内的有两路电源互为备用供电的设备带电情况进行检查,以避免类似情况发生。

案例十　机组压油装置控制系统优化

一、事件发生时间

1999~2004 年。

二、存在问题

机组压油装置在实际运行过程中存在以下几个问题：

(1)机组压油装置安装有 2 台 75 HP 的压油泵,按照 VOITH 的设计,两台压油泵一直运行,通过加载电磁阀控制油泵加载。运行中压油泵控制回路热耦频繁动作,导致压油泵启动不成功;压油泵长时间的运行,油温较高,使得油质劣化快。

(2)压油装置失电后上位机没有报警信号。

(3)压油泵运行时上位机无相应状态信号。

(4)压油装置内的 1# 和 2# 压油泵电源取自一路,运行可靠性较低。

三、处理及结果

针对以上问题采取主要措施有：

(1)为避免启动电流过大引起热偶动作,将接触器换成相应容量的软启动器。

(2)对筒阀控制柜 PLC 程序进行修改,改变压油泵运行方式,根据高压油罐压力及压油罐油位控制压油泵的启动和加载。

(3)在压油装置电机控制柜内加装 2 个 380 V AC 电压监视继电器,信号送入筒阀控制柜,并通过 LCU 端子转接柜送入机组 LCU,同时在上位机增加信号点。如果油泵电机失电,上位机会有“1# 油泵电机/2# 油泵电机失电”的信号。

(4)筒阀控制柜内加装 2 个 24 V DC 继电器,与柜内 PLC 状态开出点并联,并通过 LCU 端子转接柜送入机组 LCU,同时在上位机增加信号点。如果 1# 油泵电机或 2# 油泵电机运行,上位机会有“1#/2# 油泵运行”的信号。

(5)1# 压油泵和 2# 压油泵电源分开,分别接到机旁动力盘 1、2 段。

案例十一　筒阀关闭不严及发卡

一、事件发生时间

2004~2006 年。

二、现象

1#~6# 机组筒阀运行过程中存在以下问题：

(1)机组开机前提筒阀时,经常在提至 0.1%~1.8% 开度时出现发卡现象,筒阀无法继续提升,开机流程中断,导致开机失败。

(2)筒阀在下落起始阶段,开度在 96%～100%下落极为缓慢,耗时过长,且经常在97%～98%开度时出现发卡现象。

(3)筒阀在关闭状态下关闭不严,漏水较大,经常出现因漏水导致的机组汽蚀、蠕动和筒阀振动现象。

(4)在筒阀运行过程中,由于筒阀位置开关的松动、损坏,筒阀位置导杆发生脱扣、变形等情况,导致筒阀全开、全关信号无法正确反映筒阀实际位置的情况时有发生,直接影响机组的开、停机顺利进行,也影响了运行人员监视机组状态。

三、处理及结果

(1)机组开机前提筒阀时,经常在提至 0.1%～1.8%开度时出现发卡现象,筒阀无法继续提升,开机流程中断,需要到现地控制盘柜处进行"现地/手动"操作,将筒阀提至全开位。

(2)筒阀在下落起始阶段,开度在 96%～100%下落极为缓慢,且经常在 97%～98%开度时出现发卡现象,需要到现地控制盘柜处进行"现地/手动"操作,将筒阀落至全关位。

(3)筒阀在关闭状态下关闭不严,漏水较大,经常出现因漏水导致的机组汽蚀、蠕动和筒阀振动现象,需要到现地控制盘柜处进行"现地/手动"操作,将筒阀下压。

(4)出现筒阀全开、全关信号异常时,只有在机组停机时处理限位开关。

四、原因分析

$1^{\#}$～$6^{\#}$机组在经过了几年的运行后,工作条件和机械结构均有不同程度的变化,设备出厂时的参数设置和程序设置已不能满足当前运行条件,需要对其进行优化和修改,以消除以上故障频繁出现导致设备运行的异常。

五、防范措施

针对以上问题采取的主要措施有:

(1)修改程序中的 OFFSET 定值使 PLC 程序中 OFFSET 定值存在与筒阀现工况相匹配,减小筒阀 5 个接力器反馈值偏差。

(2)修改 PLC 程序,增大 SV3、SV4 阀门的启动电压至 7 V 左右,增大筒阀上腔进油阀 SV3 和下腔进油阀 SV4 启动电压,给筒阀上腔或下腔提供足够的油压。

(3)修改 PLC 程序改变筒阀液压系统运行方式,使筒阀下腔压力为 0,同时延长上腔压力保持时间,使筒阀尽可能关严。

(4)修改筒阀 PLC 程序,对筒阀 PLC 程序 COB0 模块内程序进行修改;取消程序中通过筒阀位置开关判断筒阀全开、全关的程序段,增加通过用筒阀接力器位移测量值模拟量信号来反映和传递的程序段;对筒阀 PLC 程序 COB5 模块内程序进行修改,增加通过Pos_Out 值判断"筒阀全开"和"筒阀全关"的程序段。

通过以上工作,机组筒阀关闭不严及开停机过程中的发卡现象和位置信号异常问题得到解决。

案例十二　1[#]机筒阀系统故障

一、事件发生时间

2007 年 4 月 12 日。

二、事件发生前运行方式

机组在停机稳态。

三、现象

上位机和 LCU 触摸屏上报"筒阀系统故障",到现地筒阀控制盘柜上,并未发现任何报警信号。将筒阀笔记本连入筒阀控制柜内,发现程序内部 fault12 线圈动作,而 fault12 正是送往 LCU 的循环泵故障报警。

四、故障处理及结果

(一)故障分析

只要有筒阀程序内部线圈 fault1~fault20 的任何一个报警,都会报"筒阀系统故障"。因此,在连上笔记本电脑后,发现是 fault12 线圈动作,也就基本确认了次故障报警是由于循环泵的故障引起的。

(二)故障处理

检查循环泵控制回路和动力回路图(见图 18-6、图 18-7),先复归热偶,将开关 CB4、CB3 合上,然后现场短接 CR7 继电器(CR7 为 PLC 发出的启动循环泵命令继电器),使CR7 常开接点闭合,接触器线圈动作正常,循环泵也正常启动,上位机和 LCU 触摸屏上报"筒阀系统故障"报警复归。

图 18-6　循环泵控制回路图

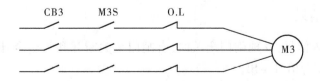

图 18-7　循环泵动力回路图

五、原因分析

造成循环泵故障的原因有：

（1）当 CB4 合上，上位机或现地发启动循环泵命令时，CR7 开接点闭合，程序内部 Circ_Realy 线圈动作，其常开接点闭合，延时一段时间后，若 CB3 仍不闭合，CR7 失磁，M3S 失磁（无反馈信号送出），就会有 Circ_fault 及 fault12 报警。而 fault12 将报警信号送至 LCU，上位机和 LCU 触摸屏上就会报"筒阀系统故障"。由于油压装置的循环泵的电源是取自机旁盘的交流电，因而在倒厂用电时，CB3 会短时失电，M3S 失磁，无反馈信号送至 PLC，从而造成循环泵故障及筒阀系统故障。此种现象在机组运行时已出现过多次。

（2）当 CB4 合上，上位机或现地发启动循环泵命令时，CR7 开接点闭合，此时若热偶 O.L 动作，则 M3S 失磁，循环泵仍然无法正常启动。

（3）当 CB4 合上，上位机或现地发启动循环泵命令时，CR7 开接点闭合，若 M3S 线圈故障，也可以造成循环泵不能正常启动。

六、经验及教训

（1）由于上位机和 LCU 触摸屏上报"筒阀系统故障"报警可能是有很多信号造成的，只有连入笔记本电脑，在线观察分析其故障原因，才能准确、快速地发现故障的根源。

（2）造成同一个故障，比如上述的循环泵故障报警的原因可能有多种，所以在处理故障时，要全面、多角度地分析故障原因，这样才可以使故障得到全面、彻底的解决。

案例十三　对 1# 机组进口快速门没有全关信号的处理分析

一、事件发生时间

2007 年 8 月 28 日。

二、事件发生前运行方式

1# 机组处于停机稳态。

三、现象

水工分厂工作人员将 1# 机组进口快速门落下后，PLC 无闸门全关信号报出。

四、处理及结果

检查 PLC 输入信号，发现闸门全关时，有闸门全关断开和闸门全开断开信号输入，PLC 无闸门全关闭合信号输出。

针对故障现象，做出如下处理：

（1）调整输入的主令信号，使得输入 PLC 的主令信号为闸门全关闭合和闸门全开断开，然而 PLC 仍然无闸门全关闭合信号输出。

（2）更换 PLC 的输入和输出模块，仍无闸门全关闭合信号输出。

（3）检查 PLC 内部程序，PLC 输出闸门全关信号，必须满足两个条件：一是有闸门全关闭合信号输入，二是有 M185 或者 M190 两个中间变量的其中之一置为 1。当闸门开度仪显示为 0 时，M185 和 M190 置为 1。

检查闸门开度仪显示为 6，按下闸门开度仪复归按钮，将闸门开度复归为 0，但 PLC 仍然无闸门全关信号输出。

（4）经过了解，之前 PLC 有闸门全关闭合信号输入，PLC 输入的主令信号就是闸门全开断开和闸门全关断开。所以，将主令信号恢复，在闸门全关时，令主令信号闸门全关断开和闸门全开断开输入 PLC，此时 PLC 有闸门全关信号输入，一切正常。

五、原因分析

此次闸门全关信号丢失，是由于开度仪长期工作，当闸门全关时，显示不准确，有 2～8 cm 的误差值，使得 PLC 无闸门全关信号输出。

六、经验及教训

进口快速闸门系统由于出现故障次数少，且因投入使用时间过长而导致设备老化，如何处理老设备突发的不常见问题。提出以下几点建议：

（1）解决问题从易到难，首先检查易损元件。

（2）设备在安装中也许存在接线错误的情况，要有容错思想。

（3）考虑问题要全面，要将几种可能集中起来思考。

案例十四　4# 机筒阀不能下落处理

一、事件发生时间

2006 年 6 月 29 日。

二、现象

4# 机走停机流程不能落筒阀。

三、处理及结果

将笔记本电脑与筒阀 PLC 相连，在线检查，筒阀控制系统无故障报警，并且筒阀 PLC 已收到监控系统发的"move down"信号。

将筒阀控制方式切到现地自动，发落筒阀令，同时测量筒阀控制柜 CTB1 端子排 125、126 端子电压（125、126 端子是筒阀下落电磁阀 SV3 端子），测得直流控制电压 7.62 V，交流振荡电压 11.26 V，测筒阀 PLC 输出到 SV3 电磁阀的直流电压为 2.597 V，见图 18-8。

后又测得 MP4 测点的油压为 900 PSI，MP6 测点的油压为 0，故可知 SV3 电磁阀没有动作，重新断筒阀电源，过一会再投上电源（或者先将 125、126 端子解掉一个，再接上），

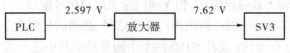

图18-8　筒阀下落控制回路示意图

让 SV3 电磁阀先失磁再励磁,筒阀开始下落。

四、原因分析

SV3 电磁阀励磁后没有动作,是由于 SV3 电磁阀阀体发卡所致的。

五、经验及教训(防范措施)

4#机筒阀不能下落多是由于 SV3 电磁阀励磁但机械阀体未动导致的,阀体不动可能有本身机械结构的原因,也有可能是油不洁净导致的。所以,如果 SV3 电磁阀经常不动,可以更换 SV3,或者定期滤油也会有改善。

案例十五　3#低压空压机故障及其处理

一、事件发生时间

2007 年 6 月 30 日。

二、现象

3#低压空压机不能正常启动,控制面板上有"A2 Motor Over Load"的报警。

三、处理过程及结果

现场测量热继电器 MDL 回路电阻,显示为开路;将该热继电器红色复归按钮按下后,再测量其回路,阻值为零,这说明该热继电器动作过。

打开接触器 1M、2M 的外壳,看到接触器 2M 触头已经严重烧坏,无法正常工作。待更换上新的触头后,送电手动启动 3#空压机,接触器 2M 可以正常工作,空压机运行正常。

四、原因分析

空压机启动时采用星形—三角形转换启动。刚启动时,电机采用星形接线,此时接触器 1M 动作,电流较小;经过一定时间,接触器 1M 断开,2M 动作,即由星形转换到三角形启动,加在电机上的电压瞬间达到最大,电流也达到最大,而且接触器 2M 的触头可能存在接触不良的因素,就容易在接触器 2M 触头处产生电打火,从而产生高温,将触头烧坏,串联在接触器 2M 回路的热继电器 MDL 也相应地动作,并向 PLC 模块发出动作信号,PLC 程序判断后发出"A2 Motor Over Load"的报警,导致空压机无法正常启动。

五、经验及教训

导致接触器触头烧坏的主要原因是电机启动时的冲击电流过大,而最好的解决方法就是采用软启动器。但由于该空压机内部空间狭小,加装软启动器存在技术困难,而且空压机在运行过程中产生的高温和多油潮湿的环境,也不利于软启动器的运行,故目前仍采用星形—三角形转换启动。为了减小启动时冲击电流对设备造成的影响,提高空压机运行的可靠性,可以选用质量较好的接触器,能承受大电流的冲击,从而减少此类事件发生的概率。另外,还要加强巡视,如发现问题及时处理,并对空压机进行定期维护检查,把可能会出现的问题消灭在萌芽状态。

案例十六 对灭磁开关不能正常闭合现象的分析处理

一、事件发生时间

2006 年 4 月 20 日。

二、现象

小浪底电厂 1# 机组在开机过程中,远方、现地均无法合灭磁开关。灭磁开关控制回路示意图如图 18-9 所示。

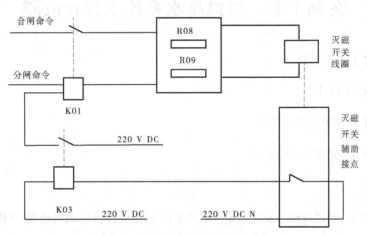

图 18-9 灭磁开关控制回路示意图

三、处理及结果

到 1# 机组励磁盘柜处检查灭磁开关控制回路。检查发现,1# 机组机旁直流配电屏上用于灭磁开关操作的直流电源开关 Q15、Q16 闭合,说明电源正常。在励磁盘柜 6# 柜 X17 端子排的 1、2 端子测得灭磁开关用于分、合闸的线圈电阻为 40 Ω,数值正常,说明线圈完好。在 6# 柜 X18 端子排的 1 和 2、1 和 3 端子分别测得灭磁开关主回路中 R08、R09 电阻阻值分别为 150 Ω、85 Ω,数值正常,说明电阻完好。检查至励磁设备调节器柜时,发现 K01 继电器励磁,K03 继电器没有励磁,与设备正常运行时继电器动作状态不符。

K01 继电器励磁的条件是:当灭磁开关在闭合状态时,当外部(包括上位机、LCU 紧急停机按钮、水机保护屏、现地手动操作或励磁盘柜内 K28 跳闸继电器)发出跳开灭磁开关命令时,K01 继电器励磁。

K03 继电器励磁的条件是:当灭磁开关断开后,其常闭辅助接点闭合,K03 继电器励磁,断开用于跳闸的 K01、K02 继电器线圈的自保持回路。

测量 K03 继电器线圈阻值时,发现继电器线圈已断,更换后现地远方均能正确操作灭磁开关。

四、原因分析

故障原因是 K03 继电器故障不能正常励磁,导致灭磁开关分开后,K01 继电器跳灭磁开关继电器自保持回路不能断开,断开灭磁开关命令一直保持,所以灭磁开关不能合上。

五、经验及教训

加强设备检查维护,利用小修对重要继电器进行校验,记录线圈阻值和接点阻值,如发现异常,技术更换。

案例十七　检修排水系统水位计故障

一、事件发生时间

2007 年 9 月 11 日。

二、事件发生前运行方式

检修排水 4#、5#泵在自动位置。

三、现象

检修排水 4#、5#泵连续 8 h 未启动,导致水位上升至检修排水泵电机的基座上。

四、处理及结果

现地检查检修排水 4#、5#泵的水位传感器,发现 2#水位传感器显示水位正常,1#水位传感器显示在停泵水位以下。到检修排水井发现,水位已经超出启泵的位置,判定 1#水位传感器故障。更换 1#水位传感器后,检修排水 4#、5#泵启停正常。

五、原因分析

检修排水 4#、5#泵靠两套水位计实现自动启停,两套水位计互为备用。两套水位计整定值:

水位高报警:4.15 m。

启备用泵:4.0 m。

启主用泵:3.5 m。

停泵水位:1.5 m。

当其中一套水位计损坏没有显示值或显示值在停泵水位以上,则另一套水位计可正常实现水泵启停。如显示值在停泵水位以下即显示0~1.5 m,则发出停泵信号,闭锁水泵启动,但不影响PLC控制柜触摸屏上水位高报警信号显示。由于检修排水1#传感器探头损坏显示在停泵水位以下闭锁了启泵回路,因此4#、5#泵不能正常启动。

现监控系统与检修排水系统的信号通道只有3个,由于水位高报警已经能够在PLC触摸屏上显示,所以只将4#、5#泵故障信号,4#泵启动信号,5#泵启动信号3个信号上送。其他信号上送至监控系统LCU7的电缆已经敷设完毕,由于LCU7模板没有模拟量和开关量的备用通道,所以信号暂时不能上传。

六、经验及教训

加强对检修排水控制系统的巡检,密切注意检修排水井的实际水位。

案例十八　1#机假同期试验造成机组转速上升问题

一、事件发生时间

2006年11月12日。

二、事件发生前运行方式

机组在停机稳态。

三、目的

此次假同期试验的主要目的是检验新同期装置是否可以正常运行。

四、试验步骤

(1)准备好同期装置的参数,拆掉1#机组的同期装置,将一新的同期装置换上,对照准备好的同期装置的参数,设置新同期装置的参数。

(2)将黄221开关切换把手切至"现地"。

(3)拆下D22-K0003(监控输出的合黄221继电器)继电器输出的4个信号线。

(4)上位机发并网令,观察机组并网时的电压、频率、相角及转速的变化的过程都基本符合条件,同期继电器=D22-K0003动作了3下,这说明同期装置已经发了合闸命令,同期装置工作正常。

五、原因分析

(1)同期装置虽然发了合闸命令,但是由于同期继电器=D22-K0003无输出信号,黄221开关不能动作,因此机组仍处于转速控制方式,同期装置不断地调整机组转速,机组转速不但不接近100%,反而一直上升,因而怀疑是是同期装置设定转速上升和下降的两个信号回路接反了。

(2)为什么机组已经并网了很多次,此种现象都没有发生呢?

由于过去机组在并网时,转速设定值的信号取自网频信号,因此并网过程中转速设定值和网频的偏差很小。若同期装置检测机端电压、相角和电网的电压、相角在规定的范围内时,黄221开关便闭合,机组转入功率控制模式,于是转速控制不起作用,转速设定值也不会上升,机组自然不会过速。

这次假同期试验是将合黄221的继电器=D22-K0003的输出信号解开,尽管继电器=D22-K0003动作了3下,但黄221开关并没有闭合,机组始终不能并网,仍属于转速控制,于是同期装置一直比较机组转速设定值和电网频率的关系。若转速设定值大于网频,则同期装置会自动减小转速设定值;若转速设定值小于网频,则同期装置会自动增大转速设定值。假设设定转速上升和下降的两个信号回路接反了,那么当转速设定值超过100%(转速设定值大于网频)时,同期装置会认为机组转速设定值不足100%,这样转速的设定值就会上升,同时转速也随着上升,很有可能使机组发生过速停机事故。

六、事件处理

(1)将机组开到水轮机状态,将转速设定值改为99%,然后上位机发并网令,则转速设定值一直下降到95%左右,通知运行将机组退至水轮机状态。再将转速设定为101%,发并网令,则转速设定值一直上升到105%左右,随后通知运行停机。这样已经认定是同期装置设定机组转速上升和下降的两个信号回路接反了。

(2)将机组LCU柜中的机组转速设定值上升信号端子=1Z01+1GA02-X1:9与机组转速设定值下降信号端子=1Z01+1GA02-X1:11对调了一下,重复上述试验,则无论机组转速设定为99%还是101%,程序都能将机组转速自动调整到100%。

(3)对剩余的几台机组也做了同样的试验,发现2#、4#、6#机组也有类似的安全隐患,并将其转速设定值上升和下降的端子按正确的接线方式接好。

七、经验及教训

同期装置同的监控系统、调速系统、励磁系统之间都有着很大的关系,小浪底电厂作为河南省调直属调峰电厂,同期并网次数十分频繁,因此保障同期装置及其信号控制回路的正确,对机组安全稳定运行具有重要的意义。

针对上述问题,为保证机组同期及并网能顺利进行,并根据回路中各元器件的自身特点和机组运行特性,提出以下建议:

(1)机组运行时间将近十年,设备隐藏的缺陷基本上已经全部解决,但是仍有可能存在一些潜伏的缺陷,所以在今后的工作中仍要仔细认真,尤其要把机组潜在的安全隐患全部找出来,加以解决,保证机组的安全稳定运行。

(2)机组大修后应该对一些重要设备的信号控制回路认真检查对点,防止有信号接反的现象发生。

(3)在机组停运时,还应该对一些重要设备,如监控系统、励磁系统、调速器系统做一些必要的试验,以保证机组可以顺利投运。

(4)今后的工作中一定要认真细心,从小处、细处着眼,利用小修机会紧固端子,可以基本排除因机组运行长期振动而发生的端子松动现象。

案例十九　自动发电控制系统(AGC)负荷波动处理

一、事件发生时间

2003 年 4 月。

二、现象

机组投入 AGC 后,在优先级最高的机组上会出现负荷设定值设置为最低 190 MW,然后负荷设定值再慢慢升高,机组调节至正常出力。投入 AGC 控制模式的机组在设定值波动过程中,能够正常跟踪负荷设定值。

三、处理及结果

现场检查机组总出力计算正常;检查负荷设定值正常;检查 AGC 控制程序运行正常;机组现地控制单元(LCU)运行正常。根据现场检查的情况判断问题不是出现在控制系统。同时在进行检查时设定值波动的情况已经不再出现。判断可能由于通信的原因导致数据错误。因此,无法查找问题出现的原因,决定记录现场运行数据,同时监视现场通信网络。经过几个月观察,网络通信正常,现场没有错误标记数据,同时也没有与现场运行不一致的数据,但是负荷波动情况依然不规律的出现。后将记录的运行数据进行分析,发现在每次出现的时候都是机组运行在负荷最高的时候,并有机组的实际出力超过 326 MW,因此判断是由于机组超过额定出力 300 MW,导致控制系统将负荷设定值降到最小 190 MW。由于现场没有自动发电控制系统(AGC)源程序,因此将问题反映源程序开发人员,要求检查程序中是否有对于 326 MW 的数据判断,如果存在,需要将数据判断条件放大到 360 MW。后得到程序开发人员的确认,存在对单机出力最高 326 MW 的判断,如果出现在程序内部,则认为数据无效。并根据要求将判断条件提高到 360 MW。

将修改过的程序重新安装到控制系统上运行,此后负荷波动情况没有再出现。确认问题解决。

四、原因分析

在自动发电控制系统(AGC)上将机组的有功负荷上限设置为 310 MW,但是在机组进行正常负荷调节时,调速器在控制导叶时存在超调的情况,机组出力瞬时超过 326 MW,AGC 控制程序产生机组出力无效值,导致 AGC 控制程序下发单机当前水头下最小出力 190 MW,然后负荷缓慢调节至正常出力。

五、经验及教训

随着自动控制技术的不断成熟,在电站控制上的应用越来越广泛,目前电站控制基本上都实现了自动化控制,同时各自动控制系统高度地集中,这样在系统中某一个环节出现问题,可能会导致控制网络的控制、调节紊乱,产生波及面宽、对电力生产影响较大的问题,甚至造成电力事故。像自动发电控制系统(AGC/AVC)错误信号、无效数据或者过限制数据等引起单机负荷波动的问题,还可能造成全厂负荷波动,或者全厂甩负荷的情况。

因此,需要在影响面大的自动控制上注意以下方面的问题:

(1)尽量采用比较成熟的主流控制技术,而不是使用最新的控制技术。

(2)在控制系统投入使用前试验时,要充分考虑对限制值的试验,防止由于限制引起系统误判断和误发控制指令。

(3)要对自动控制系统接入信号进行详细核查,避免信号错误,引起系统紊乱。

(4)做好防止 AGC/AVC 误发指令的措施,在自动控制系统出现问题时,能够使机组退出 AGC/AVC 控制模式,避免机组甩负荷和误发调节指令。

案例二十　5# 机发电机机端电压无法正常建立

一、事件发生时间

2005 年 7 月。

二、事件发生前运行方式

5# 机组在水轮机状态。

三、现象

5# 机组在水轮机状态下,此时机组转速为额定转速。远方发闭合 5# 机励磁灭磁开关令,当灭磁开关闭合后,发电机机端电压不稳定,如果在规定的时间内上升不到额定值,励磁控制系统发故障停机令,机组事故停机。

四、处理及结果

经过检查,发现 5# 机组励磁控制系统的第 2 套整流装置脉冲触发 DSTS101 板故障,导致由 PLC 输出的控制电压信号正常地输入到脉冲触发 DSTS101 板后,DSTS101 板不能正常地将触发脉冲输出到整流装置可控硅的控制极,因此可控硅整流桥的直流输出电压不稳定,由此导致发电机在额定转速下不能正常地建立电压。在更换触发脉冲板 DSTS101 板后,机组能够正常开机并网。

五、原因分析

励磁控制系统有 2 套可控硅整流装置,各自有相互独立的脉冲触发 DSTS101 板,2 套脉冲触发板相互闭锁。当励磁系统灭磁开关闭合后,首先由第 2 套可控硅整流装置进行整流,以判断第 2 套整流装置能否正常工作,当发电机机端电压能够上升到额定值后,此时第 2 套可控硅整流退出,同时第 1 套可控硅整流装置进行整流,投入运行。

由于第 2 套可控硅整流装置的脉冲触发电路板 DSTS101 板上的元件损坏,不能正常地反映由 PLC 输出的控制可控硅触发角度的控制电压,因此 DSTS101 板也就不能在合适的时间向可控硅的控制极输出脉冲,导致第 2 套整流装置输出的转子电压不稳定,发电机机端电压也就不能稳定在额定值。

六、经验及教训

对影响机组发电的重要设备和元件,需要进行定期的检查和试验,如果发现其工作不稳定,要及时更换和处理。

案例二十一 4# 低压空压机不能正常启动处理

一、事件发生时间

2007 年 10 月 21 日。

二、现象

4#低压空压机现地控制液晶屏上报故障"A7 Starter Fault 1S_2M",不能正常启动。低压空压机动力回路如图 18-10 所示。

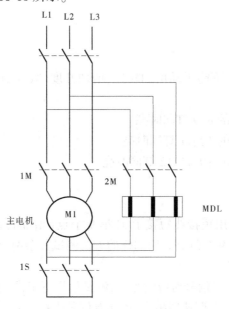

图 18-10　低压空压机动力回路

三、处理及结果

让运行人员在现地控制液晶屏上启动空压机,空压机启动一下后就停机。同时观察控制柜内 PLC,发现 I 1.1 灯亮(1M 接触器闭合),I 1.0 灯没亮,说明 1S 接触器没有闭合。断电后,将 1S 接触器外壳拆掉,按压触点多次后,仍不能正常启动,更换 1S 接触器后,空压机启动正常。

四、原因分析

低压空压机采用星三角启动方式,尽管星形启动有一定降压作用,但启动电流还是有点大,对空压机电机动力回路上的接触器冲击比较大,1S 接触器隔一段时间会损坏,造成低压空压机不能正常工作。

五、经验及教训(防范措施)

如果采用软启动器是可以大大改善空压机运行可靠性,但代价太高,目前主要还是采用更换接触器的方式来保证空压机的正常运行。建议定期对 1S、1M、2M 接触器进行检查,以保证低压空压机的正常运行。

案例二十二　6# 机调速器面板不能手动操作故障处理

一、事件发生时间

2007 年 11 月 14 日。

二、现象

在 6# 机调速器面板上不能手动增加转速、增加开度、减少功率,同时,PLC 信号灯显示如下:

增加转速时,D103 板的 8、9 灯同时亮;

增加开度时,D103 板的 10、11 灯同时亮;

减少功率时,D103 板的 10、11、12 灯同时亮。

三、处理及结果

(1)解掉 X30:19、20,用短接线短接 PLC 第 9 个点(增加转速点)和一个 24 V 正电源,PLC 输入信号正常,第 9 个灯亮。用同样的方法测试其余两个信号均正常。说明 PLC 程序没有问题。

(2)拔掉 U001 等与上述信号对应的光隔,测试信号不正常,还是原来的故障信号,说明与监控没有关系,问题出在调速器柜内,可能有信号串在一起。

(3)在解端子的过程中,曾出现故障消失的情况,有某些地方接触不良的迹象。再次动端子,发现信号灯 8、9 时断时亮,再动其他端子均有此情况,由此断定问题可能出在

X30 端子排上。拔下两个相邻端子,检查发现,两个端子的铁片贴在一起,造成两个端子短接在一起,从而出现两个信号灯同时亮的情况。

(4)在每两个铁片相接触的端子中间加塞绝缘垫片,防止两个端子短接。经试验,故障消除。

四、原因分析

由于施工人员疏忽,将相邻端子的铁片贴在一起,从而造成两个端子短接在一起,导致输入 PLC 中的信号错误,因此不能增减转速、开度、负荷等。

五、经验及教训(防范措施)

工作一定要细心,任何马虎都可能带来安全隐患。工作完后要仔细检查一遍。

案例二十三 6#机组进口快速闸下滑导致机组事故停机

一、事件发生时间

2000 年 10 月 26 日。

二、事件发生前运行方式

6#机组在并网运行。

三、现象

监控系统上位机报:
6#机闸门全开信号丢失;
6#机事故停机。

四、处理及结果

6#机组事故门下滑约 50 mm,闸门控制 PLC 送到电站监控系统的闸门全开信号消失,导致机组事故停机。将 6#机组事故闸门全开信号保持,范围调整至 350 mm,即闸门下沉范围在 0~350 mm,闸门 PLC 送至电站监控系统 AMC 的全开信号应保持;若下沉量超过 350 mm,闸门 PLC 才可发出闸门关闭中信号。

五、原因分析

6#机组闸门控制系统原设计 DO1:7 输出闸门全开信号分别送至盘柜"闸门全开"指示灯(HL1)和电站监控系统"闸门全开"信号(KA9),该信号根据安装在闸门上的限位开关"闸门全开闭合"变化而动作,6#机组事故门由于闸门自沉下降约 50 mm,致使闸门 PLC 送到电站监控系统的闸门全开信号丢失,导致机组事故停机。根据现场机组事故闸门运行需要,取消 DO1:7KA9 继电器线圈的输出,保留 HL1 指示灯信号。同时,增加 DO2:18

点作为 KA9 线圈的输出,在 PLC 程序内部修改在 0~350 mm,PLC 送至电站监控系统"闸门全开信号"一直保持,该信号的判断以主令开关经过编码器输出的数字量为依据,防止在正常范围内运行机组事故停机。同时,对 5# 机组闸门控制系统进行修改,要求 4#、3#、2#、1# 机组在安装时进行同样的修改。

六、经验及教训

原机组闸门控制系统没有充分考虑因闸门自沉造成"闸门全开信号"丢失情况,开关量存在限位开关卡死、没有预留量的问题,修改为数字量可以提高设备的运行可靠性。

参 考 文 献

[1] 张建生.西霞院工程发供电设备达标投产实践[M].北京:中国水利水电出版社,2012.
[2] 李珍.黄河小浪底观测工作实践[M].北京:中国水利水电出版社,2009.
[3] 魏守平.水轮机控制工程[M].武汉:华中科技大学出版社,2005.
[4] 张诚、陈国庆.水轮发电机组检修[M].北京:中国电力出版社,2018.
[5] 方辉钦.现代水电厂计算机监控技术与试验[M].北京:中国电力出版社,2003.
[6] 孙余凯、吴鸣山、项绮明.电气线路和电气设备故障检修技巧与实例[M].北京:电子工业出版社,2007.